无人机应用技术专业新形态系列教材（总主编：何先定　刘建超　李屹东）

固定翼无人机
飞行原理与操控技术

（活页式）

主　编　王　洵　杨谨源　冯成龙
副主编　何先定　戴升鑫　李宜康

课程思政

活页式

课件

校企合作

西南交通大学出版社
·成都·

图书在版编目（CIP）数据

固定翼无人机飞行原理与操控技术：活页式 / 王洵，杨谨源，冯成龙主编. —成都：西南交通大学出版社，2023.8
ISBN 978-7-5643-9400-4

Ⅰ. ①固… Ⅱ. ①王… ②杨… ③冯… Ⅲ. ①无人驾驶飞机 – 高等职业教育 – 教材 Ⅳ. ①V279

中国国家版本馆 CIP 数据核字（2023）第 134914 号

Gudingyi Wurenji Feixing Yuanli yu Caokong Jishu (Huoye Shi)
固定翼无人机飞行原理与操控技术（活页式）

主编	王　洵　杨谨源　冯成龙
责任编辑	何明飞
封面设计	吴　兵
出版发行	西南交通大学出版社 （四川省成都市金牛区二环路北一段 111 号 西南交通大学创新大厦 21 楼）
邮政编码	610031
发行部电话	028-87600564　028-87600533
网址	http://www.xnjdcbs.com
印刷	四川玖艺呈现印刷有限公司
成品尺寸	185 mm × 260 mm
印张	15.25
字数	345 千
版次	2023 年 8 月第 1 版
印次	2023 年 8 月第 1 次
定价	49.80 元
书号	ISBN 978-7-5643-9400-4

课件咨询电话：028-81435775
图书如有印装质量问题　本社负责退换
版权所有　盗版必究　举报电话：028-87600562

无人机应用技术专业新形态系列教材
编写委员会

主任委员

刘建超　国家教学名师　成都航空职业技术学院

副主任委员

何　敏　云影系列无人机总设计师　成都飞机工业（集团）有限责任公司
李屹东　翼龙系列无人机总设计师　中航（成都）无人机系统股份有限公司
李中华　国家英雄试飞员　中国人民解放军空军指挥学院
冯文全　北京航空航天大学
任　斌　成都纵横自动化技术股份有限公司
董秀军　地质灾害防治与地质环境保护国家重点实验室
张泰罡　自然资源部第三航测遥感院

总 主 编

何先定　刘建超　李屹东

执行编委（按拼音排序）

陈世江	重庆电子工程职业学院	江启峰	西华大学航空航天学院
李　乐	国网乐山供电公司	李兴红	成都理工大学工程技术学院
刘清杰	四川航天职业技术学院	卢孟常	贵州航天职业技术学院
王福成	黑龙江八一农垦大学	王晋誉	上海民航职业技术学院
王利光	成都纵横大鹏无人机科技有限公司	王永虎	重庆交通大学
魏永峭	兰州理工大学	吴道明	重庆航天职业技术学院
许云飞	成都航空职业技术学院	徐绍麟	云南林业职业技术学院
查　勇	天府新区通用航空职业学院	周　军	厦门大学

委　员（按拼音排序）

陈宗杰	成都航空职业技术学院	戴升鑫	成都航空职业技术学院
邓建军	成都航空职业技术学院	段治强	成都航空职业技术学院
范宇航	成都航空职业技术学院	房梦旭	成都航空职业技术学院
冯成龙	成都航空职业技术学院	付　鹏	成都纵横大鹏无人机科技有限公司
何　达	成都航空职业技术学院	何国忠	四川航天中天动力装备有限责任公司
何云华	成都工业学院	胡　浩	天府新区航空旅游职业学院
姜　舟	成都航空职业技术学院	蒋云帆	西华大学航空航天学院
李　恒	成都航空职业技术学院	李林峰	成都纵横大鹏无人机科技有限公司
李　艳	成都航空职业技术学院	李宜康	成都航空职业技术学院

李懿珂	成都纵横大鹏无人机科技有限公司	李志鹏	中航（成都）无人机系统股份有限公司
李志昇	成都航空职业技术学院	廖开俊	中国人民解放军空军第一航空学院
刘　驰	四川航天中天动力装备有限责任公司	刘　夯	成都纵横大鹏无人机科技有限公司
刘佳嘉	中国民用航空飞行学院	刘　健	山西机电职业技术学院
刘　静	重庆科创职业学院	刘明鑫	成都航空职业技术学院
刘　霞	重庆航天职业技术学院	马云峰	成都纵横大鹏无人机科技有限公司
梅　丹	中国人民解放军海军工程大学	牟如强	成都理工大学工程技术学院
潘率诚	西华大学	屈仁飞	成都西南交大研究院有限公司
瞿胡敏	四川傲势科技有限公司	任　勇	重庆电子工程职业学院
沈　挺	重庆交通大学	宋　勇	四川航天中天动力装备有限责任公司
唐　斌	成都航空职业技术学院	田　园	成都航空职业技术学院
王　聪	成都航空职业技术学院	王国汁	中航（成都）无人机系统股份有限公司
王　进	成都纵横大鹏无人机科技有限公司	王朋飞	西安航空职业技术学院
王　强	成都航空职业技术学院	王泉川	中国民用航空飞行学院
王思源	成都航空职业技术学院	王文敬	中国民用航空飞行学院
王　旭	成都航空职业技术学院	王　洵	成都航空职业技术学院
魏春晓	成都航空职业技术学院	吴　可	重庆交通大学
吴　爽	中航（成都）无人机系统股份有限公司	谢燕梅	成都航空职业技术学院
邢海涛	云南林业职业技术学院	熊　斌	重庆交通大学
徐风磊	中国人民解放军海军工程大学	许开冲	成都纵横自动化技术股份有限公司
闫俊岭	重庆科创职业学院	严向峰	成都航空职业技术学院
杨　芳	成都航空职业技术学院	杨谨源	中航教育科技（天津）有限公司
杨　琴	成都理工大学工程技术学院	杨　锐	成都纵横自动化技术股份有限公司
杨少艳	成都航空职业技术学院	杨　雄	重庆航天职业技术学院
杨　雪	成都航空职业技术学院	姚慧敏	成都航空职业技术学院
尹子栋	成都航空职业技术学院	游　玺	成都纵横大鹏无人机科技有限公司
张　捷	贵州交通技师学院	张　梅	成都农业科技职业学院
张　松	四川零坐标勘察设计有限公司	张惟斌	西华大学
张　伟	成都纵横大鹏无人机科技有限公司	赵　军	重庆电子工程职业学院
郑才国	成都理工大学工程技术学院	周　彬	重庆电子工程职业学院
周佳欣	成都航空职业技术学院	周仁建	成都航空职业技术学院
邹晓东	中航（成都）无人机系统股份有限公司		

前言
PREFACE

本书是高等职业院校无人机相关专业及固定翼驾驶技术专业的专业教材，是一本为学生操纵正常类固定翼飞机和中大型固定翼无人机提供理论与操纵技术基础的专业书籍，也可作为航空从业者、爱好者和广大飞友的参考书籍。

在本书的编写过程中，编者团队在解析岗位调研报告、行业标准、人才培养方案等规范性文件的基础上，创新性地融入CCAR61部飞行训练大纲和民用航空驾驶员执照（私照，Private Pilot License，PPL）考核要求，进行课程分析设计，确立课程目标与教学内容，开展课程实施与教学反思。

本书共分为四个模块，前两个模块突出"学中做"：第一模块为认识飞机与大气，主要介绍飞机的基本组成和飞行大气环境；第二模块为空气动力学基础，主要介绍升力、阻力的产生及变化规律，螺旋桨拉力和阻力的产生与变化规律，螺旋桨副作用，飞机的平衡、稳定性和操纵性的基本概念。后两个模块强调"做中学"：第三模块为固定翼无人机的一般飞行操纵，主要介绍固定翼无人机平飞、上升、下降、盘旋及动作互换等空域动作的基本操纵原理，配合模拟器开展相关科目训练；第四模块为固定翼无人机的起降与特殊操纵，主要介绍固定翼无人机的起降、失速、尾旋等特殊飞行科目的基本操纵原理，并配合模拟器开展相关训练。

本书打破传统学科化教材编写体例，大胆采用形式活、内容活、结构活和立体化的"三活一化"理念编撰教材，聚焦"为谁培养人 培养什么人 怎样培养人"三个核心问题，将原有章节式纯理论学科化教学内容分解并重构为理实一体的四大模块。编者以结构创新引领教学模式改革，立足三个敬畏教育，将课程思政、航空文化、职业素养融入教学全过程，采取"德技并修、德技并进"的实施路径，基于飞行员培养规律，将"认识飞机—了解飞机—操纵飞机"作为课程设计与实施显性主线；将"思政之盐"有机融入"课程之筵"，基于飞行员职业素养养成规律，以"育家国情—立蓝天志—存敬畏心"作为课程思政教学隐性主线，达到课程思政隐性教育与专业知识技能显性教育的协调统一。

本书第一模块由冯成龙编写，第二模块由王洵、李宜康编写，第三模块由王洵、何先定、戴升鑫编写，第四模块由杨谨源编写。杨谨源还负责教材大部分插图的绘制工作，全书由王洵统稿。

本书在编写过程中得到了李学锋教授、成都航空职业技术学院无人机产业学院、南昌航空大学的大力支持，在此一并表示感谢。

由于编写时间仓促，加之编者水平有限，书中疏漏及不妥之处在所难免，恳请广大读者批评指正，不吝赐教。

编者

2022 年 12 月

目录
CONTENTS

绪论 001

模块一　认识无人机与大气 003

 GL1　无人机简介 005

 GL2　大气的一般知识 015

模块二　空气动力学基础 022

 GL3　气流、流线、流线谱与流管 023

 GL4　升　力 027

 GL5　阻　力 033

 GL6　飞机的低速空气动力特性 039

 GL7　增升装置的增升原理 047

 GL8　螺旋桨的空气动力学 052

 GL9　无人机的平衡（一） 066

 GL10　无人机的平衡（二） 071

 GL11　无人机的稳定性 074

 GL12　无人机的操纵性 084

 专题——苏联超音速战机气动设计发展历程 091

模块三　固定翼无人机的一般飞行操纵 097

 专题——飞行模拟软件的使用 099

 GL13　航前准备（一）：计算飞机转场时的平飞速度 108

 GL14　航前准备（二）：任务规划——长距离巡航 113

 GL15　航前准备（三）：计算某机场起降时飞机升降梯度 117

 GL16　航前准备（四）：计算参数选择备降机场 122

GL17	航前准备（五）：计算切换飞行高度层所需参数	127
FL1	空域飞行动作（一）：操纵无人机上升	129
FL2	空域飞行动作（二）：操纵无人机下降	132
GL18	阶段讲评	135
GL19	航前准备（六）：计算三度盘旋相关参数	138
FL3	空域飞行动作（三）三度盘旋	144
GL20	盘旋飞行中的侧滑及修正	149
GL21	螺旋桨副作用对盘旋的影响	152
GL22	总结讲评	155

模块四 固定翼无人机的起降与特殊操纵 156

GL23	机场环境	157
GL24	滑行与地面转弯	164
GL25	起　飞	168
GL26	着　陆	173
GL27	着陆目测	180
GL28	风对起飞着陆的影响及修正	187
GL29	阶段讲评	192
GL30	特殊情况下的起降	197
GL31	失　速	205
GL32	尾　旋	211
GL33	低空风切变	214
GL34	单发失效	217
GL35	总结讲评	223

专题——大型舰载无人机的着舰 227

参考文献 236

绪 论

单发陆地飞机私用驾驶员执照训练部分

该部分的训练内容和训练时间完全满足 CCAR-141 部对单发陆地飞机私用驾驶员执照申请人的训练要求。学生在完成本部分训练后，应通过私用驾驶员执照的理论和实践考试，获取单发陆地飞机私用驾驶员执照。该部分分为本场筛选、本场及转场单飞两个阶段。

地面课 GL

地面课用代码"GL"表示，它的目的是满足对执照申请人理论知识方面的要求，其课程设计主要包括课程目的、预习内容、教学内容、参考资料、完成标准等几个部分。地面课有多种开展方式，根据教学的需要，教员可以采取课堂讲授、分组讨论、现场演示、计算机辅助教学、PCATD 等方式配合使用，以达到最好的教学效果。

飞行课 FL

飞行课用代码"FL"表示，其教学设计主要包括课程目的、进入条件、预习讲评内容、训练内容等几部分。

按照正常的课程实施顺序，学生应该首先明确要满足的"进入条件"，进行过哪些相应的训练才能进入该课的训练，然后阅读"教学目的"，对该课的教学方向有一个总体的把握。根据教学目的，学生应按照"预习内容"使用参考资料帮助熟悉该课相关的知识点、程序、科目等。教员应按"讲评内容"，结合学生的预习情况，对该课的整个训练思路以及涉及的重点难点进行飞行前讲评，保证学生在上机练习阶段前做好充分的准备。"训练内容"部分将科目按照不同的飞行阶段进行了分类，其中用"○"标出的偏重非技术技能，用"●"标出的偏重技术技能。知识、技能和素养是构成飞行员能力的基本组成部分，对于它们有不同的评价标准，具体请参见本说明的"训练科目评分标准"部分。"训练内容"中有"训练科目""标准"和"评分"三列。"标准"是指的平均水平的学生按照预期在该课应该达到的分数标准，而"评分"是学生在进行了该课训练以后，实际达到的水平。该列由教员据实填写，作为填写电子化训练记录的纸质基础。

按照学习规律和教学设计，完整的飞行课还包括飞行后讲评和填写训练记录评价量表两部分，这两部分由教员根据该课的教学目的和学生的完成标准有针对性地安排时间进行。

模块一　认识无人机与大气

学习目标

通过本模块的学习，掌握无人机基本气动外形、组成部分与功能，大气的基本知识，空气的特性，ISA 标准大气的定义，QNH、QFE、QNE 的定义及使用场景。

典型工作任务

ISA 偏差的计算方法，QNH、QFE、QNE 的定义及使用场景区别。

学习成果

完成阶段考核、达到模拟机上机标准。

本模块重难点

1. 无人机的基本结构。
2. 无人机运动的六自由度、控制舵面与飞机动作、飞行员操纵之间的关系。
3. 平流层中大气温度、密度变化的规律。
4. ISA 偏差的计算方法，QNH、QFE、QNE 的定义及使用场景区别。

完成标准

通过教员测试，学生能够理解本课内容。

学生完成问题的回答至少取得 90 分，并且教员应让学生回顾每个不正确答案，以确保学生在进入下一模块前完全掌握所学知识。

技术技能

分数	评分标准
1	学生在完成该课训练后,能够描述该科目实施过程中的主要特点,在实际操作方面不作要求,以教员示范为主
2	学生在完成该课训练后,能够正确描述具体的操作程序,理解相应的概念、原理等理论知识,并能在教员的提示和帮助下完成该科目
3	学生在完成该课训练后,能够自己主动计划并完成该科目,但仍有部分错误和偏差的发现与修正需要教员的提示
4	学生在完成该课训练后,能够完全独立计划并执行该科目,快速发现并修正错误和偏差,完成水平达到实践考试标准的要求
5	学生在完成该课训练后,熟练掌握该科目的相关知识、程序、操作技术和技巧,独立计划并完成该科目,在执行的过程中不产生任何错误和明显偏差,完成水平高于实践考试标准的要求

非技术技能

分数	评分标准
1	学生在完成该课训练后,对该科目涉及的原理和方法缺乏相应的了解,在执行过程中基本依赖教员的讲解和示范
2	学生在完成该课训练后,能够对该科目涉及的部分原理和方法进行简单的描述和解释,但在讲解和执行过程中有较多的错误和不足,在教员的帮助下能够做出相应的处置并完成该科目
3	学生在完成该课训练后,能够对该科目涉及的原理和方法进行较正确的描述和解释,在运用过程中出现的错误需要在教员的提示下进行修正,能够在不出现任何特殊情况时按照正常的工作程序完成该科目
4	学生在完成该课训练后,在对该科目涉及的原理和方法进行正确的描述和解释的基础上,能够不借助教员任何帮助处置较常见的特殊情况,完成该科目,且水平达到实践考试标准的要求
5	学生在完成该课训练后,能够完全正确理解并综合运用与该科目相关的所有知识,独立管理好各项工作,对出现的各种情况进行快速准确地分析和评估,在执行的过程中不产生任何错误,完成水平高于实践考试标准的要求

GL1　无人机简介

【教学目标】

思政育人目标
培养理性分析的习惯。

知识目标
了解飞机的发展史，熟悉飞机的组成部分及功能。

能力目标
掌握绘制部分流线谱的能力。

【教学内容】

飞机的组成部分及功能。

Part1　课程导入

在正式开始课程之前，先请大家回答以下几个问题。

1. 无人机操作手和有人机飞行员的区别是什么？

2. 无人机在军事领域有哪些应用？

3. 民用无人机领域的发展前景如何？

Part2 探索新知

一、无人机的分类

无人机按构造可以分为以下三种。

固定翼无人机：与传统的飞机有着类似的构造和气动布局。固定翼无人机的构造主要包括机身、机翼、尾翼、动力装置、起落架等，常见的气动布局有常规布局（见图1.1.1）、飞翼布局（见图1.1.2）、双尾撑布局（见图1.1.3）、菱形联翼布局、鸭式布局等。

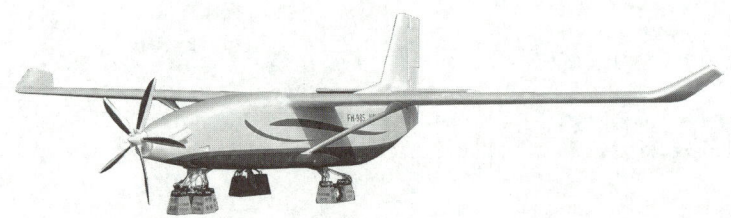

图1.1.1 采用常规布局的FH-985无人机

图1.1.2 采用飞翼布局的天鹰无人机

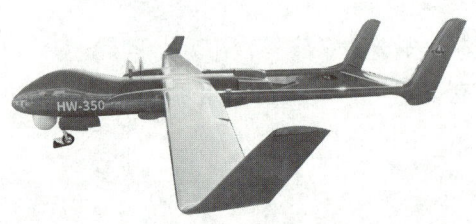

图1.1.3 采用双尾撑布局的HW-350无人机

旋翼无人机：主要分为单旋翼无人机（见图1.1.4）和多旋翼无人机两种，单旋翼无人机的构造与传统的直升机类似，多旋翼无人机还可以分为双旋翼无人机（见图1.1.5）、三旋翼无人机、四旋翼无人机、六旋翼无人机（见图1.1.6）等。

图1.1.4 没羽箭单旋翼无人直升机

图 1.1.5 金雕 500A 双旋翼无人直升机

图 1.1.6 多旋翼无人机

混合型无人机：融合了固定翼无人机和旋翼无人机的特点（见图 1.1.7），其不仅可以依靠旋翼的升力进行垂直起降，也可以依靠固定机翼的升力进行水平飞行。

图 1.1.7 混合型无人机

二、固定翼无人机的主要组成部分

典型的固定翼无人机由机翼、机身、尾翼、起落装置、动力装置等构成，如图 1.1.8 所示。

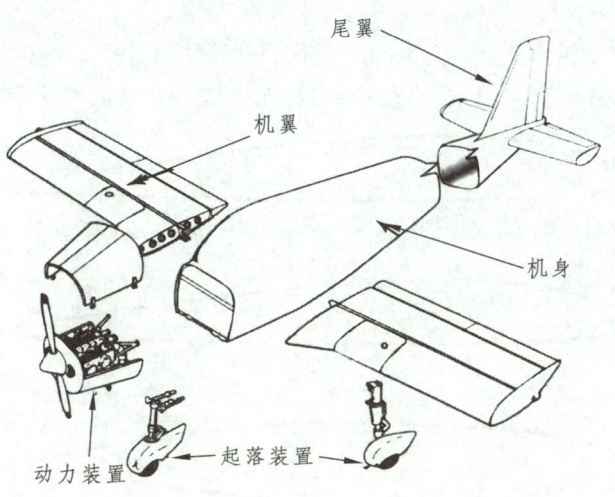

图 1.1.8 无人机的组成部分

（一）机　翼

1. 简　介

机翼通常对称地布置在机身两侧，是无人机产生升力的主要部件，机翼也对无人机的稳定性和操纵性起决定性作用。机翼的平面形状多种多样，常见的有矩形翼、梯形翼、后掠翼、三角翼等。无人机多采用单翼设计，根据机翼与机身的连接位置，可将单翼无人机分为上单翼无人机、中单翼无人机、下单翼无人机。部分无人机也会采用双翼设计，如在运-5B的基础上研制的飞鸿-98无人运输机。

机翼的前缘和后缘通常会配备可活动的增升装置，如前缘襟翼、前缘缝翼和后缘襟翼，在飞行过程中，只要改变这些增升装置的位置就可以改变机翼的形状，从而改变机翼的压力分布以达到增加升力或增大临界失速迎角的目的。

机翼的后缘有用于控制无人机横滚的副翼。对于没有水平尾翼的无人机，机翼后缘通常会配备升降副翼，升降副翼可以同时控制无人机的横滚和俯仰。对于采用无尾布局设计的无人机，机翼的后缘不仅会配备升降副翼，还会配备用于偏航控制的阻力方向舵。

此外，机翼上还可以配备扰流板，扰流板不仅可以起减升增阻的作用，还可以辅助无人机的横滚控制。为了减少飞行时的诱导阻力，降低油耗，一些无人机还会采用翼梢小翼设计，如图1.1.9所示。

图1.1.9　彩虹-6无人机翼梢小翼

机翼内部可以装载燃油、设备、武器（如机炮），在机翼厚度允许的情况下，还可以将部分内部空间用作起落架舱，甚至是发动机舱。机翼外部则可以挂载动力装置、武器、设备。

机翼的剖面形状叫作翼型，常见的翼型有低速翼型（见图1.1.10）、层流翼型（见图1.1.11）、超临界翼型（见图1.1.12）、超声速双凸翼型、超声速双楔翼型（见图1.1.13）等。

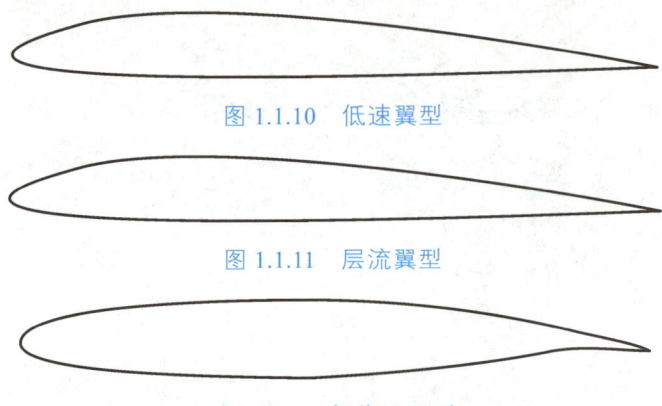

图1.1.10　低速翼型

图1.1.11　层流翼型

图1.1.12　超临界翼型

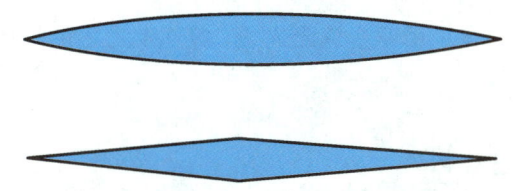

图 1.1.13 超声速翼型

2. 几何参数

机翼主要的几何参数有以下几个：

（1）翼展：左右大翼翼尖之间的距离。

（2）机翼面积：机翼的投影面积。

（3）前缘后掠角：垂直于机身纵轴的平面与机翼前缘的夹角。

（4）1/4 弦后掠角：垂直于机身纵轴的平面与翼根到翼尖各弦线的 1/4 点的连线的夹角。

（5）上反角：翼尖相对于翼根向上倾斜的角度。

（6）下反角：翼尖相对于翼根向下倾斜的角度。

（7）平均几何弦长：机翼面积与翼展长度之比。

（8）展弦比：翼展长度与平均几何弦长之比。

（9）梢根比：翼梢弦长与翼根弦长之比。

（10）翼型相对厚度：翼型的最大厚度与弦长之比。

以上参数（见图 1.1.14）对机翼的空气动力特性、翼载荷及结构质量有着重要影响。

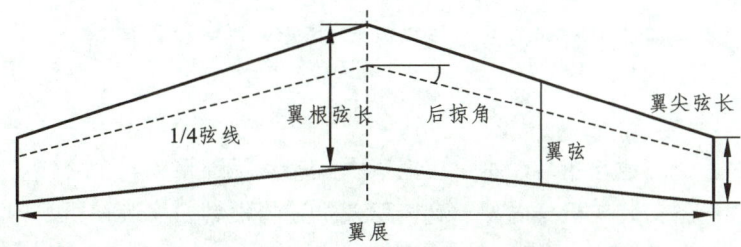

典型飞机的展弦比			
机型	M	AR	后掠角
F-15	2.5	3.0	
B737-300	0.76	9.17	25
B747-400	0.83	7.39	37.5
Concorde	2.05	1.85	

图 1.1.14 飞机机翼的相关参数

3. 分　类

按照机翼的投影形状，通常可以将机翼分为以下几种。

（1）平直翼：平直翼多用于亚音速无人机，其1/4弦后掠角几乎为0°，如图1.1.15所示。

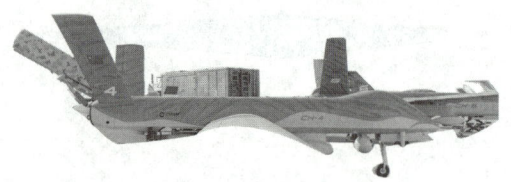

图1.1.15　彩虹-4无人机的平直翼及翼型

（2）后掠翼：后掠翼多用于高亚音速无人机和超音速无人机，其1/4弦后掠角多在25°以上，如图1.1.12所示。

（3）三角翼：三角翼多用于超音速无人机，其前缘后掠角通常较大，且后缘基本无后掠，三角翼投影呈三角形，如图1.1.16所示。

图1.1.16　无侦-8无人机的拉长三角翼

（4）前掠翼：与后掠翼相反，前掠翼的翼尖相对于翼根是向前倾斜的，其后掠角为负。

请讨论：亚音速无人机和超音速无人机的机翼形状有何不同？

（二）机　身

无人机的机身可以与机翼、水平尾翼、垂直尾翼等连接成一个整体，且有大量系统部件、机载设备安装在机身内部，有些无人机还将发动机安装在机身内。机身还可以装载燃油、武器及货物，如图1.1.17所示。

图1.1.17　用于货运的双尾蝎D无人机

为减小阻力，提高气动效率，机身前端多采用流线型设计。为了使机身具有足够的内部容积，机身中部通常会有一段较长的等截面段，其截面多为圆形或近圆形，如图1.1.18所示。对于一些轻型无人机，为了提高机身的容积利用率，降低机身的制造难度，机身截面有时也设计为带圆角的长方形，如图1.1.19所示。

图 1.1.18　飞鸿 FH-988 无人机的近圆形截面机身

图 1.1.19　TS20 无人机的矩形截面机身

机身承受的载荷主要来自内部的装载物和机翼、尾翼根部传来的力。从结构上看，机身相当于一根以翼身连接处为支点的杠杆，机身各部重力产生的弯矩会使机翼前后的机身向下弯曲，使得上部机身受拉，下部机身受压。此外，机身还要承受来自垂直尾翼的扭转载荷以及机身变形导致的剪切应力等。

（三）尾　翼

常规布局无人机的尾翼由对称布置的水平尾翼和垂直尾翼组成。

水平尾翼由水平安定面和升降舵构成。水平安定面可以是固定的，也可以是安装角可调的，升降舵可以上下偏转，用于控制无人机的俯仰运动。一些高速无人机会采用将水平安定面和升降舵合为一体的全动平尾设计。除了俯仰控制，水平尾翼更重要的作用是确保无人机具有俯仰稳定性。平尾按照其位置的高低，通常可分为高平尾（见图 1.1.20）、中平尾、低平尾三种。

图 1.1.20　采用了高平尾设计的彩虹-6 无人机

垂直尾翼通常布置在机尾上方，由垂直安定面和方向舵构成。垂直安定面是固定的，而方向舵可以左右偏转，用于控制无人机的偏航运动。垂直尾翼可以确保无人机在飞行过程中具有方向稳定性。

有很大一部分无人机采用了 V 形尾翼设计（见图 1.1.21），该设计将水平尾翼和垂直尾翼融为一体，可同时保证无人机的俯仰稳定性和方向稳定性，其舵面可以同时起升降舵和方向舵的作用。

图 1.1.21　翼龙-10 无人机的 V 型尾翼

少部分无人机，如 CW-25E 长航时电动固定翼垂直起降无人机采用双尾撑倒 V 形尾翼设计（见图 1.1.22），该设计同样也是将水平尾翼和垂直尾翼融合在一起。

图 1.1.22　CW-25E 长航时电动固定翼垂直起降无人机

（四）起落装置

起落装置起支撑无人机的作用，并且能够实现无人机在地面滑跑、滑行时的控制。起落架通常分为可收放式和不可收放式两种。可收放式起落架通常由支撑结构、减振系统、刹车系统（主轮）、收放系统、转弯系统（前轮）、机轮等构成，如图 1.1.23 所示。这种起落架可以在起飞后收到机翼或机身内部，以减小飞行阻力，提高气动效率。但是可收放式起落架的收放系统较为复杂，无形之中增加了无人机的重量，因此这种起落架通常用于高空大型无人机。相比之下，不可收放式起落架由于没有收放系统，构造相对简单一些，这种起落架通常用于对飞行性能要求不高的低空中小型无人机上。

图 1.1.23　天鹰无人机的可收放式起落架

（五）动力装置

动力装置可以为无人机提供推力或拉力，也可以为无人机的各个系统提供电源、气源、液压等，其主要由发动机、附件传动装置、螺旋桨（喷气机除外）等组成。发动机是动力装置的核心部分，它能为无人机提供前进所需的动力，也能通过附件传动装置驱动无人机的发电机以及液压泵，还能为引气增压系统提供气源。与此同时，发动机还能驱动附件齿轮箱上的燃油泵、滑油泵、永磁式发电机（电子控制单元电源）、磁电机（活塞发动机）、转速传感器等部件，以确保发动机本身的正常工作和状态监控。大型固定翼无人机通常采用涡扇发动机、涡喷发动机、涡桨发动机、活塞发动机（见图 1.1.24）作为动力装置。中小型无人机则会采用电动机作为动力装置。

图 1.1.24　C145HT-IV 型航空活塞发动机

三、飞机仪表布局及超视距无人机控制界面

（一）飞机飞行仪表基本布局

飞行仪表是指示飞机运动参数的仪表，最基本的 6 个飞行仪表分别为姿态指示器、空速表、高度表、航向指示器、垂直速度表、转弯侧滑仪（或转弯协调仪），它们通常呈 "T" 形布局，如图 1.1.25 所示。

图 1.1.25　"T" 形仪表布局

飞行姿态的控制往往是最重要的，因此姿态指示器通常被设置在飞行仪表面板的最中央，这是最显眼的位置。除了飞机的姿态，驾驶员最关心的是飞机的空速、高度、航向，因此空速表、高度表、航向指示器分别设置在距姿态指示器最近的左侧、右侧、下方，构成了基本的"T"形布局。飞机的垂直速度与飞行高度的关联最大，因此垂直速度表通常设置在高度表下方，转弯侧滑仪（或转弯协调仪）通常设置在航向指示器左侧。在飞行过程中，驾驶员通常要来回扫视这些仪表，以确保飞机保持在预想的飞行状态。以等速直线平飞为例，驾驶员通常会以姿态指示器为中心，按照姿态指示器—空速表—姿态指示器—高度表—姿态指示器—航向指示器—姿态指示器—转弯侧滑仪（或转弯协调仪）—姿态指示器—垂直速度表的顺序循环扫视仪表，这样就可以及时关注到各飞行状态参数的变化。

（二）发动机仪表

发动机仪表是指示发动机工作状态的仪表，常见的发动机仪表包括转速表、排气温度表、燃油流量表、滑油温度表、滑油压力表、滑油量表、振动值指示表等。转速表是飞行员最为关注的发动机仪表，因为转速反映了发动机推力或拉力的大小。排气温度表提供了排气温度指示，对于燃气涡轮发动机，排气温度通常表征涡轮前温度，飞行员要随时注意排气温度的大小，以防止发动机超温现象的发生。此外，飞行员还要时刻关注滑油温度、滑油压力、滑油量、发动机振动值等参数，以及时发现参数的异常变化并采取措施，以避免发动机的进一步损坏。

（三）超视距无人机控制界面

无人机的控制界面通常也是按照飞机的仪表布局来设计的。图 1.1.26 所示为某型无人机的控制界面，其飞行状态参数的指示也是按照"T"形布局排列的。控制界面最右侧显示的是发动机状态参数，从上到下分别是发动机低压转子转速（N1）、发动机排气温度（EGT）、发动机高压转子转速（N2）、燃油流量（FF）、滑油压力（OIL P）、滑油温度（OIL T）、滑油量（OIL Q）、发动机振动值（VIB）。

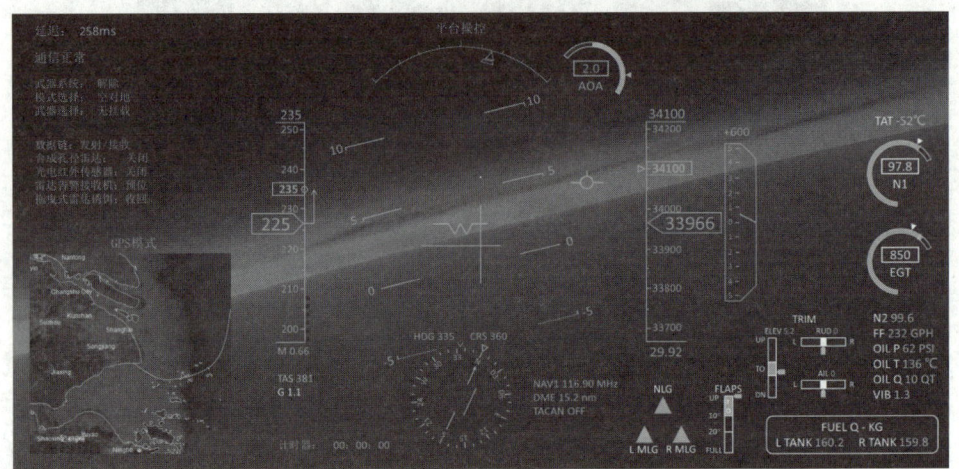

图 1.1.26　无人机视频控制界面

GL2　大气的一般知识

【教学目标】

思政育人目标
培养航空报国的志向。

知识目标
了解大气的分层及特征，熟悉 ISA 偏差，掌握压力高度的定义。

能力目标
能计算 ISA 偏差。

【教学内容】

1. 大气的一般介绍。
2. 国际标准大气。
3. ISA 偏差。
4. 常用的几个压力高度。

Part1　教学内容

一、国际标准大气

国际标准大气（International Standard Atmosphere，ISA）是一个描述大气参数（如密度、压力、温度等）随海拔高度变化的模型，该模型为航空器全静压系统的参数测量提供了统一的基准值。国际标准大气海平面的气压为 1 013.25 hPa，气温为 15℃，空气密度为 1.225 kg/m³。

在国际标准大气模型中，海拔高度平均每上升 1 000 m，温度就会下降 6.5℃。在航空领域，通常用 ISA 偏差来表示某处实际温度与 ISA 标准温度的差值。例如，某处海平面的温度为 20℃，这个温度比标准海平面气压高出 5℃，就记作 ISA+5℃。

在航空领域，QNE 表示的是将气压高度表的基准气压设置为标准海平面气压，以标准海平面气压为基准测得的高度就是标准气压高度。场面气压是机场着陆区最高点处（机场标高处）的气压，用 QFE 表示。根据国际标准大气模型，我们可以根据某处的场面气压推出对应的海平面气压，我们叫作修正海平面气压，QNH 表示的是将气压高度表的基准气压设置为修正海平面气压，以修正海平面气压为基准测得的高度约等于实际的气压高度。几种高度分类如图 1.2.1 所示,气压式高度表的工作原理如图 1.2.2 所示。

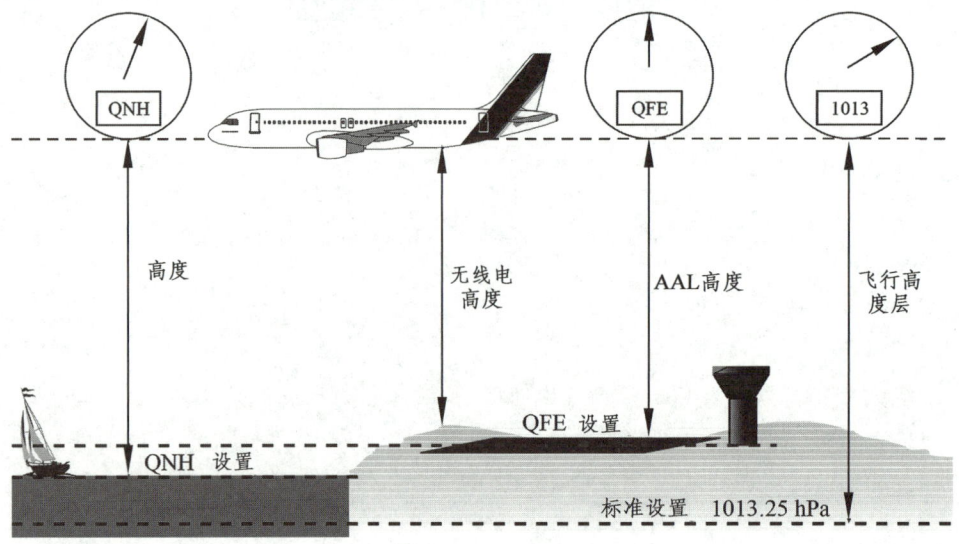

图 1.2.1　高度分类

图 1.2.2　气压式高度表工作原理

二、大气参数

(一) 空气密度 ρ

空气密度可以定义为单位体积空间内空气的质量,用 ρ 表示,单位为 kg/m^3。

$$\rho = \frac{m}{V} \tag{1.2.1}$$

式中 m——空气的质量，kg；

V——空气所占体积，m^3。

在标准大气条件下，海平面的空气密度为 1.225 kg/m^3。

（二）大气压强 p

大气垂直作用在单位面积上的压力叫作大气压强，用 p 表示，单位为帕斯卡（Pa），即牛顿每平方米（N/m^2），航空上常采用百帕（hPa）作为气压单位。

$$p = \frac{F}{S} \tag{1.2.2}$$

式中，F——物体表面承受的空气压力，N；

S——受力面积，m^2。

大气的压力主要来自上层空气的重量，越靠近海平面，气压就越大，随着海拔高度的上升，气压会逐渐减小。由于空气具有流动性，所以各个方向都有压强，且大气内任意一点各方向的压强相等。因此，在平行于来流的航空器表面设置静压孔，可以测得大气静压，随后，只需给航空器选定一个参考海平面，就可以根据测得的气压值，按照气压随海拔高度变化的规律，推算出航空器以参考海平面为基准的气压高度，气压式高度表（见图 1.2.3）就是根据这一原理制成的。

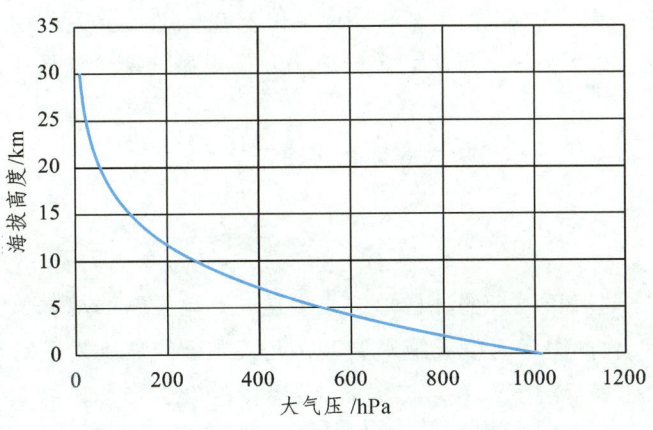

图 1.2.3 气压式高度表

在航空领域，毫米水银柱（mmHg）高度和英寸水银柱（inHg）高度也常用来表示气压的大小。意大利物理学家托里拆利曾经做过这样一个实验：将一个灌满水银的玻璃管倒扣在一个盛有水银的槽内，随后，玻璃管内水银液面的高度会下降，使得玻璃管上方形成一段"真空柱"。如图 1.2.4 所示，由于槽内的水银液面受到了大气的挤压，玻璃管内的水银液面并不会下降到与槽内水银液面平齐的高度，而是会存在一个高度差，这个垂直方向上的高度差叫作水银柱高度，记为 h。可以发现，当水银柱的高度不再下降时，水银柱产生的压强 $\rho g h$ 正好等于外界大气的压强，当外界气压为一个标准大气压时,水银柱高度大约为 760 mm,即 29.92 in,所以,我们也可以把标准海平面气压的大小记为 29.92 inHg,或 760 mmHg。由试验结果可以判断,当外界气压增加时,玻璃管内的水银柱高度会上升;当外界气压减小时,玻璃管内的水银柱高度会下降,水银式气压计就是根据这一原理制成的。

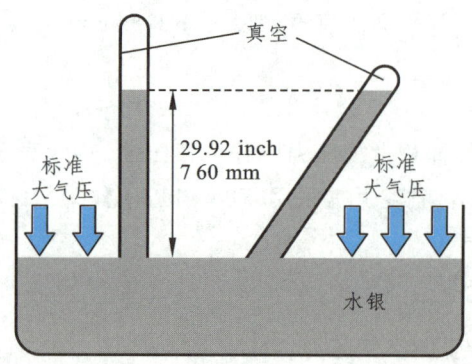

图 1.2.4　水银式气压计原理

(三) 空气的温度 T

空气的温度是衡量空气冷热程度的物理量,常用摄氏度(℃)、华氏度(℉)、开尔文(K)来表示。

摄氏度(℃)是摄氏温标(C)的计量单位。在标准状况下,规定纯水的冰点为 0℃,沸点为 100℃,将它们的温差等分成 100 份,每一等份就是摄氏温度的一个单位。

华氏度(℉)是华氏温标(F)的计量单位。在标准状况下,规定纯水的冰点为 32℉,随后将纯水的冰点与沸点之差等分成 180 份,每一等份就是华氏温度的一个单位。

由此可以得出摄氏温标与华氏温标之间的关系:

$$C = (F - 32)\frac{5}{9} \tag{1.2.3}$$

开尔文(K)是开氏温标的计量单位,也是国际单位制的基本单位之一,符号为 T。开氏温度也叫作热力学温度或绝对温度,开氏温度的零点为绝对零度。绝对零度是理论上的热力学最低温度,其对应的摄氏温度为 -273.15℃,由此可以得出开氏温标与摄氏温标之间的关系:

$$T = C + 273.15 \tag{1.2.4}$$

绝对零度是具有物理意义的。从微观角度来看,气体分子在永不停息地做无规则运动,这就说明气体分子具有平动动能。我们把所有分子的平动动能的平均值称为分子的平均平动动能,记为 $\bar{\omega}$。分子的平均平动动能与热力学温度存在以下关系:

$$\bar{\omega} = \frac{3}{2}kT \tag{1.2.5}$$

式中　k——玻尔兹曼常数,值为 1.380649×10^{-23}。

根据式（1.2.5），可以看出，分子的平均平动动能与绝对温度正相关，这就意味着气体的热力学温度越高，分子的运动越激烈，当热力学温度降到绝对零度时，分子的运动会停止。绝对零度只是理论上的最低温度，现实中并不可能达到。

（四）理想气体状态方程

为描述气体的压强、体积、温度之间的关系，需要引入理想气体状态方程

$$pV=nRT \tag{1.2.6}$$

式中 p——理想气体的压强；

V——理想气体的体积；

n——理想气体物质的量；

R——理想气体常数，$R=8.314\text{J/mol·K}$；

T——理想气体的热力学温度。

有了理想气体状态方程，便可以总结理想气体等压变化、等温变化、等容变化的规律。

1. 等压变化

一定质量的理想气体在压强不变的情况下，其体积与温度成正比。以热气球为例，加热球囊内的空气时，囊内压强的变化几乎可以忽略不计，可近似地看作等压变化的过程。由于体积与温度成正比关系，球囊内的空气受热时，体积会膨胀，密度会减小，热气球会因此具有浮力。

2. 等温变化

一定质量的理想气体在温度不变的情况下，其压强与体积成反比。举个例子，如果堵住注射器的孔口，匀速缓慢地推拉注射器活塞的过程可以近似地看作等温变化的过程。推动活塞时，注射器腔体内的容积会减小，压强会增大；拉动活塞时，注射器腔体内的容积会增大，压强会减小。

3. 等容变化

一定质量的理想气体在体积不变的情况下，其压强与温度成正比。举个例子，在活塞发动机压缩行程结束，做功行程开始时，假设油气混合气燃烧的过程瞬间完成，可看作等容加热的过程。气缸内容积不变时，如果燃气的温度升高，压力就会增大，从而能够推动活塞向下做功。

三、飞行环境

地球的大气被分为 5 层，从最靠近地球表面的对流层开始，依次是平流层、中间层、电离层、散逸层，如图 1.2.5 所示。固定翼无人机的活动范围通常是对流层和平流层底部。因此本小节主要介绍对流层和平流层的基本的特征，其他层不作详细介绍。

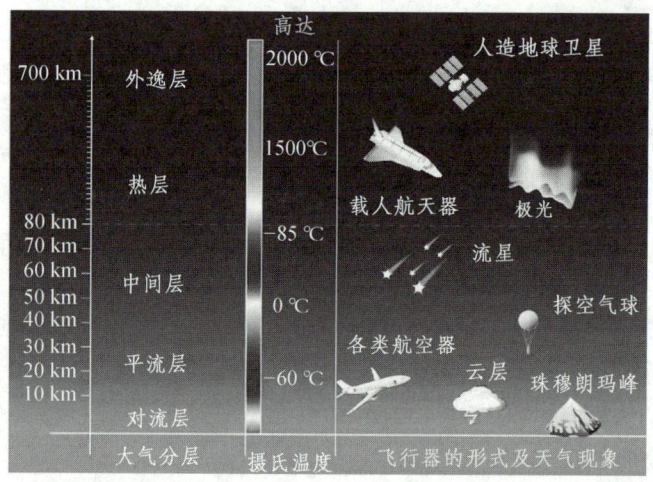

图 1.2.5 大气飞行环境

(一) 对流层

对流层集中了大约 75% 的大气以及大气中 90% 以上的水分，是最靠近地球表面的一层。在赤道地区，对流层的厚度最大，其上界的海拔高度可达到 15 km 以上，随着纬度的上升，对流层的厚度会逐渐减小，这是由于太阳光的入射角会随着纬度的上升而降低，造成日照强度减小，这会使地表受到的太阳辐射减小。然而，地面受到的太阳辐射越强，地面辐射就越强，且大气活动的能量主要来自地面辐射，因此在低纬度地区，大气活动会更强，对流层会更厚。在我们生活的中纬度地区，对流层上界的海拔高度在 11 km 左右。由于纬度、时间、地表环境、海拔高度等差异，不同地区的地面辐射强度是不同的，这势必会造成不同地区之间的温差、压差等，从而形成大气对流。由于对流层内集中了大气中 90% 以上的水分，因此大气活动时常伴有各种复杂的天气现象，这会对固定翼无人机的飞行带来显著影响。

在对流层内，越靠近地表，大气受到的地面辐射越强，温度越高。所以对流层中的大气温度会随着海拔高度的上升而减小，当高度达到 11 km 左右时，气温会下降到大约 -56.5℃，但是再进一步向上延伸，直至平流层底部，温度也不会继续下降，而是会基本保持恒定。

(二) 平流层

平流层位于对流层上界到海拔高度大约 50 km 之间的区域。与对流层相比，平流层内没有强烈的垂直对流，空气在平流层内的水平流动也较为平缓，因此飞行器在平流层飞行会更加平稳。此外，平流层的空气密度较小，水汽和尘粒的含量也较少，因此在平流层飞行可以获得较好的能见度，飞行阻力也更小，但是空气稀薄也会造成飞行器的稳定性、操纵性下降，所以平流层只适合巡航平飞。因为平流层内存在大量的臭氧，且臭氧可以直接吸收太阳的辐射能量，所以平流层顶部的温度最高，且越往下温度越低。在平流层底部，温度会低至 -56.5℃ 左右，但是再进一步向下延伸，直至对流层顶部，温度也不会继续下降。我们将温度恒定在 -56.5℃ 左右的平流层底部和对流层顶部称为同温层。

(三) 电离层

从中间层 60 km 左右的高度继续往上,大气的光化学过程和电离过程会变得非常强烈,从而形成含有大量电子和离子的电离层。电离层会反射短波波段的电磁波不用考虑地球曲率的影响,因此,我们可以利用这一特性进行长距离通信。

Part2　课后任务

标准大气是如何定义的?

模块二　空气动力学基础

本模块主要围绕气流的空气动力学特性，从流线、升阻力规律、增升装置等内容进行学习。

学习目标

通过本模块的学习，掌握气流的空气动力学特性，升力、阻力产生的原理，学会分析飞机在低速状态下的空气动力学特性，以及产生特性的原因，并学会辨析不同增升装置的特点及适用性。

典型工作任务

飞机性能参数曲线的识别。

学习成果

掌握理论知识、完成阶段考核。

本模块重难点

1. 气流的空气动力学知识。
2. 升力产生的基本原理。
3. 附面层的概念、阻力的分类与特性。
4. 增升装置的分类与特点。

完成标准

通过教员测试，学生能够理解本课内容。

GL3　气流、流线、流线谱与流管

【教学目标】

思政育人目标
培养理性分析的习惯。
知识目标
理解气流的空气动力学特性、熟悉流线的概念。
能力目标
掌握绘制部分流线谱的能力。

【教学内容】

1. 气流的概念及基本特性。
2. 迎角的概念。
3. 流线的概念。
4. 流线谱与流管的概念，一些特定情况下流线谱的绘制。

Part1　课程导入

1. 歼20飞机与F1赛车在外形上有无相似之处？请指出。

2. 你觉得气流该怎样定义？气流和相对气流是一个概念吗？

Part2 探索新知

一、气流与相对气流的概念

气流是指空气相对于地面的运动。

相对气流是空气相对于物体的运动,相对气流的方向与物体的运动方向相反。

起风时,我们会感到有空气的力量作用于身体;无风时,当我们奔跑或骑自行车,同样有"起风"的感觉。也就是说,只要空气与物体有相对运动,就会产生空气动力。

只要相对气流速度相同,产生的空气动力也就相同。基于此,我们在研究飞机空气动力相关问题时,可以将飞机(模型)固定在原地不动,让空气以飞机飞行时相同的速度流过飞机,将飞机运动的问题转化为空气的流动问题,使飞机空气动力问题的研究简化。风洞实验正是基于此原理建立的,风洞实验原理如图 2.1.1 所示。

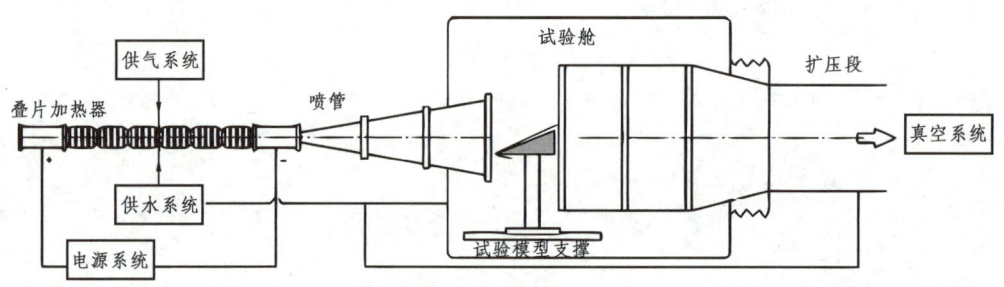

图 2.1.1 风洞实验原理

练习题:请指出图 2.1.2 中各情况下相对气流的方向(箭头为运动方向)。

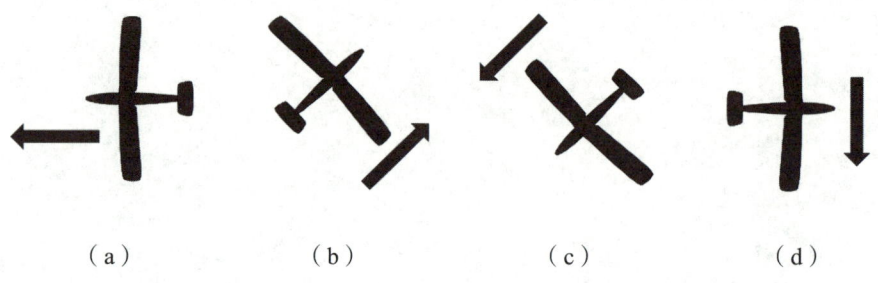

(a)　　　　(b)　　　　(c)　　　　(d)

图 2.1.2 相对气流的方向

二、迎角的概念

迎角又称攻角,是相对气流方向和翼弦之间的夹角,一般用 α 表示,如图 2.1.3 所示。相对气流指向翼弦下方为正迎角,相对气流指向翼弦正上方为负迎角,相对气流方向与翼弦平行为零迎角。

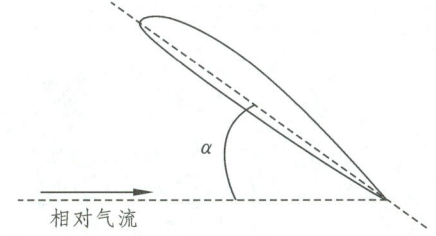

图 2.1.3 迎角的定义

飞行状态不同,迎角的大小一般也不同。在水平飞行时,飞行员可以根据机头的高低来判断迎角的大小,机头高,迎角大,机头小,迎角小。其他的飞行状态很难直接以机头高低来判断迎角大小,需要根据定义来判断。图 2.1.4 为飞机在不同状态下的迎角,由图可知,虽然下降时机头很低,但仍是正迎角;上升时,虽然机头很高,但是不代表迎角就很大。

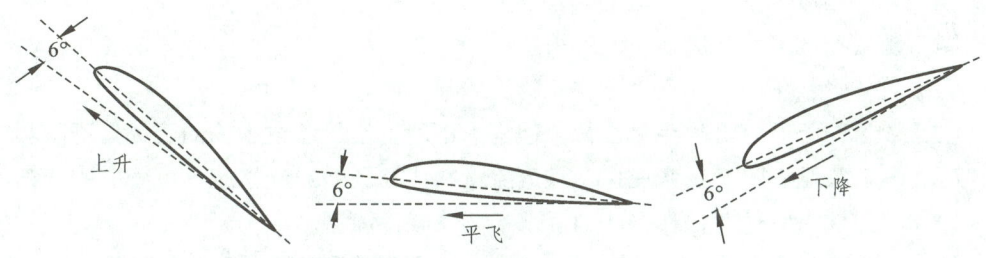

图 2.1.4 飞机在不同状态下的迎角

练习题:请标出图 2.1.5 中各情况下的迎角。

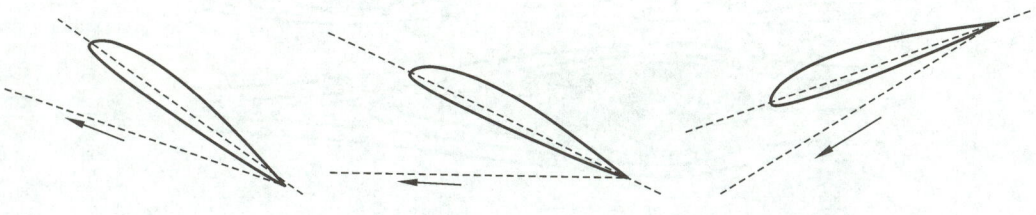

图 2.1.5 不同状态的迎角

三、流线、流线谱和流管

在流场中每一点上都与速度矢量相切的曲线称为流线,如图 2.1.6 所示。流线是同一时刻不同流体质点所组成的曲线,它给出该时刻不同流体质点的速度方向。在定常流(流动参数如速度、压强、密度等不随时间变化的流动)中,流体微团流动的路线与流线重合。

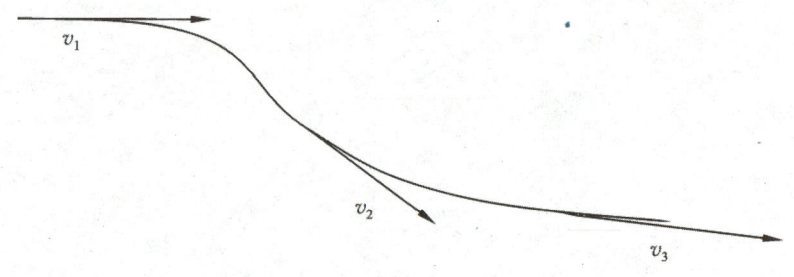

图 2.1.6 流线

流线的主要特点如下：

（1）该曲线上每一点的流体微团速度与曲线在该点的切线重合。

（2）流线每点上的流体微团只有一个运动方向。

（3）流线不可能相交，也不可能分叉。

所有流线的集合就是流线谱，流线谱反映了流体流过物体时的流动情况。流线谱的形状主要由物体的外形、物体与气流的相对位置决定。图 2.1.7 所示为空气流过几个典型物体时的流线谱。流线谱主要有以下几个特点：

（1）流线谱的形状与流动速度无关。

（2）物体形状不同，空气流过物体的流线谱不同。

（3）物体与相对气流的相对位置（迎角）不同，空气流过物体的流线谱不同。

（4）气流受阻，流管扩张变粗，气流流过物体外凸处或受挤压，流管收缩变细。

（5）气流流过物体时，在物体的后部都要形成涡流区。

由许多流线所围成的管状曲面成为流管。由于流管的表面是流线，因此流体不能穿出或穿入流管表面。

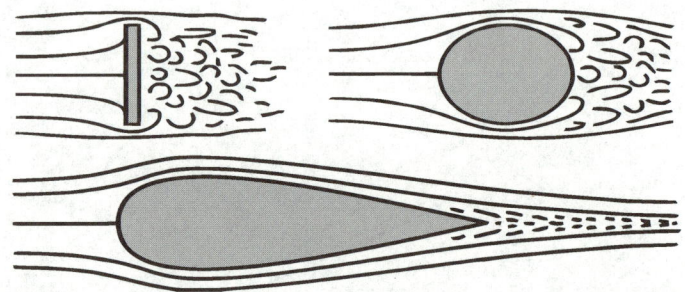

图 2.1.7 气流流经不同物体的流线谱

Part3 课后任务

1. 简述风洞实验的建设原理。
2. 绘制下图中各情况下的流线谱，并标注出迎角。

GL4 升 力

【教学目标】

思政育人目标
了解国产翼型研发的艰辛历程，培养奋斗精神。
知识目标
理解连续性定理、伯努利定理，理解升力产生的原理。
能力目标
能够读懂翼型的压力分布的几种表达方式。

【教学内容】

1. 连续性定理。
2. 伯努利定理。
3. 升力产生的原因。
4. 翼型的压力分布。

Part1 课程导入

我们已经学习了气流的基本特性，流线及流线谱的知识，根据所学，判断下列说法是否正确，并给出依据。

1. 只要物体的形状保持不变，物体与空相对气流的相对位置保持不变，改变相对气流速度也无法改变流线谱形状。

2. 飞机上升时，迎角就大，飞机下降时，迎角就小。

Part2 探索新知

一、连续性定理

流体稳定连续地流过流管时,在同一时间内,流过流管任意截面的流体质量相等。质量守恒定律是连续性定理的基础。

如图 2.2.1 所示,单位时间内流过截面 1 的流体体积为 v_1A_1,单位时间内流过截面 1 的流体质量为 $\rho_1v_1A_1$。同理,单位时间内流过截面 2 的流体质量为 $\rho_2v_2A_2$,则根据质量守恒定律可得式(2.2.1)和式(2.2.2)。

$$\rho_1 \cdot v_1 \cdot A_1 = \rho_2 \cdot v_2 \cdot A_2 \tag{2.2.1}$$

$$v_1 \cdot A_1 = v_2 \cdot A_2 = C_{常数} \tag{2.2.2}$$

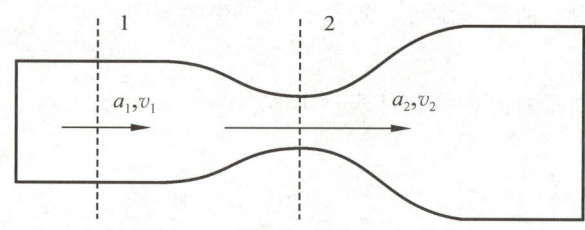

图 2.2.1 文邱利管示意

结论:空气流过一流管时,流速大小与截面积成反比。

二、伯努利定理

流体在运动时,除了要遵循质量守恒之外,还要遵循能量守恒定律。这条定律在空气动力学中称为伯努利定理,其数学表达式为伯努利方程。

空气能量主要有四种:动能、压力能、热能、重力势能。

在低速流动中,可以认为没有热量产生,不考虑压力能的变化;由于空气密度小,重力势能可忽略不计。因此,沿流管任意截面能量守恒,即

$$动能 + 压力能 = 常值$$

公式表述为

$$p_1A_1v_1\Delta t + \frac{1}{2}\rho v_1 A_1 \Delta t v_1^2 = p_2A_2v_2\Delta t + \frac{1}{2}\rho v_2 A_2 \Delta t v_2^2 \tag{2.2.3}$$

若取单位体积的空气,则动能为 $1/2 \rho v^2$,压力能为 P,总能量用 P_0 表示,则能量关系表示为

$$\frac{1}{2}\rho v^2 + P = P_0 \tag{2.2.4}$$

其中,$1/2 \rho v^2$ 为动压,是一种附加压力,是空气在流动中受阻,流速降低时产生的压力;P 为静压;P_0 为总压,是动压和静压之和。

伯努利定理可以表示为：稳定气流中，在同一流管的任意截面上，空气的动压和静压之和保持不变。严格来说，伯努利定理在满足下列条件时才是适用的：

（1）气流是稳定的、连续的，即流动是定常的。
（2）流动的空气与外界没有能量交换，即空气是绝热的。
（3）空气没有黏性，即空气为理想流体。
（4）空气密度保持不变，即空气为不可压流。
（5）在同一条流线或同一条流管上。

【知识运用】用文丘利管测流量

如图 2.2.2 所示，文邱利管的大截面面积和小截面面积都是已知的。把文邱利管插接在一条有低速流体流动的管道里（串联），只要测得两截面上的静压差，就可以测得管道中的流量，见式（2.2.5）。

$$\begin{cases} v_1 = v_2 \dfrac{A_2}{A_1} \\ \dfrac{1}{2}\rho v_1^2 + P_1 = \dfrac{1}{2}\rho v_2^2 + P_2 \end{cases} \quad (2.2.5)$$

$$Q = A_2 v_2 = A_2 \sqrt{2(P_1 - P_2)/\left[\rho\left(1 - A_2^2/A_1^2\right)\right]}$$

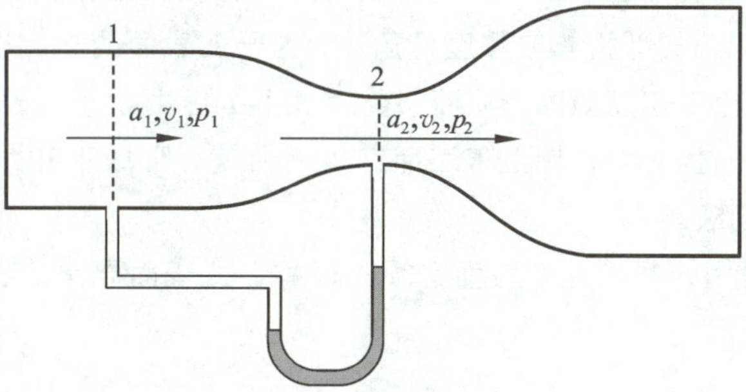

图 2.2.2 文邱利管测量流量

【知识运用】用空速管测飞行速度。

如图 2.2.3 所示，空速管的管轴与气流方向一致，其头部有一小孔正对来流方向，由于空气在这一点上完全静止，流速减为 0，所以该孔测得的是总压 P_0。在管子侧壁距离端头开一小口，该口测得的就是气流的静压。根据静压和总压，即可换算出气流的速度。

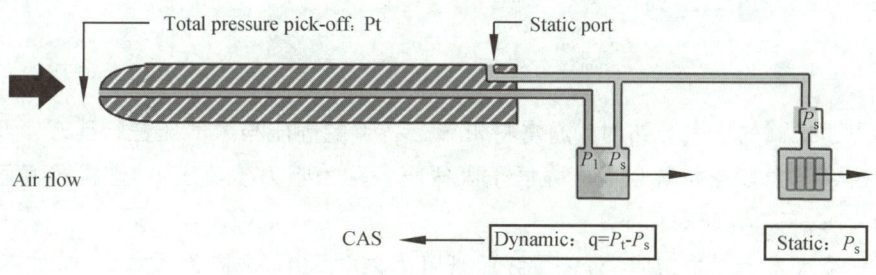

图 2.2.3 空速管的测量原理

三、升 力

相对气流流过翼型时，流线和流管将发生变化，引起绕翼型的压力发生变化，只要上下翼面存在压力差，就会产生升力。

如图2.2.4所示，空气流到机翼前缘，分成上下两股，分别沿机翼上下表面流过，而在机翼后缘重新汇合向后流去。在机翼上表面，因上表面凸起的影响，流管变细，流速加快，压力降低。在机翼的下表面，气流受到阻挡作用，流管变粗，流速减慢，压力增大。这样，在机翼上下表面就出现了压力差，而垂直于飞机速度方向的压力差的总和，就形成升力。

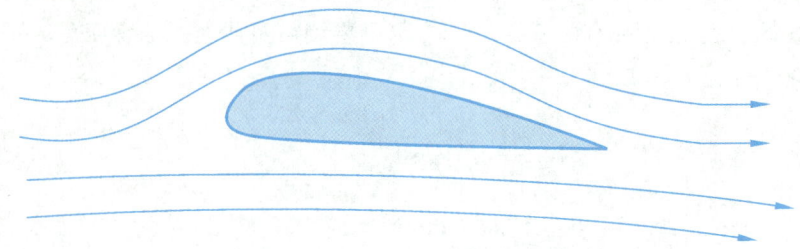

图 2.2.4 翼型产生升力示意图

由此可知，只要机翼上下表面的流动情况不对称，即存在流管差、压力差，必然产生升力。例如，双凸翼型机翼在零度迎角下，由于上表面的凸起程度较下表面的大，所以上表面的流管比下表面的细，从而引起上表面的压力小于下表面的压力，即上表面的吸力大于下表面的吸力，使上下表面产生压力差，形成正升力。

【知识运用】判断题

1. 要想产生升力，翼型上下表面必须不对称，上表面要比下表面更凸。

2. 要产生升力必须有正迎角，当迎角为0时，升力也为0。

四、翼型的压力分布

（一）矢量表示法

在描述机翼的压力分布时，通常将机翼上各点的静压与大气压进行比较，两者之差称为剩余压力。当机翼表面压强低于大气压，称为吸力（负压）；当机翼表面压强高于大气压，称为正压。

用矢量来表示压力或吸力，矢量线段长度为力的大小，方向为力的方向，如图2.2.5所示。

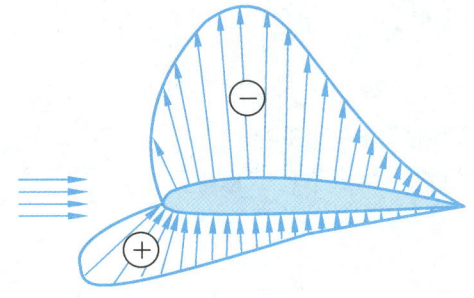

图 2.2.5 翼型压力分布的矢量表示法

（二）坐标表示法

用坐标表示翼型的压力分布，定义一个物理量压力系数 C_P。

$$C_P = \frac{P - P_\infty}{\frac{1}{2}\rho v_\infty^2} \tag{2.2.6}$$

图 2.2.6 所示就是坐标表示法表示的机翼压力分布。

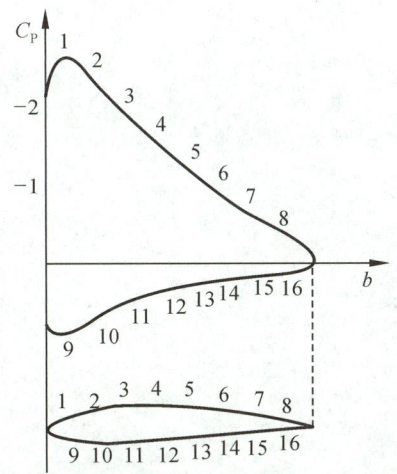

图 2.2.6 翼型压力分布的坐标表示法

由图可以看出，机翼升力的产生主要靠机翼上表面的吸力作用，尤其是前段的吸力，而不是靠下表面正压的作用。如果机翼迎角在 0°左右，或机翼的下表面凸出显著，下翼面可能形成向下的吸力，在这种情况下，升力就完全由上翼面产生。

五、升力公式

飞机升力的大小可用升力公式（2.2.7）表示。

$$L = C_L \frac{1}{2} \rho v^2 S \tag{2.2.7}$$

式中，C_L 为飞机的升力系数，$1/2\rho v^2$ 为动压，S 为机翼面积。

Part3　课后任务

1. 通过公式推导出空速管测量飞行速度的原理。
2. 简述伯努利定理的适用条件有哪些。
3. 默写飞机的升力公式，并指出各个物理量的含义。

GL5　阻　力

【教学目标】

思政育人目标
养成记笔记的良好习惯，学会分类归纳总结。

知识目标
理解阻力产生的原理，记住不同阻力产生的类型。

能力目标
掌握附面层的概念，学会辨析不同的设计是为了克服哪种阻力。

【教学内容】

1. 附面层。
2. 摩擦阻力。
3. 压差阻力。
4. 干扰阻力。
5. 诱导阻力。

Part1　课程导入

我们已经学习了升力的相关知识，请回答下列问题。

1. 升力产生的原理是什么？

2. 默写升力公式，并标明各符号的物理意义。

Part2 探索新知

一、阻力概述

阻力是与飞机运动轨迹平行，与飞行速度方向相反的力。阻力阻碍飞机的飞行，但没有阻力飞机又无法稳定飞行。

对于低速飞机，根据阻力的形成原因，可将阻力分为摩擦阻力、压差阻力、干扰阻力和诱导阻力。其中前三种阻力合称为废阻力（或寄生阻力）。飞机的废阻力主要和空气的黏性有关，飞机的诱导阻力主要与飞机的升力有关。

随堂活动：飞机的阻力有哪些？将阻力的分类绘制成图。

二、附面层

有黏性的气流流过物体时，在物体表面受到阻滞和吸附的阻碍作用，速度很小，几乎为零。这层薄的空气层再通过黏性影响外层气流，这样逐层传递，形成了在物体表面的附面层。附面层紧贴物体表面，气流速度逐渐从 0 增大到 99%主流速度，如图 2.3.1 所示。

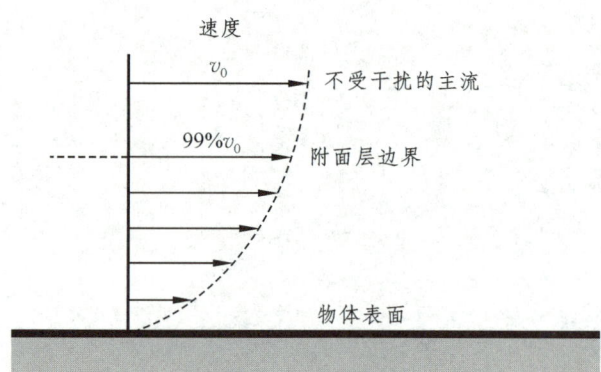

图 2.3.1 附面层示意

附面层的主要特点如下：

（1）附面层内沿物面法向方向压强不变且等于法线主流压强。

这一特点非常重要，我们可以测量附面层边界主流的静压强，就可以得到物面上各相应点的静压强。

（2）附面层厚度随气流流经物面的距离增长而增厚。

（3）附面层分为层流附面层和紊流附面层。

层流就是气体微团沿法向分层流动，互不混淆。也就是说，空气微团没有明显的上下乱动的现象。紊流就是气体微团除了沿物面流动外，还有明显的沿物面法向上下乱动的现象。

气体沿物面流动时，在物面的前段一般是层流，后段是紊流，层流与紊流之间的过渡区称为转捩点。

三、摩擦阻力

由于紧贴飞机表面的空气受到阻碍作用而流速降低到零，根据作用力与反作用力定律，飞机必然受到空气的反作用。这个反作用力与飞行方向相反，称为摩擦阻力。

摩擦阻力的大小与附面层的类型密切相关。紊流附面层的速度梯度比层流附面层大，即飞机表面对气流的阻滞作用大，因此，紊流附面层的摩擦阻力也就比层流附面层的大。

摩擦阻力除了与附面层的类型有关外，其大小还取决于空气与飞机的接触面积和飞机的表面状况。飞机的表面积越大，摩擦阻力就越大；飞机表面越粗糙，摩擦阻力也就越大。

四、压差阻力

顺压梯度和逆压梯度

流体流过曲面时，由于曲面弯度的影响，主流沿流动方向出现压强变化，即存在压强梯度。如图 2.3.2 所示，在 A 到 B，流线逐渐变密，流速加快，压强降低，称为顺压梯度；从 B 到 C，流线逐渐变稀，流速减慢，压强升高，称为逆压梯度。

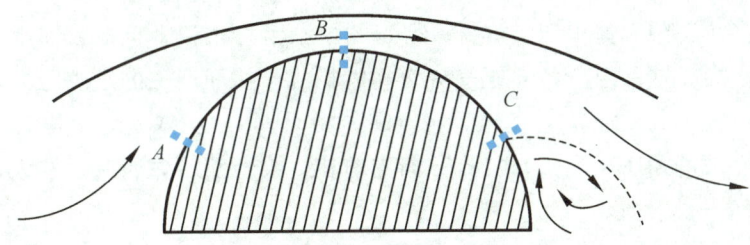

图 2.3.2　压力梯度示意

附面层分离（气流分离）是指附面层内的气流发生倒流，脱离物体表面，形成大量旋涡的现象，如图 2.3.3 所示，气流开始脱离物体表面的点称为分离点。

图 2.3.3　附面层分离示意

空气流过机翼时，在机翼的前部，气流受阻，流管变粗，流速减慢，压力增大。而在机翼的后部，由于气流分离产生了涡流区，压力变小。于是，机翼的前后便产生了压力差，形成压差阻力。

附面层分离的内因是空气具有黏性，外因则是物体表面弯曲而出现的逆压梯度。

由于涡流区的压强等于分离点的压强，当分离点靠近机翼前缘，涡流区压强进一步降低，压差阻力就会增大；分离点靠近机翼后缘，涡流区压强增大，压差阻力减小。机翼气流分离点位置主要取决于迎角的大小。机翼的迎角越大，分离点越靠近机翼前缘。

总体而言，飞机压差阻力与迎风面积、形状和迎角有关。迎风面积大，压差阻力大；流线型物体压差阻力更小；迎角越大，压差阻力也越大。

【随堂活动】

1. 什么是顺压梯度？什么是逆压梯度？

2. 小组讨论：日常生活中有哪些利用/避免压差阻力的例子，试用所学知识进行说明。

五、干扰阻力

飞机的各个部件，如机翼、机身、尾翼的单独阻力之和小于把它们组合成一个整体所产生的阻力，这种由于各部件气流之间的相互干扰而产生的额外阻力，称为干扰阻力。

飞机接合部的逆压梯度大，气流分离点前移，接合部后方涡流区扩大，从而产生额外阻力，即干扰阻力。

为了减小干扰阻力的影响，可将飞机各部件之间设计为平滑过渡和整流蒙皮。

六、诱导阻力

前面介绍的三种阻力都与空气的黏性有关，飞机在飞行中还有受到一种阻力——诱导阻力。诱导阻力的产生与翼尖涡和下洗流有关，与升力的产生有关。

当机翼产生升力时，下表面的压力比上表面大，空气力图从下表面绕过翼尖部分向上表面流去，就使下翼面的流线由机翼的翼根向翼尖倾斜，上翼面反之。由于上下翼面气流在后缘处具有不同的流向，于是就形成旋涡，并在翼尖卷成翼尖涡，翼尖涡向后流即形成翼尖涡流，如图 2.3.4 所示。

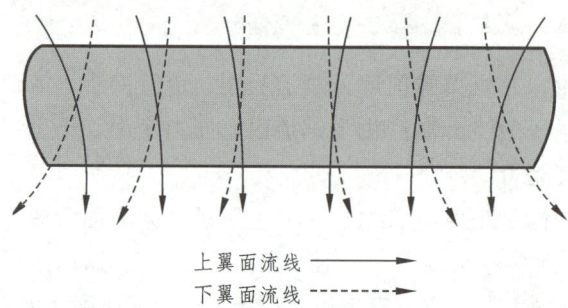

图 2.3.4　机翼上下表面流线的变化

由于两个翼尖涡的存在，会导致在翼展范围内出现一个向下的诱导速度场，称为下洗，如图 2.3.5 所示。在亚音速范围内，下洗速度场会覆盖整个飞机所处空间范围。

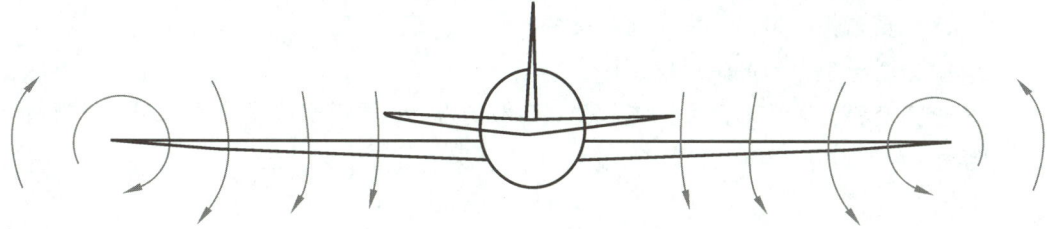

图 2.3.5　翼尖涡的产生示意

下洗速度的存在，改变了翼型的气流方向，使流过翼型的气流向下倾斜，这个向下倾斜的气流称为下洗流，下洗流与相对气流之间的夹角称为下洗角 ε，如图 2.3.6 所示。

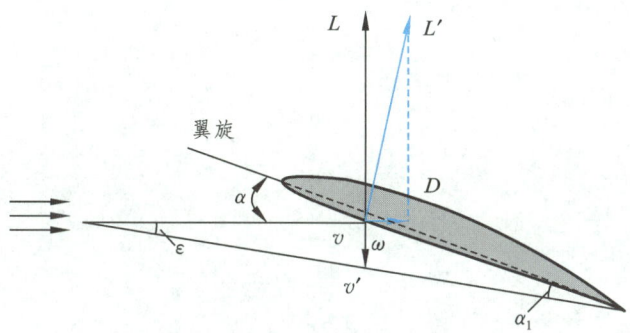

图 2.3.6　诱导阻力的产生

由于存在翼尖涡和下洗速度场，导致前者的总空气动力较后者更加后斜，即前者总空气动力沿飞行速度方向（即远前方相对气流方向）的分量较后者更大。这一增加的阻力即为诱导阻力。

诱导阻力主要来源于机翼的实际升力，实际升力越大，机翼上下表面的压力差越大，翼尖涡流越强，气流下洗程度越大，所以产生的诱导阻力越大。

诱导阻力主要受机翼平面形状、展弦比、升力大小、飞行速度的影响。展弦比大，诱导阻力小；升力大，诱导阻力大；在平直飞行中，诱导阻力与飞行速的平方成反比。椭圆翼的诱导阻力最小。

七、阻力公式

与升力类似，飞机的阻力主要与机翼形状及表面质量、飞机迎角、机翼面积、飞行动压有关。其中，机翼形状及表面质量和飞机迎角对飞机阻力的影响用阻力系数表示，这样就可以得到阻力公式（2.3.1）。

$$D = C_\mathrm{D} \cdot \frac{1}{2}\rho v^2 \cdot S \tag{2.3.1}$$

式中，C_D 为飞机的阻力系数，S 为机翼面积，$1/2\rho v^2$ 为飞机动压。

Part3 课后任务

1. 飞机受到哪些阻力？是如何分类的？试用图表回答。
2. 简述诱导阻力的产生过程？
3. 查阅资料，梳理飞机为了减小阻力而做的设计，并说明该设计具体减小了哪种阻力。

GL6 飞机的低速空气动力特性

【教学目标】

思政育人目标
培养耐心，养成细心做事的好习惯。

知识目标
理解升力系数、阻力系数等概念，读懂各种类型的曲线。

能力目标
掌握分析飞机在特定飞行状态下的空气动力参数的能力。

【教学内容】

1. 升力系数。
2. 阻力系数。
3. 升阻比。
4. 极曲线。

Part1 课程导入

我们已经学习了升力、阻力的相关知识，请回答下列问题。

1. 压差阻力产生的外因和内因分别是什么？

2. 有些飞机在设计中有意增大展弦比，其目的是消除哪种阻力？

3. 默写升力公式。

请再思考一个问题，在升力公式中，我们能清楚地看到升力系数直接影响着升力大小，那么可以从哪些方面着手，增大升力系数呢？请进行分组讨论。

Part2 探索新知

一、升力系数

（一）翼型的影响

翼型不同，流线谱也就不同。如图 2.4.1 所示，由于平凸形翼型的相对弯度大，上下表面的流管差别大，形成的上下压力差大，所以产生的升力比双凸形翼型大。

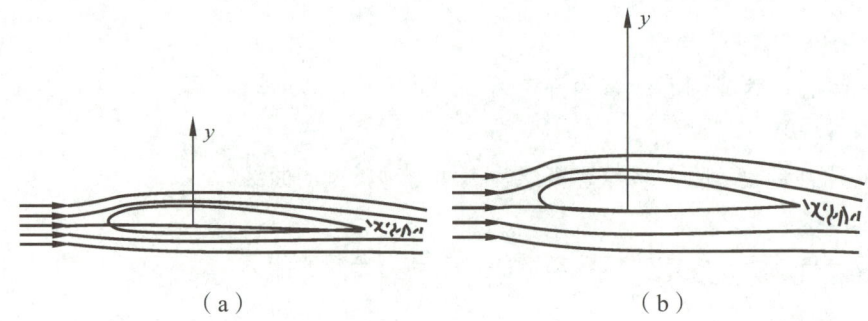

图 2.4.1　翼型对升力的影响示意

（二）迎角的影响

在机翼的形状、相对气流速度一定的情况下，改变机翼的迎角，则机翼表面的流线谱随之发生变化，引起机翼上下表面的压力系数发生变化，使得升力系数发生变化，则升力的大小发生变化，如图 2.4.2 所示。

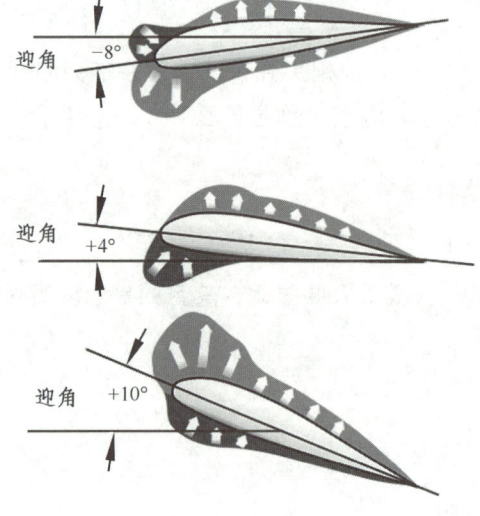

图 2.4.2　迎角对升力的影响示意

（三）升力系数曲线

图 2.4.3 所示为某型飞机的升力系数曲线，即升力系数随迎角变化规律曲线。

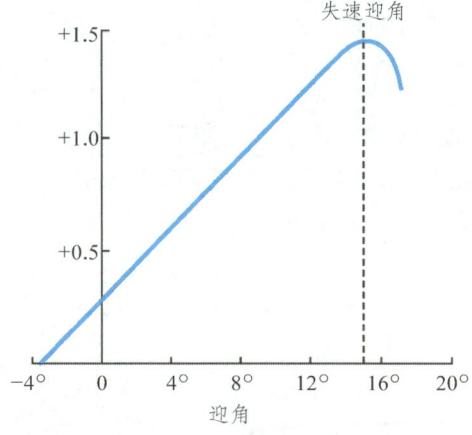

图 2.4.3 升力系数曲线

1. 在中小迎角范围内

如图 2.4.4 所示,在中小迎角范围内,涡流区仅占翼尾后部的很小一段区域,对翼型的压力分布影响很小。随着迎角的增大,上表面前部的流线更加弯曲,流管变得更细,于是流速更快,压力更小。与此同时,气流受下表面阻挡作用随迎角的增大而逐渐变强,致使下表面前段流速逐渐变小,压力变大。因此,在此迎角范围内,随迎角的增大,上下表面的压力差增大,升力系数增大。在该迎角范围内,翼型表面后部的涡流区对翼面流管的变化影响很小,因此升力系数随迎角的增大而呈线性增加。

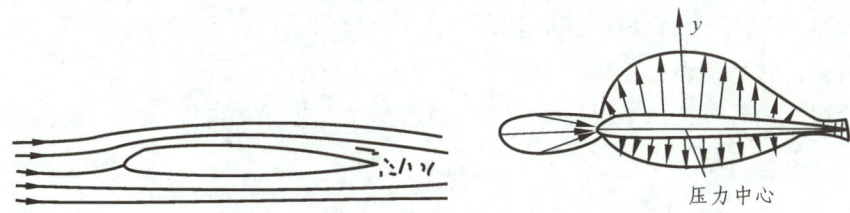

图 2.4.4 中小迎角下的流线谱和压力分布示意

2. 在较大迎角范围内

如图 2.4.5 所示,在较大迎角范围内,随着迎角的增加,翼型后段的气流分离区将逐渐扩大。同时,上表面前段的流管变得更细,压力更小,而下表面前段的压力更大,因此上下表面压力差变得更大,升力系数更大。在这个迎角范围内,由于翼型后段涡流区的扩大,起着使上表面前部流管变粗的作用,因而迎角增加时,翼型前段上下表面压力之差的增加量较中小迎角时要小,且随涡流区的扩大而影响。升力系数随迎角的变化呈非线性关系。

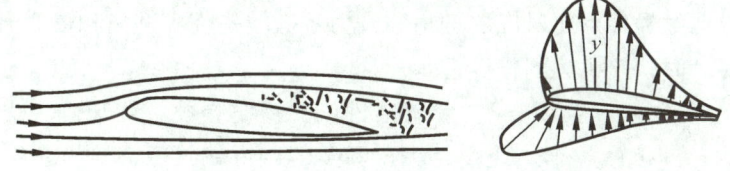

图 2.4.5 较大迎角下的流线谱和压力分布示意

在较大迎角范围内，随着迎角增加，升力也增大，但增加幅度有所减小。

3. 超过临界迎角范围

如图 2.4.6 所示，当迎角达到临界角后，继续增大迎角，则气流分离点迅速前移，涡流区迅速扩大，致使翼型上表面前段管变粗，吸力峰陡落。在靠后缘的一段范围内，压力虽然减小，但很有限，补偿不了前段的压力增大，所以升力系数减小。

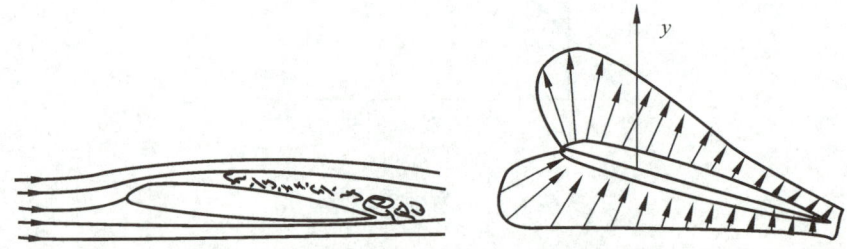

图 2.4.6　超过临界迎角后的流线谱和压力分布

在超过临界迎角的范围内，随着迎角的增加，升力反而减小。

（四）升力特性参数

1. 零升迎角（α_0）

零升迎角是飞机升力系数等于零时的迎角。对于非对称翼型，如果相对弯度大于零，零升迎角（α_0）为负值。这是因为当迎角为零时，上下翼面的流线不对称，有一定的压力差，升力系数大于零。

对称翼型的零升迎角（α_0）等于零，这是因为当迎角为零时，上下翼面的流线对称，没有上下压力差。

2. 升力系数曲线斜率（C_L^α）

升力系数曲线斜率是升力系数增量与迎角增量之比的极限值。它反映迎角改变时升力系数变化的大小程度，是影响飞机操纵性和稳定性的重要参数。

在中小迎角范围，升力系数与迎角呈线性变化，线性段的升力系数可由公式计算。

$$C_L = C_L^\alpha \cdot (\alpha - \alpha_0) \tag{2.4.1}$$

在升力系数的非线性段，斜率随迎角的增大而不断减小；当迎角等于临界迎角时，斜率为 0；当迎角超过临界迎角，斜率为负值。

3. 临界迎角（α_{er}）和最大升力系数（$C_{L\max}$）

升力系数曲线最高点所对应的迎角和升力系数就是临界迎角和最大升力系数，即当升力系数最大时，飞机达到临界迎角。

最大升力系数是决定飞机起飞和着陆性能的重要参数。从升力公式可以看出，升力系数越大，速度就越小。速度越小，需要的跑道就越短，飞机起飞和着陆也就越安全。

临界迎角是非常重要的空气动力性能参数，它决定飞机的失速特性。超过临界迎角，升力系数突然下降，飞机进入失速而不能保证正常的飞行状态。

二、阻力系数

（一）阻力系数曲线

图 2.4.7 所示为某型飞机的阻力系数曲线，即阻力系数随迎角变化规律曲线。

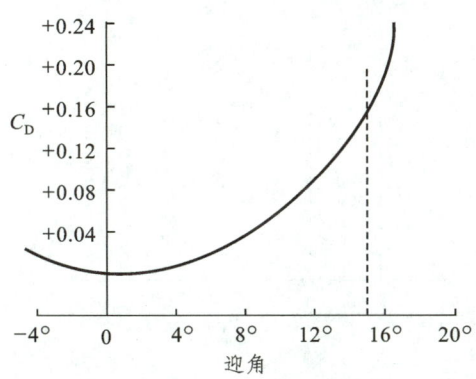

图 2.4.7　阻力系数曲线

在中小迎角范围，阻力系数随迎角增大而缓慢增大，飞机阻力主要为摩擦阻力。

在迎角较大时，阻力系数随迎角增大而较快增大，飞机阻力主要为压差阻力和诱导阻力。

在接近或超过临界迎角时，阻力系数随迎角的增大而急剧增大，飞机阻力主要为压差阻力。

（二）阻力特性参数

1. 最小阻力系数（C_{Dmin}）和零升阻力系数（C_{D0}）

阻力系数永远不等于零，但它存在一个最小值，即最小阻力系数。零升阻力系数指升力系数为零时的阻力系数。飞机的最小阻力系数非常接近零升阻力系数，一般认为零升阻力系数就是最小阻力系数。

2. 中小迎角时的阻力公式

在中小迎角时，阻力公式可以表示为

$$C_D = C_{D0} + A \cdot C_L^2 \qquad (2.4.2)$$

三、升阻比

（一）概　述

升阻比是相同迎角下，升力系数和阻力系数的比值，用 K 表示。升力系数和阻力系数主要随迎角变化，因此升阻比的大小也随迎角变化而变化，与空气密度、飞行速度、机翼面积等无关。升阻比越大，飞机的空气动力性能越好。

（二）升阻比曲线

图 2.4.8 展示了某机型的升阻比曲线，升阻比曲线表达了升阻比随迎角变化的规律。从曲线可看出，升阻比存在一个最大值，此时对应的迎角称为最小阻力迎角（又称为有利迎角）。

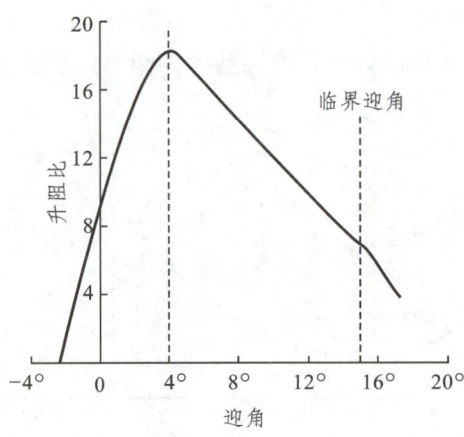

图 2.4.8 升阻比曲线

从零升迎角到最小阻力迎角，升力增加较快，阻力增加缓慢，因此升阻比增大。在最小阻力迎角处，升阻比最大。

从最小阻力迎角到临界迎角，升力增加缓慢，阻力增加较快，因此升阻比减小。超过临界迎角，压差阻力急剧增大，升阻比急剧减小。

（三）升阻比的影响因素

（1）飞行中，放下起落架或减速板时，阻力系数明显增大，而升力系数变化不大，因此各迎角下的升阻比都要变小，最大升阻比也要减小。

（2）放下襟翼时，虽然同一迎角下的升力系数、阻力系数都要增大，但是阻力系数增大的速度大于升力系数增大的速度，因此最大升阻比还是减小的。

（3）维护质量不高，使飞机变形或表面光洁程度降低等，都会使飞机的阻力系数变大，最大升阻比减小，空气动力性能变差。因此，保持飞机外形的完好，对保持飞机具有良好的飞行性能是十分重要的。

四、性质角

所谓性质角，就是飞机总空气动力与飞机升力之间的夹角，以 θ 表示，如图 2.4.9 所示。

$$\cot\theta = \frac{L}{D} = \frac{C_L}{C_D} \quad (2.4.3)$$

性质角越小，总空气动力向后倾斜越少，升阻比越大。

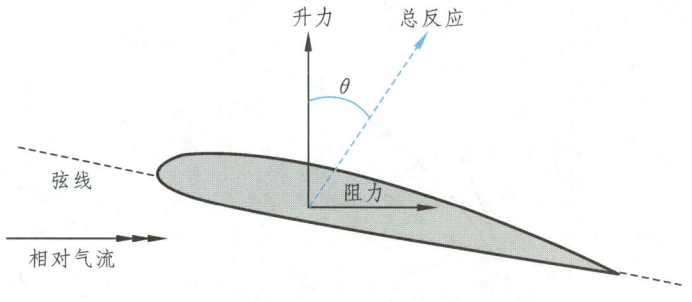

图 2.4.9　性质角示意

五、极曲线

将飞机的升力系数、阻力系数、升阻比随迎角变化的关系综合起来用一条曲线表示出来叫作极曲线，以便于综合衡量飞机的空气动力性能，如图 2.4.10 所示。

极曲线的横坐标为阻力系数，纵坐标为升力系数，曲线上每一个点代表一个与坐标所表示的升力系数、阻力系数对应的迎角。

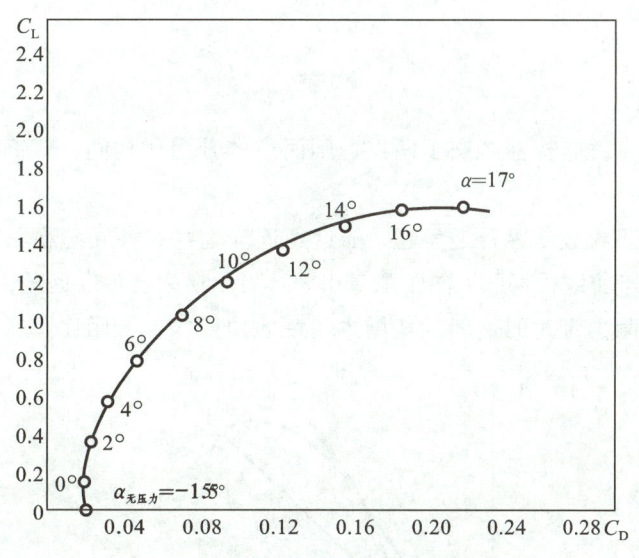

图 2.4.10　极曲线

从零升迎角开始，随迎角增大，升力系数与阻力系数都增大。在中小迎角范围内 $C_D = C_{D0} + A \cdot C_L^2$，曲线呈平方抛物线。迎角增大时，受气流分离影响，阻力系数增加快，升力系数增加变缓，曲线偏离平方抛物线倾向横轴。超过临界迎角以后，升力系数随迎角的增大而减小，但阻力系数却继续增大，曲线向右下方延伸。

在极曲线上，曲线与横轴交点为零升迎角和零升阻力系数。曲线最高点为临界迎角和最大升力系数。

从坐标原点向曲线引切线，切点对应最小阻力迎角和最大升阻比，如图 2.4.11 所示。

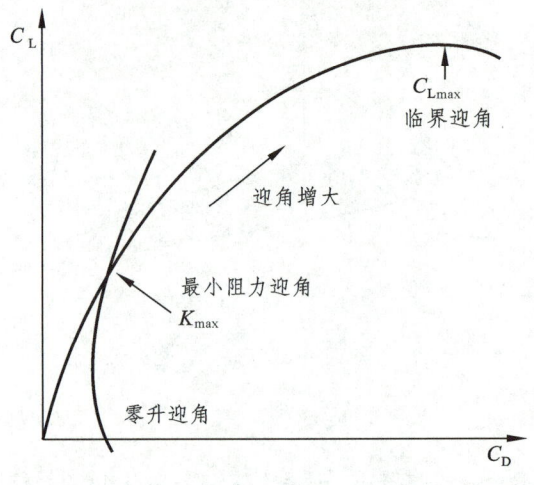

图 2.4.11 极曲线的特殊意义

【课堂活动】
分组讨论为什么上述结论成立?

从原点所引直线与极曲线交于两点,则两点的升阻比相同,较高者的迎角较大,且平飞速度较小。

从图 2.4.12 可见,从零升迎角起,随迎角逐渐增大,性质角逐渐减小,升阻比逐渐增大;当连线与曲线相切时,性质角最小,升阻比最大,对应迎角为最小阻力迎角;当迎角大于最小阻力迎角时,随迎角增大,性质角增大,升阻比降低。

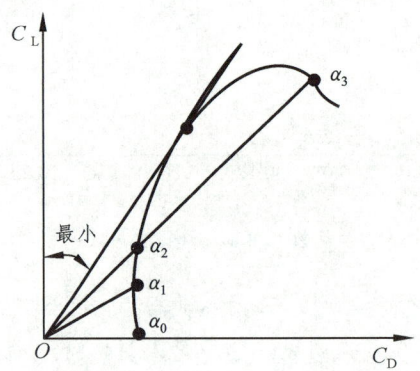

图 2.4.12 性质角随迎角变化示意

Part3 课后任务

1. 自行绘制典型的飞机升力系数曲线、阻力系数曲线、升阻比曲线、极曲线。
2. 影响升阻比的因素有哪些?

GL7　增升装置的增升原理

【教学目标】

思政育人目标
树立创新意识。

知识目标
认识各种增升装置。

能力目标
具备分析各种增升装置特点的能力，为合适的机型选取合适的设计。

【教学内容】

1. 增升装置的原理。
2. 各种类型的增升装置。

Part1　课程导入

学完升力系数、升阻比等知识之后，我们都知道升力系数越大越好，这样可以尽可能提供更多升力。可以通过增大迎角来实现这一目标，但是扩大迎角的方法是有限的，因为超过临界迎角之后，升力系数不升反降，并且会进入失速状态。所以在设计中，我们怎样通过其他办法来提高升力系数呢？

Part2　探索新知

飞机在起飞和着陆时，为了缩短滑跑距离，要求较小的离地速度和接地速度，这就需要较大的升力系数。用增大迎角的方法来增大升力系数是有限的，因为飞机的迎角最多只能增大到临界迎角，实际上飞机在起飞和着陆时，由于受到擦尾角的限制，迎角是不可能增大到临界迎角的。

因此，为了保证飞机在起飞和着陆时仍能产生足够的升力，有必要在机翼上装设增大升力系数的装置。目前，使用较广的增升装置有前缘缝翼、后缘襟翼、前缘襟翼等。

一、前缘缝翼

前缘缝翼位于机翼前缘,其作用是延缓机翼的气流分离,提高最大升力系数和临界迎角。

前缘缝翼打开时与机翼之间有一条缝隙,如图 2.5.1 所示。一方面,下翼面的高压气流流过缝隙后,贴近上翼面流动,给上翼面气流补充能量,降低逆压梯度,延缓气流分离,从而增大升力系数和临界迎角;另一方面,气流从压强高的下翼面通过缝隙流向上翼面,减小上下翼面的压强差,又具有减小升力系数的作用。

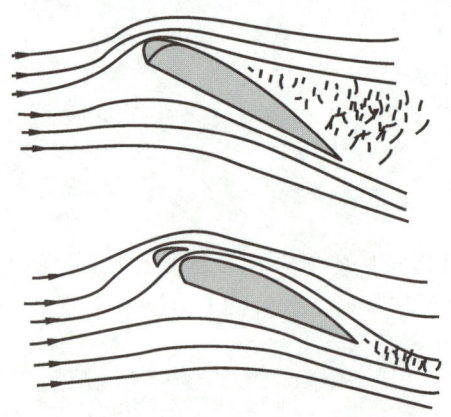

图 2.5.1 前缘缝翼打开延缓气流分离原理示意

因此,在大迎角下打开前缘缝翼,可以延缓上表面的气流分离,从而使最大升力系数和临界迎角增大。在中小迎角下打开前缘缝翼,反而会使上下翼面的压强差减小而降低升力系数,导致机翼升力性能变差,如图 2.5.2 所示。

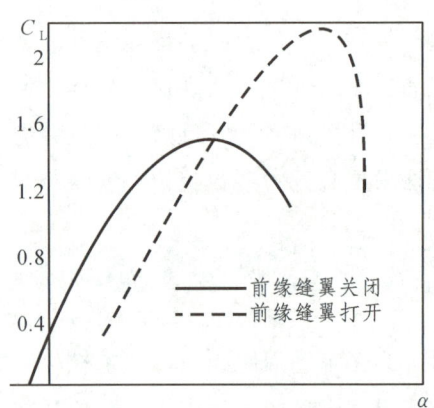

图 2.5.2 开关前缘缝翼的效果对比

在大型喷气式飞机上,只有靠近翼尖且位于副翼之前装设有缝翼,称为翼尖前缘缝翼。

二、后缘襟翼

襟翼位于机翼后缘,称为后缘襟翼。较为常用的有分裂襟翼、简单襟翼、开缝襟翼、后退襟翼、后退开缝襟翼等。放下后缘襟翼，既增大升力系数，也增加阻力系数。

（一）简单襟翼

简单襟翼与副翼形状相似。放下简单襟翼，增加机翼的相对弯度，进而增大上下翼面压强差，增大升力系数，如图 2.5.3 所示。

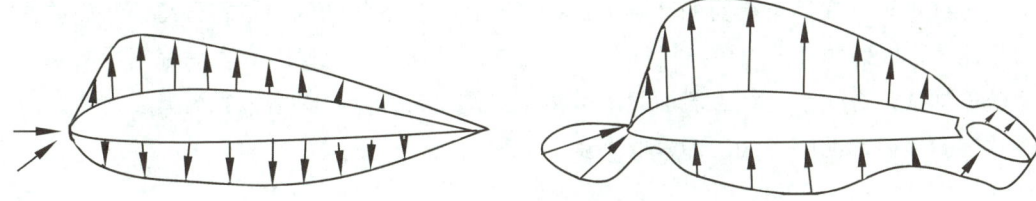

图 2.5.3　简单襟翼对压强分布的影响

但是放下襟翼后，机翼上表面的涡流区也会扩大，使机翼的压差阻力增大，阻力系数增大，升阻比减小，临界迎角降低。

（二）分裂襟翼

分裂襟翼指从机翼后端下表面一块向下偏转而分裂出的翼面，如图 2.5.4 所示。

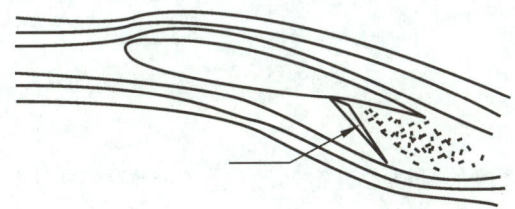

图 2.5.4　分裂襟翼对流线谱的影响

放下分裂襟翼后，在机翼和襟翼之间的楔形区形成涡流，压强降低，吸引上表面气流流速增加，吸力增大，机翼下表面的气流，受到放下的襟翼的阻挡，减速减慢，压力增加，上下翼面压差增加，从而增大了升力系数，如图 2.5.5 所示。

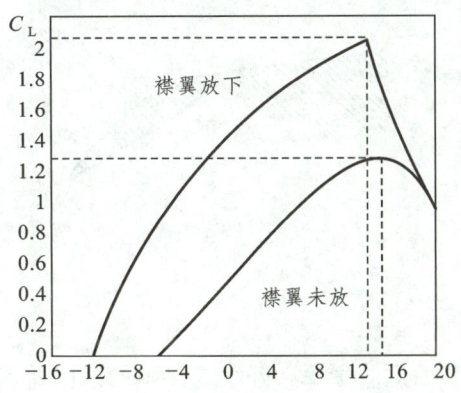

图 2.5.5　分裂襟翼的增升效果

此外，放下分裂襟翼使得翼型弯度增大，上下翼面压差增加，从而也增大了升力系数。

但大迎角下放襟翼，上翼面最低压强点的压强更低，气流易提前分离，故临界迎角有所减小。

（三）开缝襟翼

开缝襟翼是在简单襟翼的基础上进行了改进，在下偏的同时进行开缝。和简单襟翼相比，下翼面的高压气流通过缝隙高速流向上翼面后缘，使上翼面后缘附面层中空气流速加快，进一步延缓上表面气流分离（见图2.5.6）；同时增大机翼弯度，使升力系数提高更多，而临界迎角却降低不多。

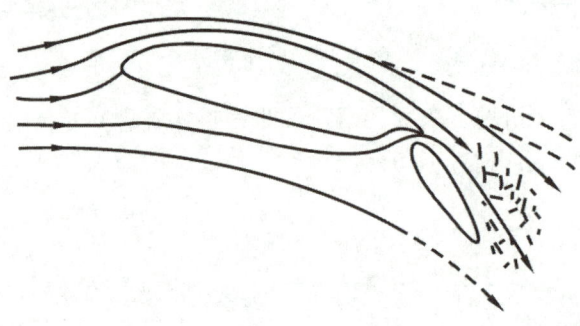

图 2.5.6　开缝襟翼的流线谱

（四）后退襟翼

后退襟翼在简单襟翼的基础上进行了改进。在下偏的同时向后滑动（见图2.5.7），和简单襟翼相比，增大了机翼弯度，也增加了机翼面积，从而使升力系数以及最大升力系数增大更多，临界迎角降低较少。

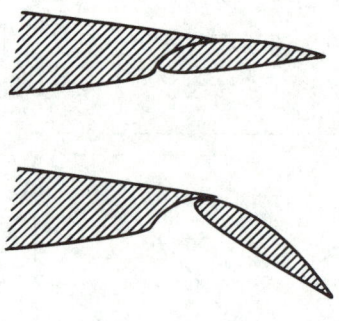

图 2.5.7　后退襟翼

（五）后退开缝襟翼

后退开缝襟翼结合了后退式襟翼和开缝式襟翼的共同特点，效果最好，结构最复杂。大型飞机普遍使用后退双开缝或三开缝的形式，如图2.5.8所示。

(a)双开缝　　　　　　　　　　(b)三开缝

图 2.5.8　后退开缝襟翼

三、前缘襟翼

前缘襟翼位于机翼前缘,如图 2.5.9 所示。这种设计广泛应用于高亚音速飞机和超音速飞机。

前缘襟翼放下后,可以减小前缘与相对气流之间的夹角,使气流能够平顺地沿上翼面流动,延缓上表面气流分离。同时,能增加翼型弯度,使最大升力系数和临界迎角得到提高。

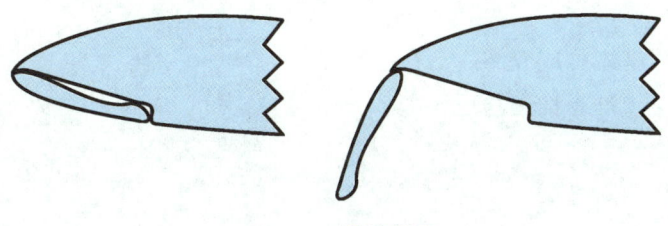

图 2.5.9　前缘襟翼

Part3　总结讲评

增升装置的目的是增大最大升力系数,尽管种类繁多,但就其原理来讲,主要从 3 个方面实现增升目的。

(1)增大翼型的弯度,提高上下翼面压强差。

(2)延缓上表面气流分离,提高临界迎角和最大升力系数。

(3)增大机翼面积。

Part4　课后任务

搜集查阅资料,分析我国自主研发的 C919 型客机上有哪些增升装置,并阐述采用该设计的理由。

GL8 螺旋桨的空气动力学

【教学目标】

知识目标

了解螺旋桨的基本构成,掌握螺旋桨推进力形成的两个理论(动量理论、叶素理论),了解桨叶的几何特性,理解螺旋桨有效功率、效率的定义,掌握恒速螺旋桨的操作理论,理解螺旋桨副作用的机理。

【教学内容】

1. 螺旋桨的基本构成介绍。
2. 动量理论(理想推进器理论)。
3. 叶素理论。
4. 桨叶的几何特性。
5. 螺旋桨的有效功率和效率。
6. 恒速螺旋桨。
7. 螺旋桨副作用(反作用力矩、进动效应、螺旋桨因素、滑流扭转效应)。

Part1 课程导入

空气螺旋桨主要由桨叶、桨毂、变距机构等构成,如图 2.6.1 所示。

图 2.6.1 变距螺旋桨

桨叶是螺旋桨产生升力的部件，其原理与机翼产生升力的原理类似。螺旋桨的拉力由桨叶升力平行于螺旋桨轴的分力提供。无人机的螺旋桨通常有 2～4 片桨叶。

桨毂用于支撑、连接桨叶并传递轴功率和拉力，是螺旋桨的主受力件。为保护桨毂结构、保持桨毂周围的气动外形，通常会在桨毂外安装桨帽。

变距机构只存在于变距螺旋桨中，其作用是调节螺旋桨的桨叶角，提高螺旋桨的工作效率。恒速螺旋桨是最常见的变距螺旋桨。在飞行过程中，螺旋桨调速器可以根据无人机的飞行状态自动调节桨叶角的大小，将螺旋桨转速维持在设定值。着陆滑跑时，变距机构可以使螺旋桨反桨产生负拉力，缩短滑跑距离。如果发动机在空中停车，变距机构可以使螺旋桨顺桨，减小风阻，防止"风车"状态。定距螺旋桨没有变距机构，其桨叶角不可改变。

Part2　探索新知

一、动量理论

（一）理想推进器的推进力

动量理论又叫作理想推进器理论，该理论不考虑螺旋桨的几何外形，而是将转动的螺旋桨看作一个厚度趋于 0 的桨盘，为方便分析，通常假设气流的速度和压力均匀分布在桨盘上。

如图 2.6.2 所示，根据相对运动原理，当无人机以速度 V 前进时，可假设无人机静止不动，来流以速度 V 从远前方流向无人机的螺旋桨盘，工作的螺旋桨会向后加速来流。现将远前方截面 AA_1 的空气流速记作 V，桨盘面 BB_1 的空气流速记作 $V+v_a$，远后方截面 CC_1 的空气流速记作 $V+v_A$。根据连续性方程，在同一时间截面 AA_1、BB_1、CC_1 的空气质量流量是相等的，所以单位时间内流过各截面的空气质量可统一记作 m。

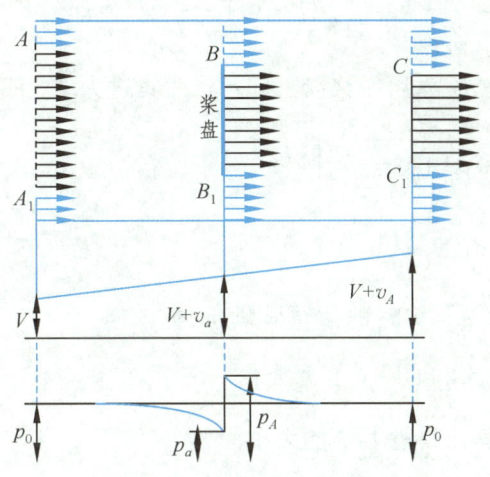

图 2.6.2　理想推进器理论示意

综上，气流在远前方截面 AA_1 的流入动量 p_{AA_1} 为

$$p_{AA_1} = mV \tag{2.6.1}$$

气流在远后方截面 CC_1 的流出动量 p_{CC_1} 为

$$p_{CC_1} = m(V + v_A) \tag{2.6.2}$$

根据上式，气流通过桨盘时发生了动量变化，而气流动量增量的大小就是螺旋桨推进力 T 的大小，即

$$T = m(V + v_A) - mV = mv_A \tag{2.6.3}$$

由此可见，只要增大 v_A，推进力就会增加，但是这会带来动能损失，降低螺旋桨效率。

由于空气从截面 AA_1 到截面 CC_1 一直在加速流动，所以流管内空气的压力一直处于下降的趋势，但是当空气通过桨盘时，由于机械功的输入，空气的压力会瞬间增大。现将桨盘紧前方的空气压力记作 p_a，紧后方的空气压力记作 p_A，桨盘远前方和远后方的空气压力与大气压力基本一致，可统一记作 p_0。由于流管内空气流速不高，可忽略空气密度的变化，其各截面的空气密度可统一记作 ρ。

根据伯努利原理，可得出远前方截面 AA_1 与紧前方截面 BB_1 的能量转换关系为

$$p_0 + \frac{1}{2}\rho V^2 = p_a + \frac{1}{2}\rho(V + v_a)^2 \tag{2.6.4}$$

紧后方截面 BB_1 与远后方截面 CC_1 的能量转换关系为：

$$p_A + \frac{1}{2}\rho(V + v_a)^2 = p_0 + \frac{1}{2}\rho(V + v_A)^2 \tag{2.6.5}$$

结合上述两式，可得出桨盘前后的压力差 δp 为

$$\delta p = p_A - p_a = \frac{1}{2}\rho(V + v_A)^2 - \frac{1}{2}\rho V^2 = \rho v_A\left(V + \frac{1}{2}v_A\right) \tag{2.6.6}$$

桨盘前后的压力差 δp 作用在桨盘上即可产生推进力 T，即

$$T = \delta p \cdot A_{BB_1} = \rho v_A\left(V + \frac{1}{2}v_A\right) \cdot A_{BB_1} \tag{2.6.7}$$

式中，A_{BB_1} 为桨盘面 BB_1 的面积。

单位时间内流过桨盘面 BB_1 的空气质量 m 为

$$m = \rho A_{BB_1}(V + v_a) \tag{2.6.8}$$

结合 $T = mv_A$，可得出推进力 T 的大小为

$$T = \rho A_{BB_1}(V + v_a)v_A \tag{2.6.9}$$

综上，可得出

$$v_a = \frac{1}{2}v_A \qquad (2.6.10)$$

其中，v_A 为轴向诱导速度。

（二）理想推进器的有效功率和推进效率

理想推进器在单位时间内对无人机做的功就是理想推进器的有效功率 N_T，即

$$N_T = TV = mv_A V \qquad (2.6.11)$$

根据动能定律，理想推进器的总功率 N 等于单位时间内动能的变化量，即

$$N = \frac{1}{2}m(V+v_A)^2 - \frac{1}{2}mV^2 = \frac{1}{2}m(2Vv_A + v_A^2) = mv_A V + \frac{1}{2}mv_A^2 = N_T + \frac{1}{2}mv_A^2$$

因此，理想推进器工作时损失的功率为 $\frac{1}{2}mv_A^2$，推进效率 η 为有效功率 N_T 与总功率 N 的比值，即

$$\eta = \frac{N_T}{N} = \frac{N_T}{N_T + \frac{1}{2}mv_A^2} = \frac{V}{V + \frac{1}{2}v_A} = \frac{2V}{2V+v_A} = \frac{2}{1+\frac{V+v_A}{V}} \qquad (2.6.12)$$

二、叶素理论

（一）叶素的运动

以图 2.6.3 所示的二叶螺旋桨为例，设螺旋桨的半径为 R，在半径 r 处截取一桨叶微段（叶素），该桨叶微段的径向尺寸为 $\mathrm{d}r$（$\mathrm{d}r \to 0$），弦长为 c，面积为 $c \cdot \mathrm{d}r$。

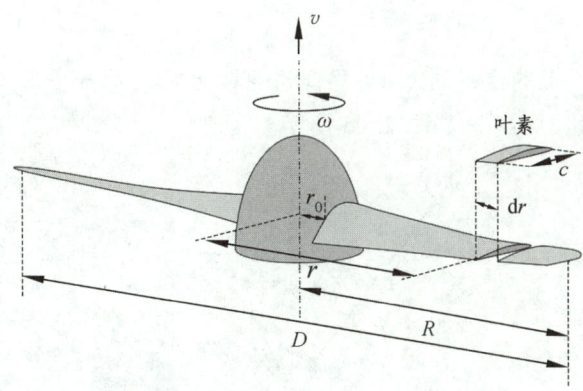

v—前进速度；ω—旋转角速度；c—桨叶弦长；R—螺旋桨半径；r_0—桨毂半径；D—螺旋桨直径。

图 2.6.3　螺旋桨几何参数示意

一片桨叶由无穷多个桨叶微段连接而成，每个桨叶微段的剖面都可以看作是一个翼型，所以叶素剖面的分析方法与翼剖面的分析方法类似，如图 2.6.4 所示。

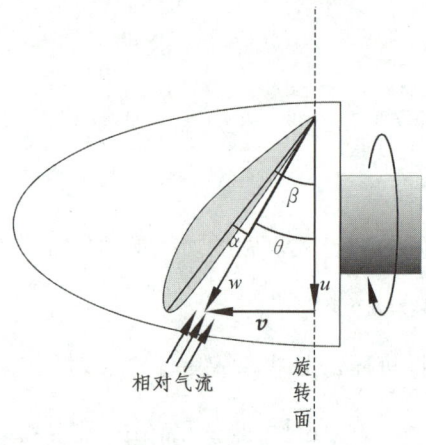

v—前进速度；u—旋转速度；w—合速度；α—桨叶迎角；θ—入流角；β—桨叶角。

图 2.6.4　螺旋桨运动状态

关于叶素的运动状态，旋转速度 $u = 2\pi rn = \omega r$（n 为螺旋桨转速，单位为 r/s），前进速度为 v，旋转速度和前进速度的合速度 w 为

$$w=\sqrt{v^2 + u^2} \tag{2.6.13}$$

合速度 w 的方向与相对气流的方向平行，所以合速度 w 与桨叶弦线之间的夹角可视作桨叶迎角 α，合速度 w 与旋转面之间的夹角 θ 称为入流角或气流角或螺旋角。桨叶弦线与旋转面之间的夹角 β 称为桨叶角或桨距角或安装角。桨叶角 β、桨叶迎角 α、入流角 θ 之间的关系为

$$\alpha = \beta - \theta = \beta - \arctan\left(\frac{v}{u}\right) = \beta - \arctan\left(\frac{v}{2\pi rn}\right) \tag{2.6.14}$$

（二）螺旋桨的拉力和旋转阻力

作用在桨叶微段上的空气动力 $\mathrm{d}R'$ 同样也可以分解为垂直于来流的气动力 $\mathrm{d}L'$，以及平行于来流的气动力 $\mathrm{d}D'$，如图 2.6.5 所示。

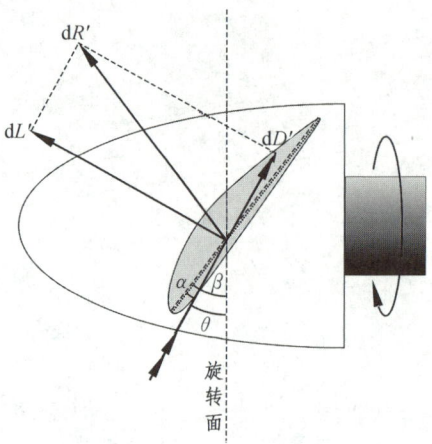

$\mathrm{d}R'$—气动合力；$\mathrm{d}L'$—升力；$\mathrm{d}D'$—阻力。

图 2.6.5　螺旋桨气动力示意

桨叶微段的气动力 dL' 为

$$dL' = C_{dL'} \cdot \frac{1}{2}\rho w^2 \cdot c \cdot dr \quad (2.6.15)$$

桨叶微段的气动力 dD' 为

$$dD' = C_{dD'} \cdot \frac{1}{2}\rho w^2 \cdot c \cdot dr \quad (2.6.16)$$

式中，$C_{dL'}$ 为垂直于合速度方向的气动系数，$C_{dD'}$ 为平行于合速度方向的气动系数。

dL' 可以分解为平行于 v 的分力 dP_1 和垂直于 v 的分力 dQ_1；dD' 可以分解为平行于 v 的分力 dP_2 和垂直于 v 的分力 dQ_2，如图 2.6.6 所示。

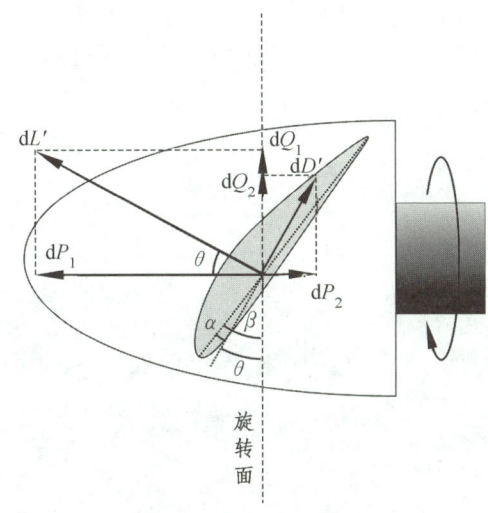

dL'—垂直于合速度方向的气动力；dD'—平行于合速度方向的气动力；dP_1—dL' 平行于 v 的分力；dQ_1—dL' 垂直于 v 的分力；dP_2—dD' 平行于 v 的分力；dQ_2—dD' 垂直于 v 的分力。

图 2.6.6　螺旋桨的拉力和旋转阻力示意

dP_1 和 dP_2 的合力 dP 为叶素产生的拉力，即

$$dP = dP_1 - dP_2 = dL'\cos\theta - dD'\sin\theta$$

dQ_1 和 dQ_2 的合力 dQ 为叶素受到的旋转阻力，即

$$dQ = dQ_1 + dQ_2 = dL'\sin\theta + dD'\cos\theta$$

随后，沿桨叶积分并乘以桨叶数 k 可以得出螺旋桨的总拉力 P，即

$$P = k\int_{r_0}^{R}dP = k\int_{r_0}^{R}dL'\cos\theta - dD'\sin\theta \quad (2.6.17)$$

沿桨叶积分并乘以桨叶数 k 可以得出螺旋桨的旋转总阻力 Q，即

$$Q = k\int_{r_0}^{R}dQ = k\int_{r_0}^{R}dL'\sin\theta + dD'\cos\theta \quad (2.6.18)$$

式中，r_0 为螺旋桨桨毂半径。

三、桨叶的几何特性

螺旋桨旋转时,桨叶各剖面的旋转角速度相等,但是旋转线速度沿半径方向是变化的,越靠近叶尖,桨叶剖面的旋转线速度越大,如图 2.6.7 所示。因此,叶根处的桨叶剖面通常是相对厚度较大的低速翼型,并且桨叶翼型从叶根到叶尖会逐渐向相对厚度较小的高速翼型连续过渡,如图 2.6.8 所示。

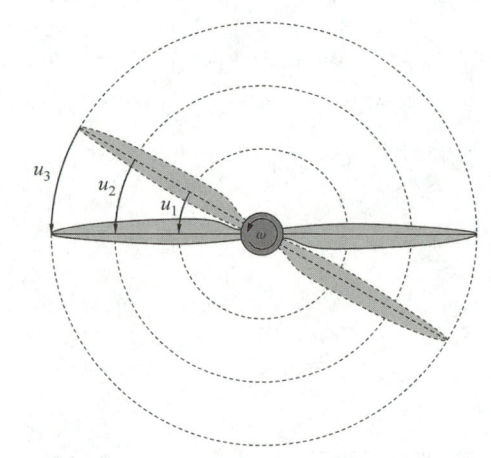

图 2.6.7　螺旋桨的旋转线速度和旋转角速度

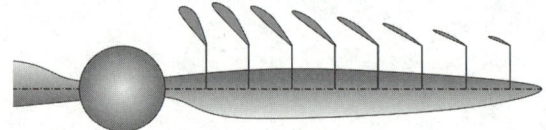

图 2.6.8　桨叶的几何扭转

螺旋桨旋转时,越靠近桨叶叶尖,旋转线速度越大,如果桨叶各剖面的桨叶角相同,则越靠近叶尖,桨叶迎角越大,如图 2.6.9 所示。因此在设计桨叶时,要对其外形进行几何扭转,以保证桨叶各剖面所处的迎角都能发挥较高的气动效率,通常越靠近叶根,桨叶剖面的桨叶角越大,如图 2.6.10 所示。

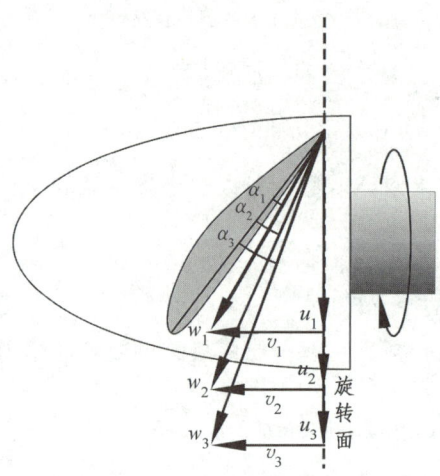

图 2.6.9　螺旋桨旋转速度与前进速度、桨叶迎角的关系

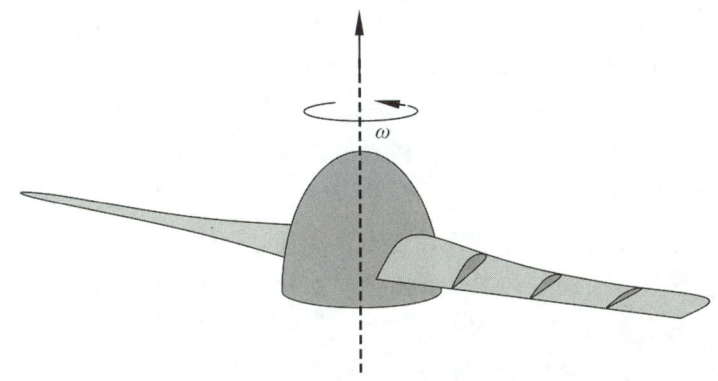

图 2.6.10　螺旋桨各剖面迎角及气动力分布示意图

四、螺旋桨的有效功率和效率

（一）螺旋桨的有效功率

螺旋桨产生的拉力在单位时间内对无人机做的功就是螺旋桨的有效功率 N_P，即

$$N_P = Pv \tag{2.6.19}$$

式中，P 为螺旋桨拉力，v 为无人机的前进速度。

（二）螺旋桨的轴功率

螺旋桨的轴功率 N_S 就是发动机的有效功率，其大小为发动机总功率 N_E 与发动机效率 η_E 的乘积，即

$$N_S = N_E \eta_E \tag{2.6.20}$$

螺旋桨的轴功率还等于螺旋桨轴的扭矩与角速度的乘积，即

$$N_S = \omega M = 2\pi n M \tag{2.6.21}$$

式中，n 为螺旋桨转速（r/s），M 为螺旋桨轴的扭矩（N·m）。

（三）螺旋桨效率

螺旋桨效率 η_{prop} 为螺旋桨有效功率 N_P 与螺旋桨轴功率 N_S 的比值，即

$$\eta_{prop} = \frac{N_P}{N_S} = \frac{Pv}{\omega M} = \frac{Pv}{2\pi n M} \tag{2.6.22}$$

五、可控桨距螺旋桨

（一）恒速螺旋桨

桨叶只有处于某一特定迎角才能达到最佳效率，因此定距螺旋桨的效率只有在特定的空速和转速下才能达到最大。功率杆位置不变时，如果空速增大，桨叶迎角就会

减小，螺旋桨转速就会增加；如果空速减小，桨叶迎角就会增大，螺旋桨转速就会减小。以上两种情况都会导致定距螺旋桨工作效率降低。

恒速螺旋桨可以很好地解决这一问题，如果功率杆位置不变，当空速发生变化时，调速器会自动调节桨叶角的大小，维持螺旋桨转速恒定。因此，恒速螺旋桨可以在更宽的速度范围保持较高的工作效率。

调速器是恒速螺旋桨的核心部件，前推变距杆时，转速计弹簧会被向下压缩，弹簧力会增大；后拉变距杆时，转速计弹簧会向上伸长，弹簧力会减小。传动齿轮驱动飞重转动，桨轴转速越高，飞重离心力就越大，当飞重离心力的作用大过弹簧力时，飞重会外张，转速计弹簧会被向上压缩，使导向活门向上移动；当弹簧力的作用大过飞重离心力时，飞重会内收，转速计弹簧会向下伸长，使导向活门向下移动。

在图 2.6.11 中，螺旋桨变距杆已前推至高转速位，转速计弹簧力较大。此时桨叶迎角较小，螺旋桨转速较高，飞重具有较大的离心力，足以顶住转速计弹簧，将导向活门保持在中立位，因此滑油不会进出作动筒，桨叶角会保持不变，螺旋桨会保持较高的转速。

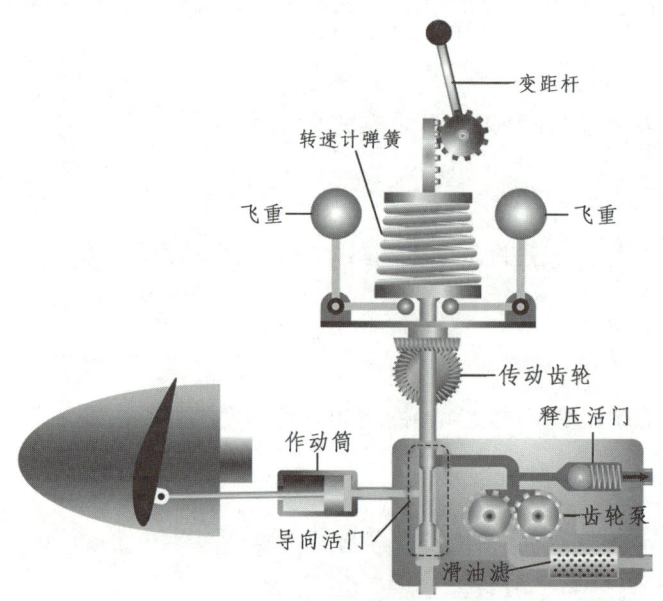

图 2.6.11　螺旋桨调速器结构示意

空速增大时，桨叶迎角会减小，这会使螺旋桨旋转阻力减小，转速增大。转速增大时，飞重离心力会增大，飞重会因此向外张开并向上挤压转速计弹簧，带动导向活门上移，使高压滑油进入作动筒，推动变距活塞增大桨叶角，如图 2.6.12 所示。变大距可以增大桨叶迎角，从而增大旋转阻力，减小转速。转速减小时，飞重离心力会减小，这使得转速计弹簧能够向下顶回导向活门，因此，高压滑油进入作动筒的流量会随着螺旋桨转速的减小而减小。当螺旋桨恢复到原来的转速，且空速不再发生变化时，飞重离心力与转速计弹簧力会再次平衡，导向活门会再次保持中立。

如果空速减小，螺旋桨的转速会因为桨叶迎角的增大而减小。转速减小时，飞重离心力会减小，转速计弹簧会推动导向活门下移，从而打开作动筒的回油路。由于桨叶离心力会使桨距减小，作动筒内的滑油会被挤出。当螺旋桨恢复到原来的转速，且空速不再发生变化时，导向活门会再次保持中立。

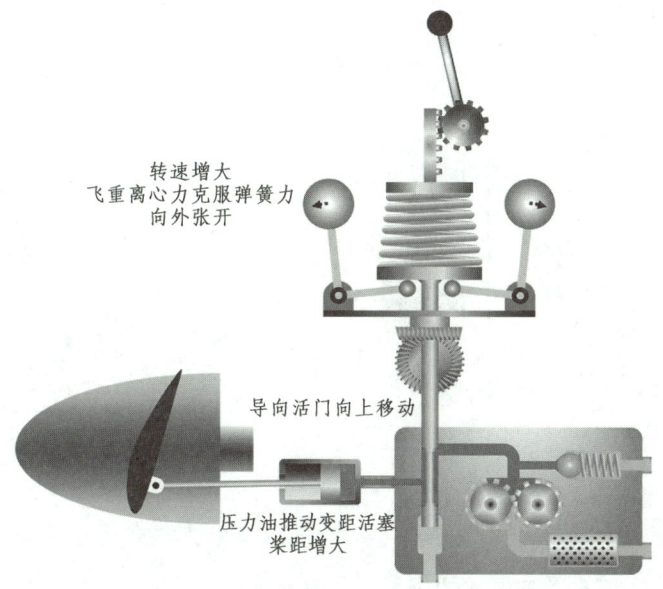

图 2.6.12 前推变距杆时的工作原理示意

（二）恒速螺旋桨的操作

起飞：先将变距杆推到最大，再将油门杆推到最大。

巡航：根据手册建议设置油门杆和变距杆的位置，如果要降低转速，应先收油门杆，再收变距杆，以防止发动机超压。

发动机失效：处于风车状态的螺旋桨会增大飞行阻力，产生有害偏航力矩，所以发动机失效后应立即使螺旋桨顺桨（桨叶角接近或达到90°），以减小飞行阻力。

着陆：着陆后应使螺旋桨反桨以产生足够的负拉力供无人机减速。

六、螺旋桨转速、扭矩、拉力与速度的关系

在固定功率下，螺旋桨的扭矩和转速成反比，其关系式如下

$$N_S = T_{prop}\omega = T_{prop}\frac{2\pi n}{60} \approx \frac{T_{prop}n}{9550} \quad (2.6.23)$$

式中，N_S 为螺旋桨轴功率，T_{prop} 为螺旋桨扭矩（N·m），ω 为螺旋桨的旋转角速度（rad/s），n 为螺旋桨转速（r/min）。

如图 2.6.13 所示，对于定距螺旋桨，如果发动机功率不变，空速增大时，会有：

空速增大→桨叶迎角减小→旋转阻力矩减小→转速增大→扭矩减小

当扭矩减小到与旋转阻力矩达到新的动态平衡时，转速不再增大。螺旋桨最终会稳定在一个比原来更高的转速。转速更高，意味着桨叶迎角会更小，入流角会更大，直接结果就是桨叶总空气动力与旋转轴的夹角比原来更大。

因此：

$$\left.\begin{array}{l}\text{桨叶总空气动力的方向更加偏离桨轴}\\\text{更小的旋转阻力}\end{array}\right\}\to\text{更小的桨叶总空气动力}\to\text{更小的拉力}$$

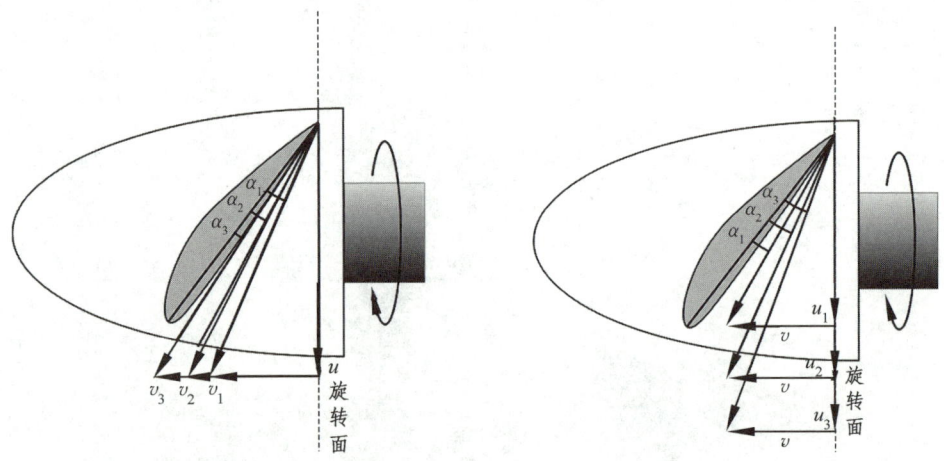

图 2.6.13　定距螺旋桨桨叶迎角与飞行速度（左）和周向速度（右）的关系

如图 2.6.14 所示，对于恒速螺旋桨，如果功率杆、转速杆位置不变，空速增大时，桨叶迎角会减小，使得旋转阻力矩减小。旋转阻力矩减小时，转速会增大，为保持原来的转速，调速器会增大桨叶角，从而增大桨叶迎角，直到螺旋桨恢复原有转速。

空速增大后，入流角也增大了，这使得桨叶总空气动力的方向更加偏离桨轴。

因此：

$$\left.\begin{array}{l}\text{螺旋桨转速不变}\to\text{旋转阻力不变}\\\text{桨叶总空气动力的方向更加偏离桨轴}\end{array}\right\}\to\text{更小的桨叶总空气动力}\to\text{更小的拉力}$$

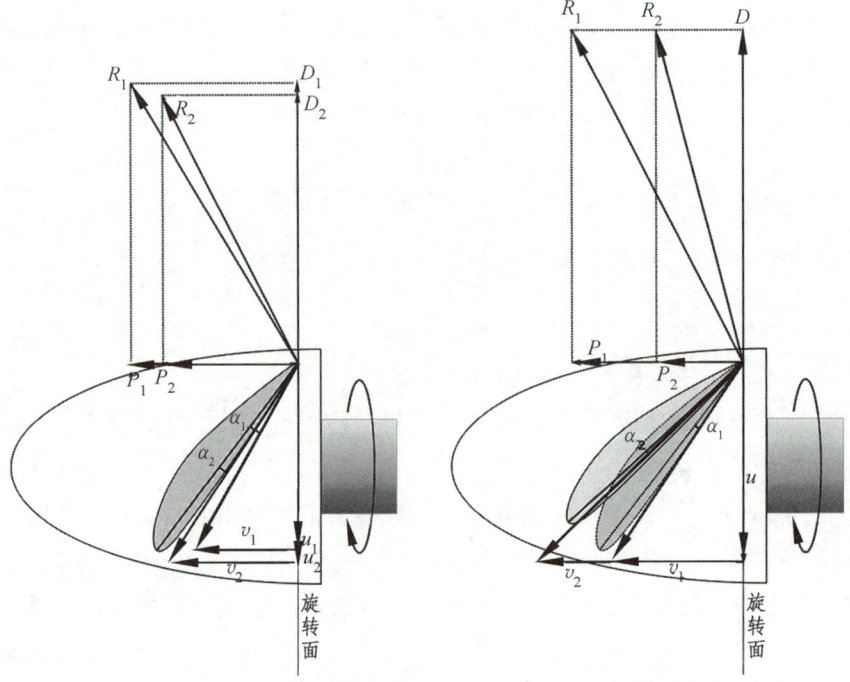

图 2.6.14　定距螺旋桨（左）和恒速螺旋桨（右）空气动力随速度的变化

七、螺旋桨的负拉力

如果螺旋桨的桨叶迎角为负，会产生负拉力。

对于恒速螺旋桨，收油减速时，为保持固定转速，调速器会减小桨叶角，从而减小桨叶迎角。如果收油过快，桨叶角会迅速减小，但是空速并不会立即下降，因此桨叶迎角可能会变为负角，产生负拉力。如果发动机空中停车，功率急剧减小时，调速器也会迅速减小桨叶角，造成螺旋桨迎风面积增大。发动机停车后，相对气流会冲击桨叶，带动螺旋桨旋转，这种自转状态被称为"风车状态"。风车状态不仅会使阻力增大，还会加剧发动机的磨损，造成情况进一步恶化。为减小阻力并避免风车状态，空中停车后应立即使失效发动机的螺旋桨顺桨，即让桨叶角增大到90°左右。

着陆滑跑时，可以主动使桨叶迎角变为负角，即"反桨"，以产生负拉力辅助无人机减速，必要时甚至可以利用反桨进行"倒车"。接地后，通常将功率杆从慢车位继续向后拉，就可以使螺旋桨反桨，功率杆越往后拉，反桨功率越大。

八、螺旋桨的副作用

（一）螺旋桨的反作用力矩

螺旋桨转动时，划过空气的桨叶会受到空气的反作用力，这个力与人在水中游泳时肢体划水受到的作用力类似。反作用力会通过桨轴传递给机身，形成一个使机体向螺旋桨旋转的反方向滚转的力矩，如图2.6.15所示。右旋螺旋桨会产生使无人机向左滚转的反作用力矩；左旋螺旋桨会产生使无人机向右滚转的反作用力矩。通常螺旋桨的转速越高，反作用力矩越大。螺旋桨转速较高且无人机空速较低时，反扭效应最为明显，如起飞、复飞的时候。

图2.6.15　螺旋桨反作用力矩示意

（二）螺旋桨的进动效应

正常工作的螺旋桨可看作一个绕自身对称轴（桨轴）高速旋转的对称刚体，相当于一个转动的陀螺。由于陀螺具有进动性，受到外力后其自转轴并不会向外力的作用方向倾斜，而是会倾向外力继续随陀螺旋转90°之后的作用方向。

螺旋桨无人机会受到陀螺效应的影响，以右旋螺旋桨无人机为例。如图2.6.16所示，如果后拉操纵杆使机头上仰，会带来向右的偏航力矩；如果前推操纵杆使机头下俯，会带来向左的偏航力矩；如果蹬左舵使无人机向左偏航，会带来抬头力矩；如果蹬右舵使无人机向右偏航，会带来低头力矩。

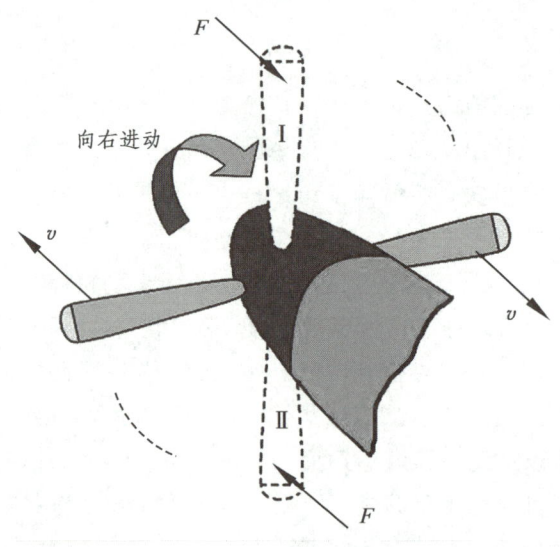

图 2.6.16　螺旋桨进动效应示意

（三）螺旋桨因素

螺旋桨因素又叫气流斜吹效应，如图 2-6-17 所示。无人机处于正迎角时，螺旋桨的旋转平面与前进速度方向不垂直，下行桨叶的迎角比上行桨叶要大，因此下行桨叶一侧的拉力会更大一些。对于单发螺旋桨无人机，这会直接产生偏航力矩。如果螺旋桨向右旋转，产生的会是左偏力矩；如果螺旋桨向左旋转，产生的会是右偏力矩。气流斜吹效应通常在螺旋桨转速较高且无人机处于低速大迎角状态时最为明显。

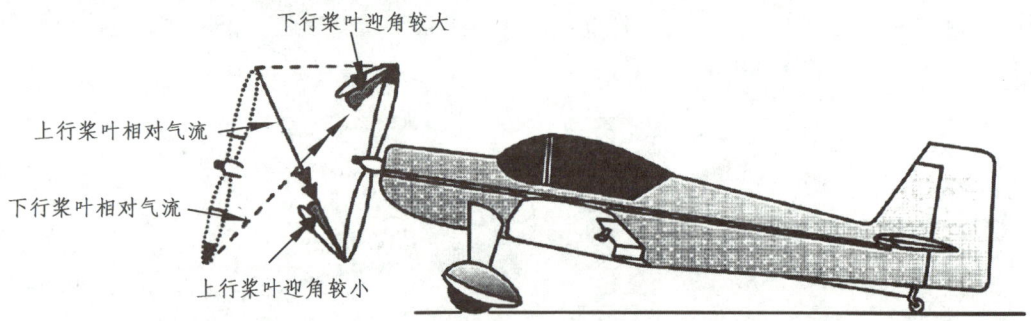

图 2.6.17　螺旋桨因素示意

（四）滑流扭转效应

螺旋桨的搅动会使气流向后加速并旋转，形成高速螺旋状滑流。

气流向后加速会带来一定的升力增量，还会推迟大迎角状态下机翼边界层的分离。气流的旋转会使机翼局部的迎角发生变化，以右旋螺旋桨为例，在桨轴左侧的滑流区内，机翼的迎角会增大，在桨轴右侧的滑流区内，机翼的迎角会减小，这会改变机翼局部的压力分布，影响无人机的稳操特性。

滑流会被机翼分割成上下两个部分。以右旋螺旋桨为例，由于其滑流在机翼上方是从左向右流动的，它们作用在垂尾上会产生向左的偏航力矩，如图 2.6.18 所示。滑流受到机翼的阻挡时，会形成侧洗气流，还是以右旋螺旋桨为例，其滑流受到上翼面阻挡时，会向右侧洗，受到下翼面阻挡时，会向左侧洗。

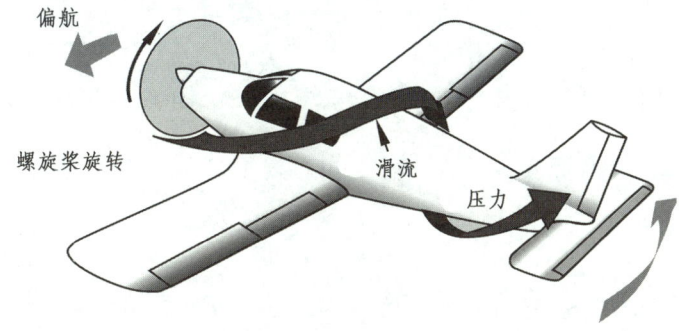

图 2.6.18　螺旋桨滑流扭转效应示意

GL9　无人机的平衡（一）

【教学目标】

知识目标

理解与翼型有关的定义，包括压力中心、气动力矩、气动中心、平均空气动力弦；理解重心的定义，掌握无人机在空机及装载状态下重心的计算方法，理解飞机纵轴、横轴、立轴的定义，理解迎角、侧滑角的定义，理解俯仰角、滚转角、偏航角的定义。

【教学内容】

1. 翼型的压力中心。
2. 翼型的气动力矩。
3. 翼型的气动中心。
4. 平均空气动力弦。
5. 无人机的重量与平衡。
6. 机体坐标系的建立。
7. 铅锤地面坐标系的建立。

一、翼型的压力中心

对于给定翼型，总空气动力 R 的作用线与翼弦的交点称为压力中心 CP（Center of Pressure）。迎角的变化会使翼型表面的压力分布发生变化，从而引起压力中心位置的变化（见图 2.7.1）。在中小迎角范围内，压力中心通常会随着迎角的增大向前移动。

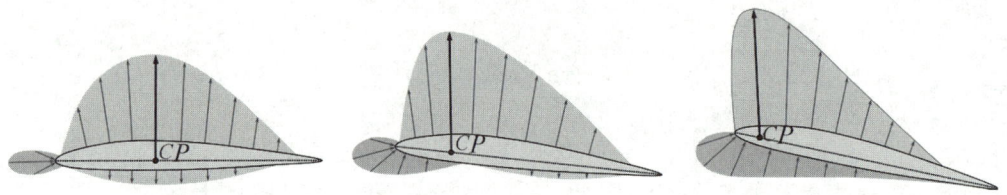

图 2.7.1　翼型的压力分布与压力中心示意

二、翼型的气动力矩

在翼弦上任取一参考点，可以得出总空气动力对该参考点的力矩大小。如图 2.7.2 所示，现将参考点取在前缘 O 点，总空气动力 R 对 O 点的力矩 M 可表示为

$$M = -R_M x_0 \quad (2.7.1)$$

式中，"–"表示气动合力 R 产生的是低头力矩。

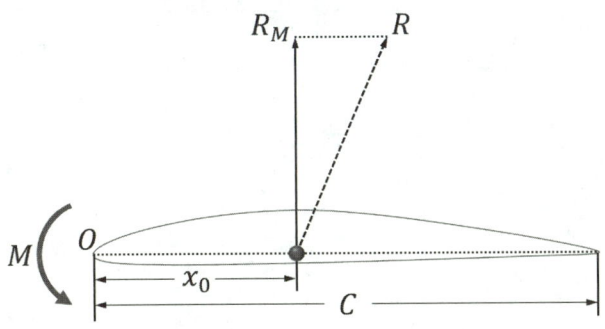

图 2.7.2　翼型的气动力矩

力矩系数是研究力矩特性的关键参数，参考点处的力矩系数可表示为

$$C_M = \frac{M}{\frac{1}{2}\rho v^2 Sb} \quad (2.7.2)$$

式中，S 为机翼面积，b 为弦长（特征长度）。由于力矩系数 C_M 是一个无量纲数，应取一个特征长度代入式中，特征长度通常取弦长 b。

三、翼型的气动中心

对于给定翼型，存在这样一个参考点，在中小迎角范围内，该点的俯仰力矩系数几乎不会随着迎角的改变而改变，我们将这个参考点称为气动中心 AC（Aerodynamic Center），或焦点。在中小迎角范围内，当迎角发生变化时，升力系数和压力中心的位置会发生改变，但是总空气动力对焦点的俯仰力矩几乎是不变的，因此焦点可以看作迎角变化时升力增量的作用点。

四、平均空气动力弦

对于给定机翼，沿展向将各翼剖面的气动力矩特性加以平均，可得出一个面积与原机翼相等，空气动力特性及俯仰特性与原机翼相同的矩形机翼，这个矩形机翼的翼弦与原机翼某一剖面的翼弦有着相等的弦长，因此原机翼的这条翼弦被称为平均空气动力弦 MAC（Mean Aerodynamic Center），如图 2.7.3 所示。平均空气动力弦是最常用的基准翼弦，无人机重心的位置通常用其投影在平均空气动力弦上的位置来表示，即

$$CG \text{ in } \%MAC = \frac{CG\text{投影距}MAC\text{前端的长度}}{MAC\text{弦长}} \times 100\% \quad (2.7.3)$$

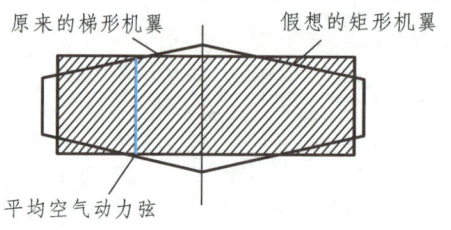

图 2.7.3　机翼的平均空气动力弦

五、无人机的重量与平衡

（一）无人机的重心

无人机的重心是无人机各部分重力的合力 W 的作用点，通常用 CG（Center of Gravity）表示，其通常位于机体对称面内。重心前各部分的重力之和 W_A 作用在纵轴上 A 点，重心后各部分的重力之和 W_B 作用在纵轴上 B 点。如果以重心 CG 为吊点将无人机吊高，无人机会处于重力平衡的状态，此时 W_A 和 W_B 对重心 CG 的合力矩为 0（见图 2.7.4），其姿态不会发生任何变化。

注：纵轴的定义见 GL9 "六、相关坐标系的建立"。

图 2.7.4　无人机的重心示意

（二）基本空机重量与相应的重心位置

以前三点式无人机为例，称重时需要获得前起落架载重 W_{FWD}、左侧主起落架载重 W_L、右侧主起落架载重 W_R，三点起落架的载重之和 W_0 就是无人机的基本空机重量。无人机的载重平衡手册会给出称重基准面的位置（通常由制造商规定），前起落架、左侧主起落架、右侧主起落架到基准面的距离分别为 X_{FWD}、X_L、X_R，由此可以求出三点起落架对基准面的力矩之和 M_{CG_0}。随后用 M_{CG_0} 比上 W_0 就可以求出空机重心到基准面的距离 X_{CG_0}，即

$$X_{CG_0} = \frac{M_{CG_0}}{W_0} = \frac{W_{FWD} \cdot X_{FWD} + W_L \cdot X_L + W_R \cdot X_R}{W_{FWD} + W_L + W_R} \quad (2.7.4)$$

（三）无人机完成装载后的重心位置

无人机在执行不同的飞行任务时，所需的任务载荷和燃油重量不同，因此全机重心的位置并不是固定不变的。现将任务载荷的重量记作 W_P，燃油重量记作 W_F，无人机完成装载后，任务载荷的重心与基准面的距离为 X_P，燃油的重心与基准面的距离为 X_F，

无人机的基本空机重量 W_0 加上任务载荷重量 W_P 和燃油重量 W_F 得到的总重 W_T 叫作无人机的全重 GW（Gross Weight）。无人机装载完毕后，重心到基准面的距离 X_{CG} 为

$$X_{CG}=\frac{M_{CG}}{W_T}=\frac{M_{CG_0}+W_P \cdot X_P+W_F \cdot X_F}{W_0+W_P+W_F} \qquad (2.7.5)$$

为保证全机重心位于机体对称面内，两侧机翼油箱的燃油量须应尽可能一致，对于军用无人机，还要保证两侧机翼的武器挂载对称。

六、相关坐标系的建立

在进行无人机飞行力学分析时，通常将无人机看作一个刚体，无人机在空间中的运动可分解为无人机绕其重心的转动以及其重心在空间中的位移。

（一）机体坐标系 $Oxyz$ 的建立

在分析无人机绕重心的转动时，通常以重心为原点建立机体坐标系 $Oxyz$，其中 Ox 轴为机体纵轴，Oy 轴为机体立轴（竖轴），Oz 轴为机体横轴。这样便可以将无人机绕其重心的转动分解为无人机绕纵轴、立轴、横轴的转动，如图 2.7.5 所示。

纵轴（Ox 轴）：位于机体对称面 Oxy 内，平行于机身轴线，指向无人机前方，无人机绕纵轴的运动称为滚转运动。滚转角速度矢量方向可通过右手螺旋定则判断，其中四指弯曲的方向为无人机绕纵轴滚转的方向，大拇指的指向为滚转角速度矢量的方向。如果无人机向右滚转，滚转角速度矢量与纵轴指向一致，滚转角速度 ω_x 为正，反之，ω_x 为负。

立轴（Oy 轴）：位于机体对称面 Oxy 内，垂直于机体纵轴 Ox 指向无人机下方，无人机绕立轴的运动被称为偏航运动。通过右手螺旋定则可以判断偏航角速度矢量方向，无人机向右偏航时，偏航角速度矢量与立轴指向一致，偏航角速度 ω_y 为正，反之，ω_y 为负。

横轴（Oz 轴）：垂直于机体对称面 Oxy，指向无人机右侧，无人机绕横轴的运动被称为俯仰运动。俯仰角速度矢量方向也可以通过右手螺旋定则进行判断，机头上仰时，俯仰角速度矢量与横轴指向一致，俯仰角速度 ω_z 为正，反之，ω_z 为负。

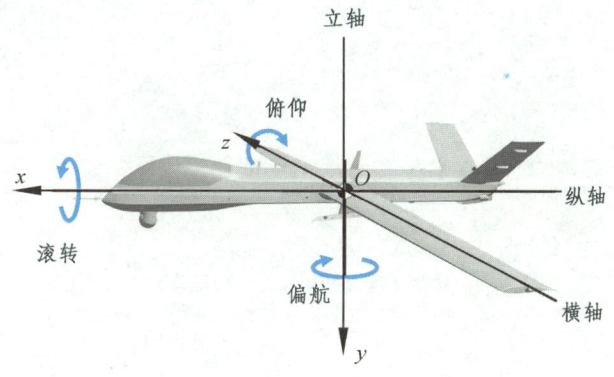

图 2.7.5　飞机机体坐标系

有了机体坐标系 $Oxyz$，我们就可以定义无人机的迎角和侧滑角。

迎角：空速矢量 v 在机体对称面 Oxy 上的投影与纵轴 Ox 的夹角叫作无人机的迎角，记作 α。当相对气流从纵轴的下方吹来时，迎角为正，反之，为负。

侧滑角：空速矢量 v 与机体对称面 Oxy 的夹角叫作无人机的侧滑角，记作 β。当相对气流从机体对称面左侧吹来时，侧滑角为负，无人机左侧滑；当相对气流从机体对称面右侧吹来时，侧滑角为正，无人机右侧滑。

（二）铅垂地面坐标系的建立

为了定义无人机的俯仰角、滚转角、偏航角，需引入铅垂地面坐标系。首先建立铅垂地面固定坐标系 $O'x'y'z'$，该坐标系的原点 O' 可以选在地面上任一固定位置，$O'x'$ 轴和 $O'y'$ 轴构成水平面，其中 $O'x'$ 轴可指向地面任一方向，例如无人机的预定航向，$O'y'$ 轴垂直于 $O'x'$ 轴，$O'z'$ 轴沿铅垂线指向地心。为方便分析，可以让铅垂地面坐标系与机体坐标系共用一个原点 O，使铅垂地面坐标系随机体重心运动，这样便可以建立无人机牵连铅垂地面坐标系 $Ox'y'z'$。

有了坐标系 $Ox'y'z'$，就可以结合机体坐标系 $Oxyz$ 定义无人机的俯仰角、滚转角、偏航角。

俯仰角：俯仰角是机体纵轴 Ox 与水平面 $Ox'y'$ 的夹角，记作 θ。当机体纵轴 Ox 相对于水平面 $Ox'y'$ 指向上方时，俯仰角为正，反之，为负。

滚转角：滚转角是机体对称面 Oxy 与机体纵轴所处铅垂面 Oxz' 的夹角，记作 γ。当机体对称面 Oxy 相对于铅垂面 Oxz' 向右倾斜时，滚转角为正，反之，为负。

偏航角 φ：偏航角是机体纵轴 Ox 在水平面 $Ox'y'$ 的投影与 Ox' 轴的夹角，记作 φ。当机体纵轴 Ox 在水平面 $Ox'y'$ 的投影相对于 Ox' 轴指向右侧时，偏航角为正，反之，为负。

GL10 无人机的平衡（二）

【教学目标】

知识目标

理解俯仰平衡与配平，以及横航向平衡与配平的原理。

【教学内容】

1. 无人机的俯仰平衡与配平。
2. 无人机的横向平衡与配平。
3. 无人机的方向平衡与配平。

Part1　课程导入

无人机在飞行过程中会受到许多作用力，如果这些力的作用线不经过无人机的重心，就会对重心形成旋转力矩。以重心为原点建立机体坐标系 $Oxyz$ 后，可以把这些旋转力矩分解为俯仰力矩 M_z、滚转力矩 M_x、偏航力矩 M_y。力矩的正负可以通过右手螺旋定则来判断，其中四指的弯曲方向为无人机绕坐标轴转动的方向，大拇指的指向为角速度矢量的方向，若大拇指指向与坐标轴指向一致，力矩为正，若大拇指指向与坐标轴指向相反，则力矩为负。

Part2　探索新知

一、无人机的俯仰平衡与配平

俯仰力矩主要来自机翼和水平尾翼的空气动力以及拉力（推力），下述内容不再讨论其他作用力产生的俯仰力矩。

如图 2.8.1 所示，机翼的升力 L_1 作用在重心之后，产生的是低头力矩，力臂长度为 X_{L_1}；螺旋桨拉力 P 作用在重心之上，产生的也是低头力矩，力臂长度为 X_P；水平尾翼的负升力 L_2 作用在重心之后，产生的是抬头力矩，力臂长度为 X_{L_2}。它们的力矩大小分别是

$$M_{L_1} = -L_1 X_{L_1}$$

$$M_P = -P X_P$$

$$M_{L_2} = L_2 X_{L_2}$$

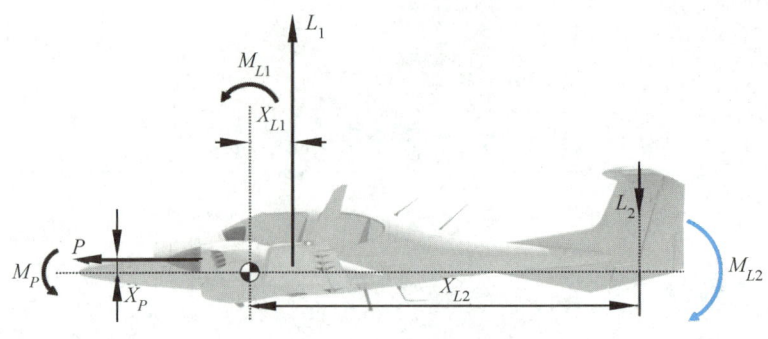

图 2.8.1 飞机的俯仰力矩

要使无人机达到俯仰平衡状态,就要使水平尾翼产生的抬头力矩与机翼和螺旋桨产生的低头力矩相互抵消,即

$$\sum M_z = M_{L_1} + M_P + M_{L_2} = 0 \tag{2.8.1}$$

由于水平尾翼的升力臂较长,其升力的少量变化也能对无人机的俯仰平衡产生较大的影响,因此,水平尾翼的面积不需要太大。假设无人机处于平飞状态,如果松杆后 $\sum M_z \neq 0$,通常要调整水平尾翼的安装角进行配平,直至无人机达到俯仰平衡状态。如果松杆后存在抬头力矩,应向上拨动俯仰配平电门,抬高水平尾翼前缘,减小水平尾翼的负迎角;如果松杆后存在低头力矩,应向下拨动俯仰配平电门,降低水平尾翼前缘,增大水平尾翼的负迎角。

对于水平尾翼安装角不可调的无人机,则要通过偏转升降舵来达到俯仰配平的目的。现假设无人机处于平飞状态。如果松杆后存在抬头力矩,应向上拨动俯仰配平电门,使升降舵向下偏转;如果松杆后存在低头力矩,应向下拨动俯仰配平电门,使升降舵向上偏转。

讨论:影响无人机纵向平衡的因素有哪些?请根据所学知识展开讨论。

二、无人机的横向平衡与配平

无人机绕纵轴滚转的力矩主要来自两侧机翼的升力差、螺旋桨反作用力矩以及垂直尾翼的侧向气动力,下述内容不再讨论其他作用力产生的滚转力矩。

导致两侧机翼升力不一致的原因有很多,最常见的就是两侧副翼的不对称偏转,这也是无人机滚转操纵的基础。如果无人机侧滑,两侧机翼也会因为上/下反角、后掠角等因素出现升力不一致。对于螺旋桨无人机,机身左右两侧的流场会因为滑流的影响变得不一致,从而导致两侧机翼升力不一致。

对于单发螺旋桨无人机,螺旋桨的反作用力矩会使无人机向螺旋桨旋转的反方向滚转。对于双发螺旋桨无人机,如果两侧螺旋桨旋转方向相反,它们的反作用力矩就会相互抵消。

侧滑或蹬舵时,垂直尾翼产生的侧向气动力并不会作用在无人机纵轴上,而是会形成对纵轴的滚转力矩。

如果两侧机翼油箱的燃油量不一致,全机重心会向燃油较多一侧偏移;对于军用无人机，如果两侧武器挂载没有对称投放，全机重心会向武器挂载较多一侧偏移。以上两种情况都会导致两侧机翼升力臂长度不一致，形成滚转力矩。

松杆飞行时，如果存在滚转力矩，需要通过副翼配平使两侧机翼的升力达到平衡。如果松杆后无人机向左滚转，应向右拨动副翼配平电门，使右翼副翼上偏，左翼副翼下偏，直至无人机停止左滚；如果松杆后无人机向右滚转，应向左拨动副翼配平电门，直至无人机停止右滚。

三、无人机的方向平衡与配平

当无人机侧滑，或左右两侧受力不一致时，会产生偏航力矩，打破无人机的方向平衡。

大多数无人机都有垂直尾翼，或是与垂直尾翼等效的翼面。尽管垂直尾翼的面积不是很大，但是它的气动力臂较长，足以满足方向平衡与配平的需求。垂直尾翼通常由固定的垂直安定面和可偏转的方向舵组成。方向舵在正常情况下处于中立位，但是当无人机需要长时间侧滑，或左右受力不一致，且程度较轻时，可以偏转方向舵进行配平。如果要消除左偏力矩，应向右拨动方向舵配平电门，使方向舵向右偏转；如果要消除右偏力矩，应向左拨动方向舵配平电门，使方向舵向左偏转。

GL11　无人机的稳定性

【教学目标】

知识目标

理解稳定性的概念，清楚焦点与重心的相对位置对纵向静稳定性的影响以及零升俯仰力矩系数的影响，理解静稳定裕度的概念，理解俯仰阻尼力矩产生的原理，清楚俯仰阻尼力矩与纵向动稳定性的关系，理解短周期模态与长周期模态，理解机翼与机身相对位置以及机翼上反角、后掠角对横向静稳定性的影响，理解横滚阻尼力矩、交叉偏航力矩产生的原理，清楚垂直尾翼对方向稳定性产生的作用，理解交叉横滚力矩产生的原理，理解滚转收敛模态、螺旋不稳定模态、"荷兰滚"模态三种横航向扰动运动，了解飞翼布局无人机的稳定性。

【教学内容】

1. 俯仰稳定性。
2. 横向稳定性。
3. 方向稳定性。
4. 无人机的横航向扰动运动。
5. 飞翼布局无人机的稳定性。

Part1　课程导入

风切变、大气紊流、舵面偏转等扰动会打破无人机的平衡状态，使无人机偏离原平衡位置。如果这些扰动消失后，在不加操纵的情况下，无人机有自行回到原平衡位置的能力，就说明无人机具有稳定性，如图 2.9.1 所示。

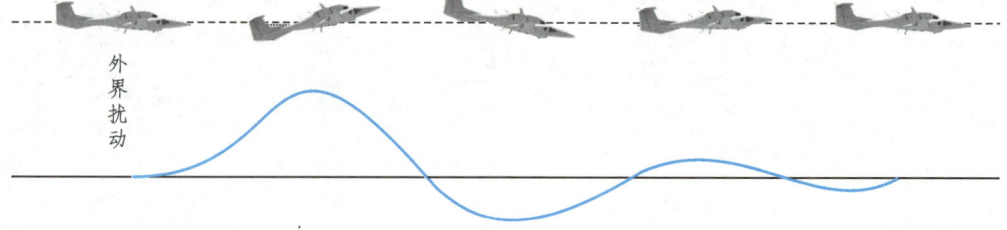

图 2.9.1　飞机的稳定性

Part2 探索新知

一、纵向稳定性

（一）无人机的气动中心

在中小迎角范围内，当无人机的迎角发生变化时，存在一个俯仰力矩系数不变的点，该点是无人机的气动中心（焦点），是全机升力增量的作用点。

（二）纵向静稳定性

假定小扰动破坏了无人机的俯仰平衡，如果扰动消失后无人机有自行恢复原平衡迎角 α_b 的趋势，就说明无人机具有纵向静稳定性。举个例子，当无人机处于平衡状态时，如果突然向后拉杆，然后在机头上抬的过程中突然松杆，静稳定力矩会立即使机头下俯。

无人机是否具有纵向静稳定性取决于全机焦点与重心的相对位置，可能出现的情况有三种：焦点位于重心之前、焦点与重心重合、焦点位于重心之后。

1. 焦点位于重心之前

如果无人机受扰动抬头，迎角增大产生的升力增量会增大抬头力矩；如果无人机受扰动低头，迎角减小产生的负升力增量会增大低头力矩。以上两种情况都会使无人机进一步偏离原平衡迎角，因此当焦点位于重心之前时，无人机是纵向静不稳定的，如图 2.9.2 所示。无人机要具有纵向稳定性，首先要具有纵向静稳定性。

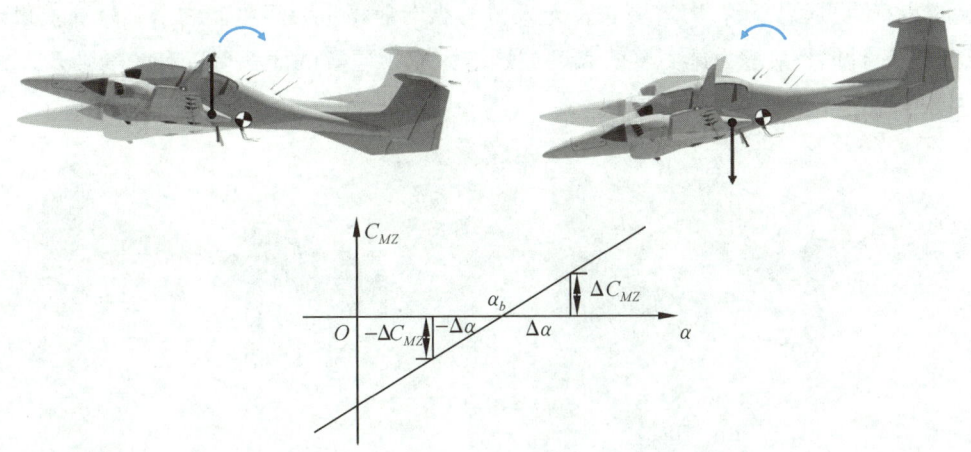

图 2.9.2 纵向静不稳定时，俯仰力矩系数随迎角的变化

注：C_{MZ} 为俯仰力矩系数。

2. 焦点与重心重合

当无人机受扰动迎角发生变化时，升力增量不会产生附加的俯仰力矩，无人机不会进一步偏离原平衡位置，也不具有回到原平衡位置的趋势。因此，当焦点与重心重合时，无人机是纵向中立静稳定的，如图 2.9.3 所示。

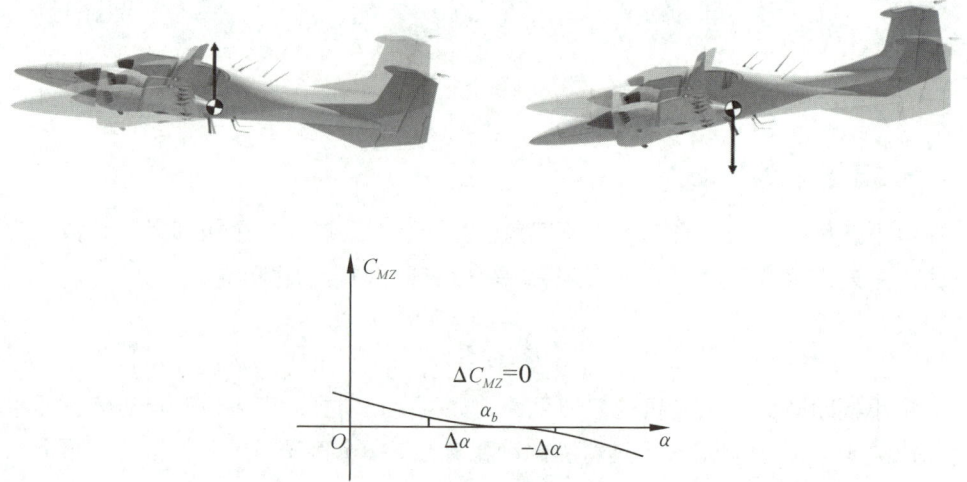

图 2.9.3　纵向中立静稳定时，俯仰力矩系数随迎角的变化

3. 焦点位于重心之后

如果无人机受扰动抬头，升力增量产生的是低头力矩；如果无人机受扰动低头，负升力增量产生的是抬头力矩。以上两种情况都会使无人机趋于平衡，所以当焦点位于重心之后时，无人机是纵向静稳定的，如图 2.9.4 所示。由此可见，无人机的静稳定力矩由迎角变化产生的升力增量提供。

无人机的迎角发生变化时，全机的升力增量主要来自机翼和水平尾翼。由于水平尾翼的焦点距重心更远，力臂更长，无人机的纵向静稳定力矩主要由水平尾翼提供。在无人机设计阶段，增大尾力臂的长度或是增大水平尾翼的面积可以有效增强无人机的纵向静稳定性。

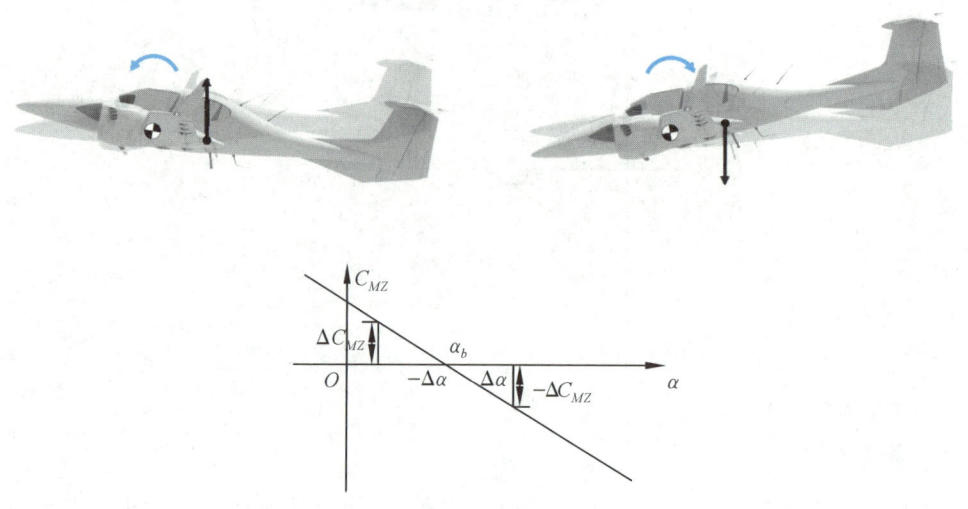

图 2.9.4　纵向静稳定时，俯仰力矩系数随迎角的变化

（三）零升俯仰力矩系数的影响

如果无人机是纵向静稳定的，为了使无人机在正升力迎角达到平衡状态，须保证无人机的零升俯仰力矩系数 $C_{M_0} > 0$。也就是说，无人机处于零升迎角时应具有抬头力矩，这样才能使无人机在正升力迎角达到平衡状态，如果无人机的零升俯仰力矩系数 $C_{M_0} \leq 0$，无人机平衡时就不具有正升力。

（四）静稳定裕度

静稳定裕度 K 的值是全机焦点与重心之间的距离，当全机焦点位于重心之后时，$K>0$，当全机焦点位于重心之前时，$K<0$，当全机焦点与重心重合时，$K=0$。

（五）纵向动稳定性

瞬时扰动使无人机偏离原平衡迎角后，升力增量产生的俯仰静稳定力矩会驱使无人机回到原平衡迎角，但由于旋转惯性的存在，无人机达到原平衡迎角时，会继续向另一个方向做俯仰运动。在俯仰静稳定力矩和旋转惯性的共同作用下，无人机会发生俯仰摆动，形成周期振荡。如果振荡幅度能够随时间逐渐减小直至消失，就说明无人机具有纵向动稳定性，如图 2.9.5（a）所示；如果振荡幅度始终保持不变，说明无人机是纵向中立动稳定的，如图 2.9.5（b）所示；如果振荡幅度随时间逐渐变大，那么无人机就不具有纵向动稳定性，如图 2.9.5（c）所示。由此可见，虽然具有纵向静稳定性是无人机纵向稳定的必要条件，但是具有纵向静稳定性的无人机，并不一定具有纵向动稳定性。

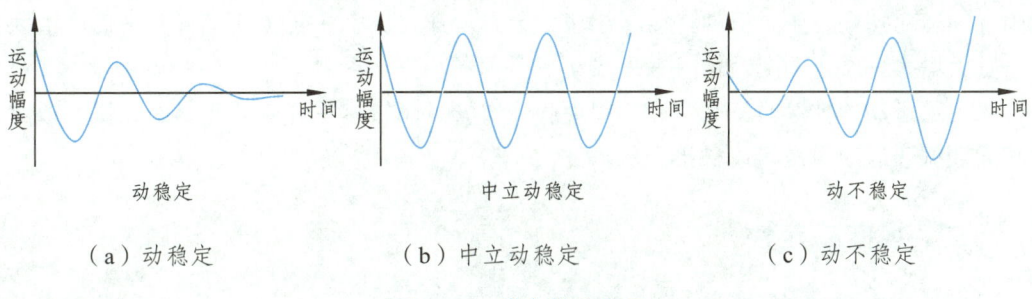

（a）动稳定　　　　　（b）中立动稳定　　　　　（c）动不稳定

图 2.9.5　稳定性的表示

俯仰摆动发生时，可以将无人机各点的相对气流速度投影到机体对称面上，并将其分解为平行于空速矢量的速度分量和垂直于空速矢量的速度分量，如果去掉平行于空速矢量的速度分量，可以看出重心前后相对气流的方向是不同的。举例来说，如果无人机正在抬头，重心前各点的相对气流是向下的，重心后各点的相对气流是向上的，这些气流作用在无人机上会产生俯仰阻尼力矩，减弱无人机的俯仰振荡运动。无人机的俯仰阻尼力矩主要由水平尾翼产生，如图 2.9.6 所示，无人机做抬头运动时，水平尾翼的升力增量为正，产生的是阻碍机头上仰的力矩。反过来，如果无人机做低头运动，水平尾翼会产生负的升力增量，阻碍机头下俯。因此，俯仰阻尼力矩对无人机的纵向动稳定性至关重要。

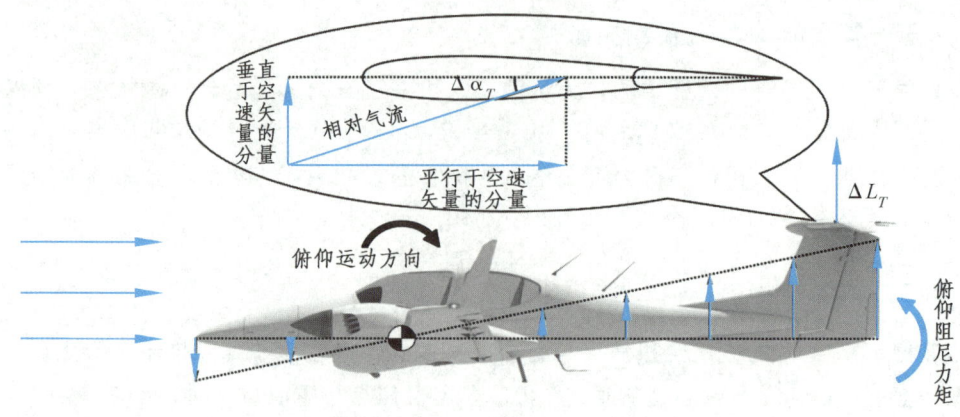

图 2.9.6 水平尾翼产生俯仰阻尼力矩的原理

（六）短周期模态和长周期模态

如果小扰动或飞行操纵打破了无人机的俯仰平衡，无人机会处于两种纵向振荡运动叠加的状态。纵向扰动运动初期主要呈现短周期模态。短周期模态表征的是以俯仰角和迎角为主要变量的短周期振荡运动，反映的是无人机的俯仰稳操特性。在纵向稳定力矩（主要是纵向静稳定力矩和俯仰阻尼力矩）的作用下，这种短周期振荡运动会迅速衰减，随后纵向扰动运动主要呈现长周期模态。

短周期模态衰减后，主要呈现以空速和俯仰角为主要变量的振荡运动模态，该运动模态的振荡周期较长，因此称之为长周期模态。长周期模态表征的是以空速和航迹倾斜角（包括爬升角和下降角）为主要变量的长周期振荡运动。举例来说，如果在纵向扰动运动初期，无人机的速度减小了，会有：升力减小→航迹向下弯曲→速度增大→升力增大→航迹向上弯曲→速度减小→升力减小→……

上述运动的持续时间久，振荡周期长，驾驶员比较容易介入修正，因此慢发散的长周期振荡运动也是可以被接受的。

二、横向稳定性

（一）横向静稳定性

如果小扰动破坏了无人机的横向平衡状态（$\gamma=0$，$\beta=0$），会造成无人机倾斜和侧滑。如果无人机侧滑时具有自行消除坡度回到原平衡状态的趋势，就说明无人机是横向静稳定的；如果侧滑使无人机进一步倾斜，则说明无人机是横向不稳定的。无人机的横向静稳定性主要取决于机翼的上反角、后掠角，以及翼身的相对位置。

无人机受扰动侧滑时，如果机翼带有上反角，来流侧机翼的迎角会增大，产生正的升力增量，另一侧机翼的迎角会减小，产生负的升力增量，来流侧机翼的升力更大，产生的横滚力矩会力图消除坡度。由此可见，上反角可以为无人机提供横向静稳定性，如图 2.9.7 所示。如果机翼带有下反角则刚好相反，侧滑出现时，来流侧机翼的升力更小，产生的横滚力矩会使无人机进一步倾斜，如图 2.9.8 所示。

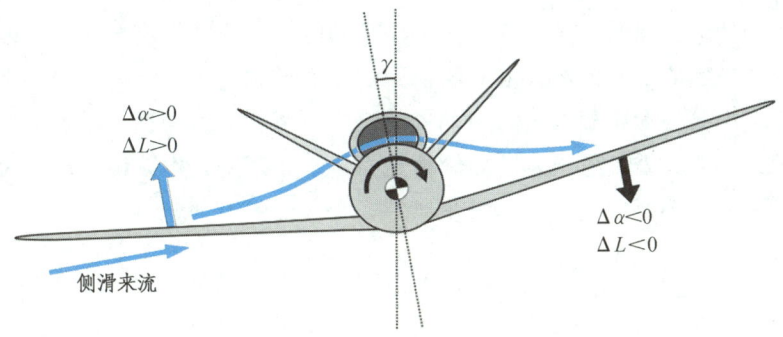

图 2.9.7　上反角对横向静稳定性的影响

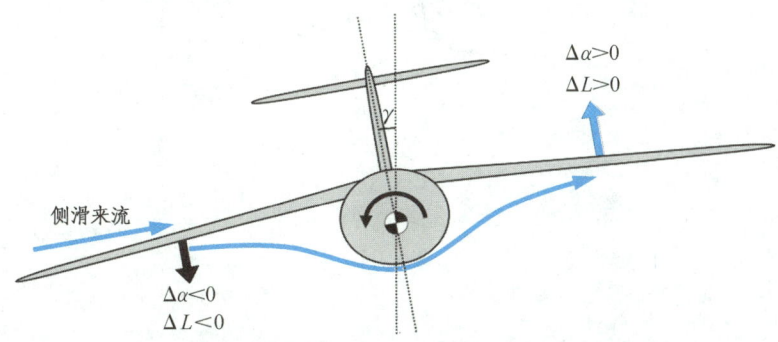

图 2.9.8　下反角对横向静稳定性的影响

对于后掠机翼，相对气流速度可以分解为垂直于机翼前缘的速度分量和平行于机翼前缘的速度分量，但只有垂直于机翼前缘的速度分量是产生升力的有效分量。如果后掠翼无人机受扰动侧滑，来流侧机翼的有效速度分量会增大，另一侧机翼的有效速度分量会减小，这使得来流侧机翼有更大的升力，产生的横滚力矩为横向静稳定力矩，如图 2.9.9 所示。

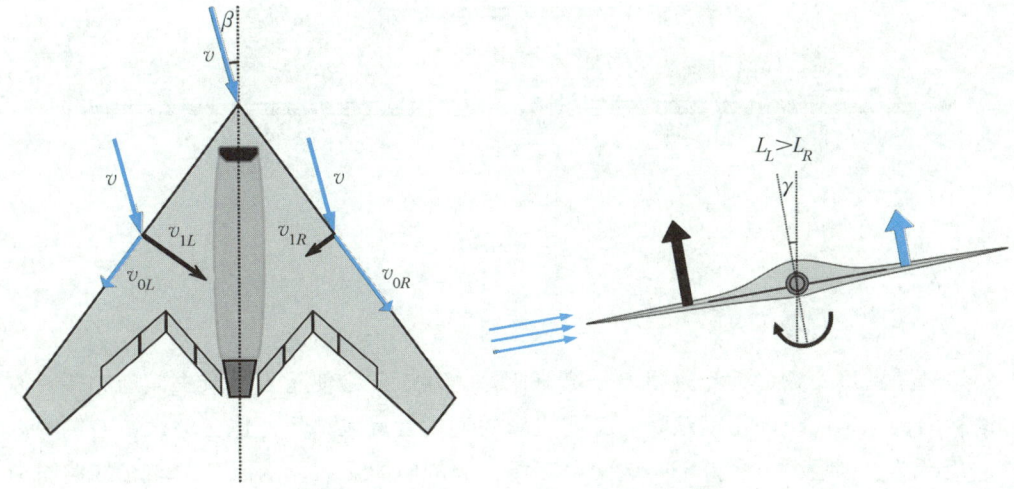

图 2.9.9　后掠角对横向静稳定性的影响

无人机受扰动侧滑时，横向气流受到机身的阻挡会形成绕流。如果无人机采用了上单翼设计，向上的绕流会增大来流侧机翼翼根区域的迎角，产生正的升力增量，向下的绕流会减小另一侧机翼翼根区域的迎角，产生负的升力增量，这会使来流侧机翼的升力更大，产生的横滚力矩为横向静稳定力矩。如果无人机采用下单翼设计，侧滑时产生的横滚力矩则会使无人机进一步倾斜，如图2.9.10所示。

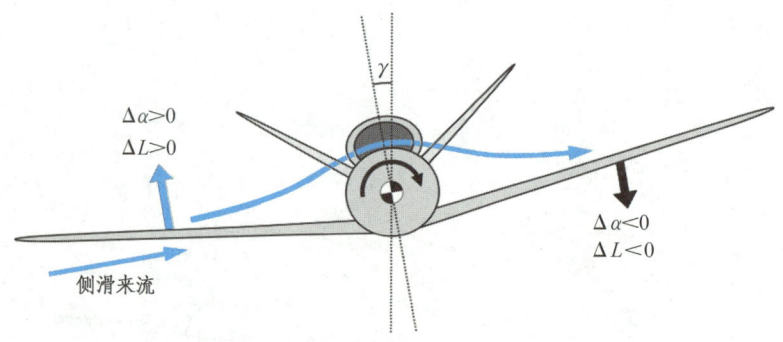

图 2.9.10　上单翼布局对横向静稳定性的影响

（二）横滚阻尼力矩

无人机具有滚转角速度时，左右两侧大翼会受到不同方向的附加相对气流。以左滚转为例，无人机向左横滚时，左侧机翼会受到向上的相对气流，右侧机翼会受到向下的相对气流，这会使左侧机翼的迎角增大，升力增大，右侧机翼的迎角减小，升力减小，形成与横滚方向相反的阻尼力矩，如图2.9.11所示。扰动消失后，这个力矩会使滚转运动迅速衰减。

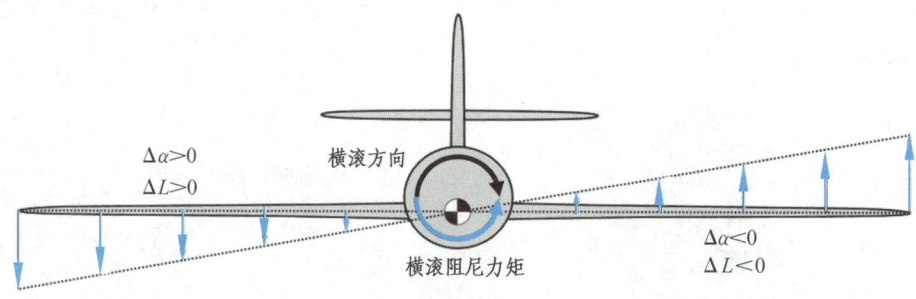

图 2.9.11　横滚阻尼力矩

（三）交叉偏航力矩

滚转角速度不仅会使无人机产生横滚阻尼力矩，还会使无人机产生偏航力矩。以左滚转为例，无人机向左横滚时，左侧机翼的迎角会增大，阻力也会增大，右侧机翼的迎角会减小，阻力也会减小，这使得左侧机翼的阻力更大，从而产生向左的偏航力矩。无人机向左滚转时，来流从垂尾的左侧吹来，这会使垂尾产生向左的偏航力矩。上述两种因横滚运动产生的偏航力矩称为交叉偏航力矩。

三、方向稳定性

无人机受扰动侧滑时，如果扰动消失后无人机具有自行消除侧滑角，恢复原方向平衡状态的能力，就说明无人机具有方向稳定性。

（一）方向静稳定性

无人机的方向静稳定性主要由垂直尾翼提供。如果无人机受扰动发生左侧滑，垂直尾翼会产生右侧力使无人机向左偏航消除侧滑角；如果无人机受扰动发生右侧滑，垂直尾翼会产生左侧力使无人机向右偏航消除侧滑角。这种侧滑角 $\beta \neq 0$ 时，垂直尾翼产生的偏航力矩叫作方向静稳定力矩。

机翼具有上反角或后掠角也能够产生方向静稳定力矩。当侧滑角 $\beta \neq 0$ 时，如果机翼具有上反角，来流侧机翼的迎角会更大，产生的升致阻力也更大；如果机翼具有后掠角，来流侧机翼的有效速度分量会更大，产生的阻力也更大。上述两种情况都会使来流侧机翼产生更大的阻力，从而使无人机向来流方向偏航，消除侧滑角。

（二）方向动稳定性

无人机在方向静稳定力矩的作用下偏回侧滑角 $\beta=0$ 的位置时，旋转惯性会迫使无人机继续向另一个方向偏航。在方向静稳定力矩和旋转惯性的共同作用下，无人机会发生周期性的偏航振荡。如果偏航振荡会随时间逐渐减弱直至消失，则说明无人机具有方向动稳定性。

偏航阻尼力矩可以减弱无人机的偏航振荡，这个力矩主要来自垂直尾翼。偏航阻尼力矩会在偏航运动时产生，无人机向左偏航时，垂直尾翼会向右运动并受到向左的相对气流，产生向左的侧向气动力，从而产生右偏力矩；无人机向右偏航时，垂直尾翼会向左运动并受到向右的相对气流，产生向右的侧向气动力，从而产生左偏力矩。偏航阻尼力矩的大小与偏航角速度的大小有关，偏航角速度越大时，偏航阻尼力矩越大。

（三）交叉横滚力矩

偏航角速度不仅会使无人机产生偏航阻尼力矩，还会使无人机产生横滚力矩。以左偏运动为例，无人机向左偏摆时，相对气流作用在垂直尾翼右侧会产生向左的侧向气动力。对于常规布局无人机，这个力作用在无人机纵轴上方，会形成向左的横滚力矩。无人机向左偏摆时，左侧机翼后行，相对气流速度会减小，升力会减小，右侧机翼前行，相对气流速度会增大，升力会增大，这会使右侧机翼比左侧机翼升力更大，产生向左的横滚力矩。以上两种由偏航运动引起的横滚力矩称为交叉横滚力矩。

四、无人机的横航向扰动运动

无人机的横航向扰动运动模态通常有滚转收敛模态、螺旋不稳定模态、荷兰滚模态三种，其中滚转收敛模态和螺旋不稳定模态是非周期模态，荷兰滚模态是周期振荡模态。

(一) 滚转收敛模态

横航向扰动运动初期,滚转角速度会导致横滚阻尼力矩的产生,但是无人机的滚转惯性通常较小,所以横滚阻尼力矩会使滚转角速度迅速减小到零,这种运动模态叫作滚转收敛模态。由于滚转收敛模态的持续时间较短,所以其过程不易被察觉。

(二) 螺旋不稳定模态

以横侧扰动引起的左倾斜、左侧滑为例。无人机左侧滑时,方向静稳定力矩会使无人机向左偏航,而左偏运动会引起向左的交叉横滚力矩。与此同时,横向静稳定力矩会使无人机向右横滚。如果方向静稳定性较强,横向静稳定性较弱,交叉横滚力矩的作用就会大于横向静稳定力矩,使无人机继续向左倾斜。坡度增大时,升力的水平分量会增大,垂直分量会减小,因此会形成方向发散,高度下降的情形。综上,无人机的飞行轨迹会形成向左向下的螺旋线,螺旋不稳定模态因此而得名。螺旋不稳定模态易于修正,并不会对飞行安全造成太大的影响。

(三) "荷兰滚" 模态

以横侧扰动导致的左倾斜、左侧滑为例。如果无人机的横向静稳定性较强,方向静稳定性较弱,在左侧滑消除之前,左坡度会先消除,左侧滑未完全消除会使无人机继续向左偏航、向右横滚。无人机继续向右横滚时,会形成右倾斜,进而导致右侧滑,随后又会出现相同的情形,在右侧滑消除之前,右坡度会先消除,而无人机会继续向右偏航、向左横滚,如此循环往复。这种一边向左向右偏航,一边向右向左横滚,同时带有侧滑的周期振荡运动被称为"荷兰滚"。"荷兰滚"的振荡周期较短,考虑到驾驶员的反应时间和操纵信号的延迟,"荷兰滚"不易修正,在飞行过程中应尽量避免。

五、飞翼布局无人机的稳定性

飞翼布局具有气动效率高、雷达散射面积小、结构简单可靠等优点,目前已被广泛应用在无人机的设计中。由于飞翼无人机取消了水平尾翼和垂直尾翼,同时采用了翼身融合技术,在分析其纵向静稳定性时可近似地将其看作单独的机翼,现取平均空气动力弦所在翼型进行讨论。要保证单独机翼具有纵向静稳定性,须满足:

(1) 机翼的焦点位于重心之后,以满足 $\Delta C_{MZ}/\Delta C_L < 0$。
(2) 机翼的零升俯仰力矩系数 $C_{M0} > 0$,以保证机翼能够在正升力迎角配平,如图 2.9.12 所示。

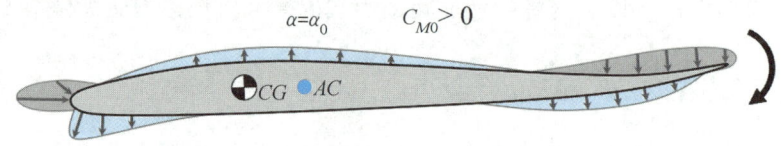

图 2.9.12　单独机翼的零升俯仰力矩系数

飞翼无人机的俯仰运动主要通过后缘舵面的偏转来实现,但是后缘舵面距重心较近，产生的操纵力矩较小，因此纵向静稳定裕度应该小一些，否则俯仰操纵将会变得很困难。

由于单独机翼没有水平尾翼提供纵向配平，为保证其零升俯仰力矩系数 $C_{M0} > 0$，通常会采用后缘上翘的翼型，这样上翘的后缘部分会产生负升力，形成抬头力矩。

飞翼无人机的横向稳定性一般通过增大机翼的后掠角来实现。在没有垂直尾翼的情况下，如果要获得较好的方向稳定性，可以使翼尖向上弯曲（见图 2.9.13），这不仅能起翼梢小翼的作用，还能起垂直安定面的作用。如果安装有开裂式阻力方向舵，可以在飞行过程中将两侧的舵面对称展开，以提供足够的方向稳定性。

图 2.9.13　X-48B 飞翼布局无人验证机

GL12 无人机的操纵性

【教学目标】

知识目标

理解什么是舵面效能、操纵力矩,理解无人机的纵向、横向、方向操纵原理,理解蹬舵反倾斜效应,理解V形尾翼布局、飞翼布局无人机的操纵原理,清楚无人机操纵性与稳定性的关系。

【教学内容】

1. 舵面效能。
2. 操纵力矩。
3. 无人机的纵向操纵。
4. 无人机的横向操纵。
5. 无人机的方向操纵。
6. 蹬舵反倾斜效应。
7. V形尾翼布局无人机的操纵。
8. 飞翼布局无人机的操纵。
9. 无人机操纵性与稳定性的关系。

Part1 课程导入

操纵的目的是将无人机从某一平衡状态转到新的平衡状态。无人机的操纵可分为纵向操纵、横向操纵、方向操纵三种,分别通过升降舵、副翼、方向舵的偏转来实现。

Part2 探索新知

一、舵面效能

舵面偏转时会产生使无人机绕重心旋转的力矩。舵面每偏转一个单位角度产生的力矩系数增量被定义为舵面效能。

(一)升降舵效能

通常规定,升降舵向上偏转时,偏转角 δ_e 为正,升降舵向下偏转时,偏转角 δ_e 为

负。升降舵效能 η_e 可表示为

$$\eta_e = \Delta C_{M_z} / \Delta \delta_e \tag{2.10.1}$$

式中，ΔC_{M_z} 为俯仰力矩系数增量，$\Delta \delta_e$ 为升降舵偏转角增量。

（二）副翼效能

横向操纵时，两侧机翼的副翼会向不同的方向偏转，通常规定右翼副翼向下偏转时，偏转角 δ_a 为正，右翼副翼向上偏转时，偏转角 δ_a 为负。副翼效能 η_a 可表示为

$$\eta_a = \Delta C_{M_x} / \Delta \delta_a \tag{2.10.2}$$

式中，ΔC_{M_x} 为滚转力矩系数增量，$\Delta \delta_a$ 为副翼偏转角增量。

（三）方向舵效能

通常规定，方向舵向右偏转时，偏转角 δ_r 为正，方向舵向左偏转时，偏转角 δ_r 为负。方向舵效能 η_r 可表示为

$$\eta_r = \Delta C_{M_y} / \Delta \delta_r \tag{2.10.3}$$

式中，ΔC_{M_y} 为偏航力矩系数增量，$\Delta \delta_r$ 为方向舵偏转角增量。

二、操纵力矩

偏转舵面产生的使无人机绕重心转动的力矩称为操纵力矩。操纵力矩可分为纵向操纵力矩、横向操纵力矩、方向操纵力矩三种。

纵向操纵力矩 $M_z(\delta_e)$ 是偏转升降舵产生的俯仰力矩，其大小为

$$M_z(\delta_e) = \eta_e \delta_e \frac{1}{2} \rho v^2 Sl \tag{2.10.4}$$

式中，η_e 为升降舵效能，δ_e 为升降舵偏转角，S 为特征面积，l 为特征长度。

横向操纵力矩 $M_x(\delta_a)$ 是偏转副翼产生的横滚力矩，其大小为

$$M_x(\delta_a) = \eta_a \delta_a \frac{1}{2} \rho v^2 Sl \tag{2.10.5}$$

式中，η_a 为副翼效能，δ_a 为副翼偏转角。

方向操纵力矩 $M_y(\delta_r)$ 是偏转方向舵产生的偏航力矩，其大小为

$$M_y(\delta_r) = \eta_r \delta_r \frac{1}{2} \rho v^2 Sl \tag{2.10.6}$$

式中，η_r 为方向舵效能，δ_r 为方向舵偏转角。

综上所述,操纵力矩的大小主要取决于舵偏角和动压的大小。在同一飞行状态下,舵偏角越大,产生的操纵力矩越大;在同一舵面角度下,动压越大,产生的操纵力矩越大。动压的大小取决于飞行速度和空气密度的大小,飞行速度、空气密度越大,动压就越大。而空气密度的大小取决于海拔高度和空气的温湿度的大小,海拔高度越高、空气的温湿度越大,空气密度就越小。

三、无人机的纵向操纵

无人机的俯仰操纵主要是靠升降舵的偏转,升降舵的偏转指令以推拉操纵杆的方式输入。如果驾驶员向后拉操纵杆,升降舵会向上偏转,产生使机头上仰的操纵力矩;如果驾驶员向前推操纵杆,升降舵会向下偏转,产生使机头下俯的操纵力矩。操纵杆的位移量越大,舵面的偏转角越大。俯仰操纵是为了改变无人机的迎角,从而改变升力大小,改变升力通常是为了使无人机的飞行轨迹向上或向下弯曲,以控制无人机的爬升和下降。

对于纵向静稳定的无人机,推拉操纵杆改变迎角时会产生俯仰稳定力矩,在一定的迎角范围内,无人机偏离原平衡迎角越多,产生的俯仰稳定力矩越大。如果俯仰操纵力矩的力矩值大于俯仰稳定力矩的力矩值,无人机会朝操纵力矩的方向做俯仰运动;如果俯仰操纵力矩与俯仰稳定力矩相平衡,俯仰运动会停止;如果俯仰稳定力矩的力矩值大于俯仰操纵力矩的力矩值,无人机会朝操纵力矩的反方向做俯仰运动,直至俯仰稳定力矩减小到与俯仰操纵力矩相平衡。

无人机做定常直线飞行时,如果前后推拉操纵杆,产生的操纵力矩会使无人机做俯仰运动。以向后拉杆的抬头运动为例。后拉操纵杆,升降舵会上偏,操纵力矩会使机头上仰,造成迎角增大,俯仰稳定力矩增加。无人机具有上仰的角速度时,也会产生阻碍无人机上仰的俯仰阻尼力矩。后拉操纵杆抬头时,如果操纵力矩的力矩值大于稳定力矩与阻尼力矩的合力矩值,上仰角速度就会增加,如果操纵力矩、稳定力矩、阻尼力矩达到动态平衡状态,无人机将以不变的俯仰角速度做抬头运动。如果向前回杆,使操纵力矩小于稳定力矩与阻尼力矩的合力矩,上仰角速度就会减小。

无人机做定常直线飞行时,不同的飞行速度对应不同的迎角,飞行速度越大,维持升力所需的迎角就越小,飞行速度越小,维持升力所需的迎角就越大。减速飞行时,如果要让无人机保持直线飞行状态,应连续地向后拉杆使升降舵逐渐上偏,这样才能持续满足俯仰操纵力矩与俯仰稳定力矩的平衡。拉杆时一定要控制好节奏,如果拉杆过快,无人机的迎角会超过直线飞行所需迎角,使飞行轨迹向上弯曲,如果拉杆过慢,无人机的迎角会低于直线飞行所需迎角,使飞行轨迹向下弯曲。如果要让无人机停止减速并保持新的速度直线飞行,速度稳定不变后,应稳住操纵杆,使俯仰操纵力矩和俯仰稳定力矩保持在新的平衡状态,如果松开操纵杆,俯仰操纵力矩会消失,俯仰稳定力矩会使无人机急剧低头。长时间带杆飞行会造成驾驶员疲劳,所以在保持俯仰平衡状态的同时,可以向下拨动配平电门(抬头方向)调节俯仰配平,直至无人机能够在松杆的情况下保持俯仰平衡。

四、无人机的横向操纵

（一）无人机的横向操纵简介

横向操纵主要是靠副翼的不对称偏转实现的。当驾驶员向左压操纵杆时，左翼副翼会向上偏转，右翼副翼会向下偏转，使得左侧机翼的升力减小，右侧机翼的升力增大，产生使无人机向左横滚的操纵力矩；反之，当驾驶员向右压操纵杆时，右翼副翼会向上偏转，左翼副翼会向下偏转，无人机会向右横滚。

无人机的滚转运动会受到横滚阻尼力矩的阻碍，滚转角速度越大，横滚阻尼力矩越大。由于无人机快速横滚时的侧滑角非常小，可近似地看作无侧滑，因此在讨论滚转角速度的变化规律时，可以只考虑横向操纵力矩与横滚阻尼力矩的动态平衡关系。如果横向操纵力矩的力矩值大于横滚阻尼力矩的力矩值，无人机会加速横滚。随着滚转角速度的增大，横滚阻尼力矩也会增大，当横滚阻尼力矩增大到与横向操纵力矩动态平衡时，滚转角速度不再改变。如果要使无人机停止滚转，可将操纵杆置回中立位。在操纵杆回中的过程中滚转角速度会在横滚阻尼力矩的作用下迅速减小，驾驶员几乎感觉不到操纵延迟。当操纵杆回到中立位时，无人机会很快停止滚转。

（二）副翼偏转时的反向偏航效应

以左滚转操纵为例，向左压杆时，右翼副翼会向下偏转，这不仅增大了右侧机翼的升力，也增大了右侧机翼的阻力，使得机身右侧的阻力比左侧更大，无人机会因此向右偏航，造成侧滑角增大。显然，这样的反向偏航力矩不利于侧滑的消除。为了防止有害偏航，通常会采用以下三种措施来减小和消除这种不利的偏航力矩。

（1）差动副翼：横滚操纵时，上偏的副翼会比下偏的副翼偏转更多的角度，这会使副翼上偏一侧机翼产生更多的翼型阻力去消除两侧机翼的阻力差。

（2）扰流板辅助：如果采用了翼上扰流板设计，横向操纵时副翼上偏一侧机翼的扰流板也会一同展开，从而产生更多阻力，这也能进一步减小扰流板展开一侧机翼的升力，增大横向操纵力矩。

（3）Frise 副翼：Frise 副翼向上偏转时，副翼前缘会伸出机翼的下表面，产生一定的附加阻力。

五、无人机的方向操纵

方向操纵主要是靠方向舵的左右偏转来实现的。蹬左舵使方向舵向左偏转时，垂直尾翼会产生右侧力，使无人机向左偏航；蹬右舵使用方向舵向右偏转时，垂直尾翼会产生左侧力，使无人机向右偏航。偏航运动会使无人机侧滑，由此产生方向稳定力矩，通常侧滑角增大，方向稳定力矩也会增大。与俯仰操纵类似，如果方向操纵力矩的力矩值大于方向稳定力矩的力矩值，无人机会向蹬舵的方向偏航；如果方向操纵力矩与方向稳定力矩相平衡，无人机会停止偏航；如果方向稳定力矩的力矩值大于方向操纵力矩的力矩值，无人机会向反蹬舵方向偏航，直至方向稳定力矩减小到与方向操纵力矩相平衡。

六、蹬舵反倾斜效应

操纵无人机转弯时，不仅要使无人机向转弯方向倾斜，还要向转弯方向蹬舵消除侧滑。如果向左转弯，应该向左压杆，使机身向左倾斜，同时向左蹬舵消除左侧滑。但是蹬左舵时，垂尾的右侧力不仅产生了向左的偏航力矩，还产生了向右的横滚力矩，这是因为垂尾右侧力的作用线并没有穿过无人机纵轴，而是经过了无人机纵轴的上方，由于这个横滚力矩的方向与转弯倾斜的方向相反，所以这种现象被称为"蹬舵反倾斜效应"。

七、V形尾翼布局无人机的操纵

V形尾翼既能起水平尾翼的作用，也能起垂直尾翼的作用。与常规尾翼布局相比，V形尾翼使用的部件更少，这不仅能降低结构重量，也能减小飞行阻力。采用V形尾翼布局还能有效降低雷达反射强度，增强隐身能力。因此有众多无人机采用了V形尾翼布局。V形尾翼被分为上反V形尾翼和下反V形尾翼两种，如图2.10.1所示。

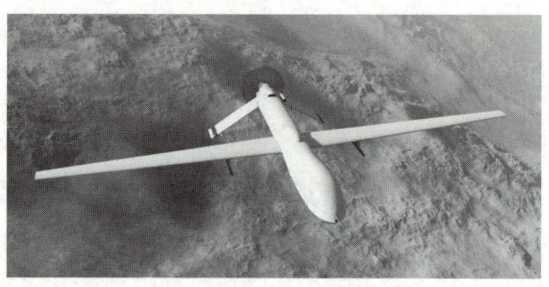

图 2.10.1　采用V形尾翼的固定翼无人机

V形尾翼的舵面既能用于无人机的纵向操纵，也能用于无人机的方向操纵。向后拉操纵杆时，两边舵面会对称向上偏转，这会使左右尾翼的气动合力指向下方，产生抬头力矩；向前推操纵杆时，两边舵面会对称向下偏转，这会使左右尾翼的气动合力指向上方，产生低头力矩。在这种情形中，V形尾翼的舵面起升降舵的作用。

向右蹬舵时，左边舵面会向上偏转，右边舵面会向下偏转，这会使左右尾翼的气动合力指向左侧，产生向右的偏航力矩；向左蹬舵时，左边舵面会向下偏转，右边舵面会向上偏转，左右尾翼的气动合力会指向右侧，产生向左的偏航力矩。在这种情形中，V形尾翼的舵面主要起方向舵的作用。

在大多数时候，V形尾翼的舵面同时起升降舵和方向舵的作用。例如，在后拉操纵杆让机头上仰的过程中，如果再向右蹬舵，就会使左边舵面上偏的角度比右边舵面要大，这会使左右尾翼气动合力指向左下方，同时产生向右的偏航力矩。

八、飞翼布局无人机的操纵

图2.10.2所示的舵面形式在飞翼布局无人机上较为常见，其中，升降副翼和开裂式阻力方向舵为主飞行控制面，配平襟翼用于纵向配平和横向配平。

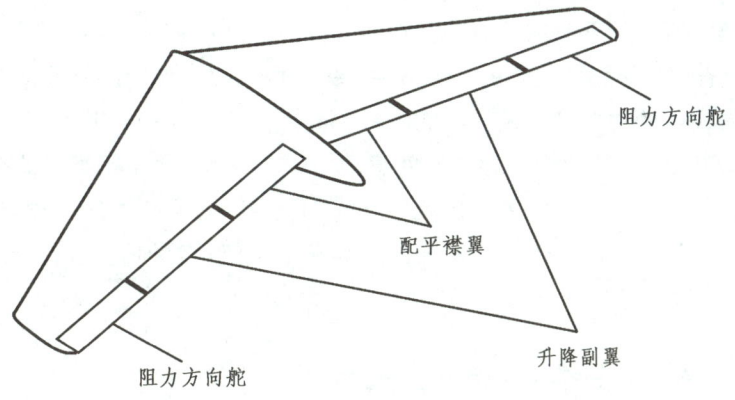

图 2.10.2 飞翼布局无人机操控面

升降副翼既有升降舵的功能,又有副翼的功能。当两侧的升降副翼朝同一方向偏转相同的角度时,升降副翼起升降舵的作用。如果升降副翼同时向上偏转,会产生抬头力矩,如图 2.10.3(a)所示;如果升降副翼同时向下偏转,会产生低头力矩,如图 2.10.3(b)所示。

当两侧的升降副翼朝不同的方向偏转时,主要起副翼的作用。若左侧的升降副翼向上偏,右侧的升降副翼向下偏,会产生向左的滚转力矩,如图 2.10.3(c)所示;若右侧的升降副翼向上偏,左侧的升降副翼向下偏,会产生向右的滚转力矩,如图 2.10.3(d)所示。

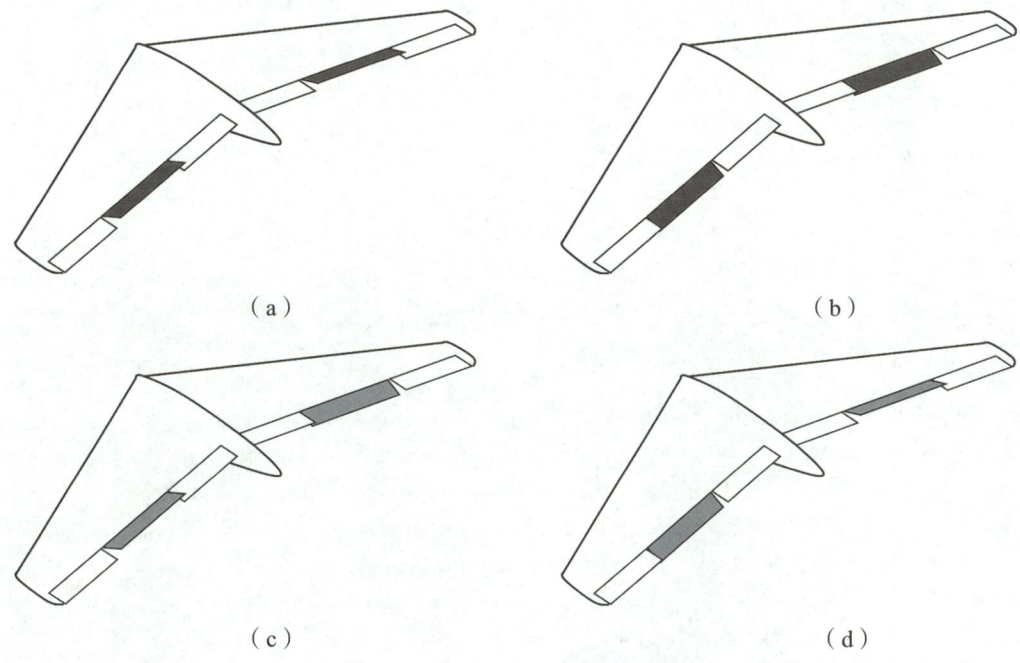

图 2.10.3 飞翼布局无人机副翼的不同状态

在大多数时候,升降副翼同时起升降舵和副翼的作用。例如,在后拉操纵杆让机头上仰的过程中,如果再向右压操纵杆,就会使右边升降副翼向上偏转的角度比左边升降副翼要大,这会产生使无人机向右横滚的力矩。

开裂式阻力方向舵既有减速板的功能，又有方向舵的功能。如果飞行时将两侧阻力方向舵完全张开，能起到较好的减速效果，并且两侧阻力方向舵张开同样的大小时，无人机会获得较好的方向稳定性。蹬舵时，两侧阻力方向舵的开度不同，无人机会向开度较大一侧偏航。为了让阻力方向舵的气动力臂足够长，通常将其设置在机翼外侧。

配平襟翼主要用于无人机的纵向配平和横向配平。如果两侧配平襟翼同时向上或向下对称偏转，起纵向配平作用；如果让两侧配平襟翼不对称偏转，主要起横向配平作用。

九、无人机操纵性与稳定性的关系

无人机的操纵性包含静操纵性和动操纵性两种。静操纵性研究的是操纵运动的稳态特性，讨论的是无人机从某一平衡状态转到另一平衡状态所需舵偏角的大小。动操纵性研究的是操纵运动的动态特性，即舵面偏转后运动参数变化的快慢。

无人机的操纵性和稳定性是相互约束的。无人机的稳定性越强，要改变其飞行状态所需的舵偏角就越大，因此要提高无人机的操纵性，就要牺牲一定的稳定性。在无人机设计阶段，应根据其用途对操纵性和稳定性进行权衡，如货运无人机往往需要更强的稳定性，而战斗无人机则需要更强的操纵性。虽然提高操纵性有利于增强无人机的机动性，甚至有很多战斗无人机采用了机动性更强的放宽静稳定性设计，但是过于灵敏的操纵并不利于飞行姿态的精确控制，所以操纵性较强的无人机，通常要用强大的飞控计算机进行辅助。

专题——苏联超音速战机气动设计发展历程

1950年，米高扬设计局接到了苏联航空工业部下达的研制超音速战机的命令，开始对双发超音速战机进行研制，这款战机，就是后来的米格-19。尽管米格-15战机才加入苏联空军的作战序列没多久，米格-15BIS战机和米格-17战机也刚完成首飞没多久，但它们的性能并不能满足未来国土防空作战的需求。

米格-19战机于1955年开始列装苏联空军，并在之后半个多世纪的时间里在多国空军部队服役。与米格-17战机相比，米格-19战机的机翼有着更大的后掠角（见图2.11.1），这有利于提高飞机的临界马赫数，减小飞机高速飞行时的激波阻力，再加上其安装的两台RD-9B加力式涡喷发动机，米格-19战机可以轻而易举地突破音障，进行超音速飞行，米格-19成为苏联最早量产的超音速战机。

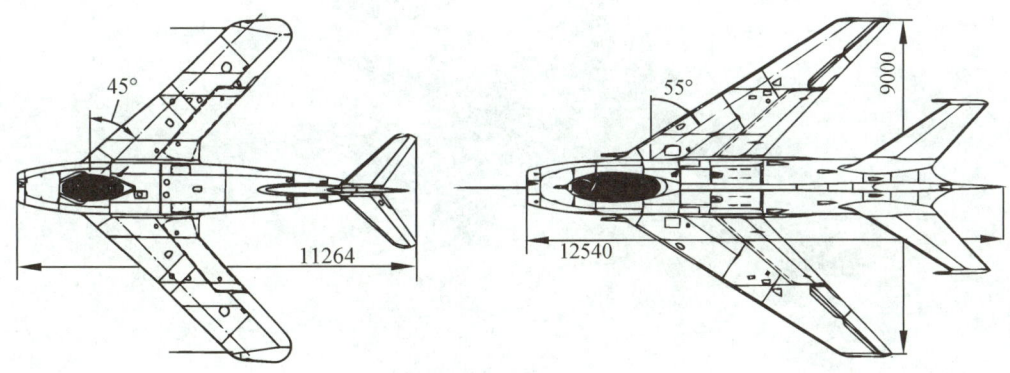

图2.11.1　米格17与米格19

【小作业】结合之前所学知识，回答下列问题：
1. 为什么增大机翼的后掠角可以提高临界马赫数？

2. 米格-19战机机翼翼刀的作用是什么？

3. 米格-19战机的气动布局有哪些缺点？

可以用正交分解法将空速向量分解为两个速度分量，一个与机翼前缘垂直，另一个与机翼前缘平行。垂直于机翼前缘的速度分量会直接划过机翼的翼型，是产生升力的有效速度分量，而平行于机翼前缘的速度分量不能使机翼产生升力。如果增大机翼的后掠角，有效速度分量就会减小，飞机只有达到更大的速度，机翼表面才会出现等声速点，因此增大机翼的后掠角可以提高临界马赫数，推迟激波的出现。增大机翼的后掠角还可以改善飞机的跨音速特性，减小波阻。对于平直翼飞机，当 $Ma \approx 1$ 时，飞机的阻力系数就已经达到最大值，而后掠翼飞机的阻力系数通常在超过 $1\,Ma$ 后才会达到最大，若飞机采用了大后掠角机翼，其最大阻力系数会比平直翼飞机小很多。

由于后掠翼"翼根效应"和"翼尖效应"的影响，翼根处的压力比翼尖处要大，在压力梯度力的作用下，上翼面的气流会偏朝翼尖方向流动，如果不对这样的流动加以制止，大迎角飞行时边界层会首先在翼尖发生分离，造成翼尖失速。翼尖失速不仅会破坏飞机的稳定性，还会造成副翼失效，为缓解这一问题，米格-19 采用了翼刀设计，如图 2.11.2 所示。

图 2.11.2 米格-19 战斗机

虽然米格-19 的大后掠角机翼具有良好的高速特性，但是它的缺点也非常明显。增大机翼的后掠角可以提高临界马赫数，但要产生足够的升力需要达到更大的迎角或更高的速度。此外，即便不考虑翼尖失速的情况，机翼的临界失速迎角也会随着后掠角的增大而减小。米格-19 的机翼比较狭长，采用了相对厚度较小的薄翼型，通常这类机翼的扭转刚度较弱，副翼反效临界速度较低。

米格-19 战机采用了机头进气的皮托式进气道，超音速飞行时，米格-19 的机头会出现脱体激波，由于其进气口正前方的激波与来流基本垂直，可看作是一道正激波，超音速气流通过正激波后，会被减速至亚音速。由于米格-19 进气道的外形与亚音速进气道类似，气流被减至亚音速后可以在进气道内进一步减速增压。但是超音速气流直接通过正激波时，总压损失较大，所以皮托式进气道并不适用于飞行马赫数较高的战机。机头进气道的设计不仅会限制超音速战机的性能，还会限制雷达的安装尺寸。20 世纪 50 年代，空战的主要形式还是近距离机炮狗斗，所以在米格-19 设计之初没有过多考虑雷达的使用，尽管米格-19P 已经安装了 RP-1 "绿宝石雷达"，但是作为一款过渡机型，苏联还是在 50 年代末期停产了米格-19 系列战机。

其实，早在米格-19战机列装部队前，米高扬设计局就已经开始了新型超音速战机的预研工作，并先后推出了Ye-2原型机（见图2.11.3）和Ye-4原型机（见图2.11.4）。与米格-19相比，Ye-2原型机的气动外形并没有太大的变化，但是Ye-2多出了进气道整流锥，超音速气流遇到进气道整流锥时，会产生斜激波，由于超音速气流通过斜激波时的总压损失比通过正激波时更小，所以Ye-2具有比米格-19更好的进气性能。Ye-4原型机则有着更加前卫的气动布局，该飞机采用了三角翼设计，与Ye-2原型机相比，Ye-4原型机的高空高速性能更加优越。Ye-4原型机的试飞促进了米格-21战机的定型，该机可看作是米格-21战机的雏形。1958年，米格-21战机（见图2.11.5）开始装备苏联空军，该机同时具备战斗机和截击机的特点，最快飞行速度可超过2 Ma。

图2.11.3　Ye-2原型机

图2.11.4　Ye-4原型机

图 2.11.5 米格-21F 战斗机

【小作业】结合之前所学知识，简要分析三角翼的特点。

　　三角翼最明显的特点就是大后掠角、小展弦比、小梢根比。与翼展相同、前缘后掠角相同、最大厚度相同的后掠翼相比，三角翼的机翼面积更大，相对厚度更小。因此，采用三角翼设计可以获得更好的升力特性和高速性能。与后掠翼相比，三角翼还具有更强的抗弯抗扭能力。

　　然而，一味追求高空高速性能难免会牺牲战机的低速性能，为解决这一问题，米高扬设计局推出了采用可变后掠翼设计的米格-23 战机（见图 2.11.6），飞行员可根据战机的飞行状态，改变机翼的后掠角。该机于 1967 年首飞，1970 年装备部队。虽然可变后掠翼技术使战机兼具高、低速性能，但是其作动机构的体积较大、结构复杂，无形之中增加了飞机的重量，复杂的结构也导致其可靠性不高，维护起来也十分困难。此外，可变后掠翼还存在结构强度不足、灵敏度差、武器挂点少的缺点，所以该设计只能起过渡作用，并不能成为未来发展的主流。

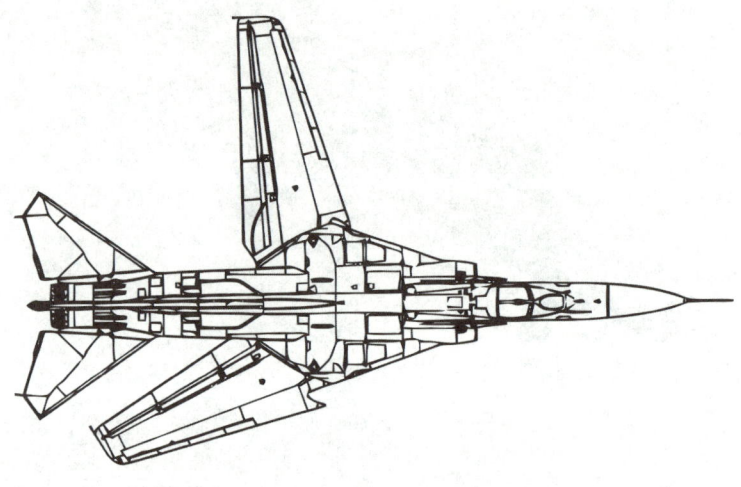

图 2.11.6 米格 23 战斗机

越南战争期间，美国空军的 F-4 "鬼怪式"战机表现不佳，为此美国空军提出了新一代战机（F-15）的研制计划。为对标美国新一代战机，苏霍伊设计局推出了 T-10 原型机（苏-27 原型机，见图 2.11.7）的设计方案，该方案获得了军方的高度认可。20 世纪 70 年代初，T-10 原型机的研制拉开了序幕。

图 2.11.7 T-10 原型机

T-10 原型机的设计采用了具有较高气动效率的翼身融合体布局，且该机的机身也能产生相当的升力。从飞机的顶部来看，边条翼以平滑的线条将机身和机翼前缘融合到了一起。从飞机的侧面来看，与飞机对称面平行的每一个剖面都是一个翼型，且这些剖面形状从对称面到两侧的变化是连续的，这使得飞机的机身和机翼形成了统一的升力体。从飞机的正面来看，整个翼身融合体的迎风面积非常小，并且从飞机的总体上看，翼身融合体表面大部分区域都是以流线型过渡的，这对飞机的高速飞行十分有利。翼身融合体还具有内部空间大、结构重量轻的特点，这使得该机可以装载更多的燃油，安装更多的先进机载设备，从而扩大飞机的作战半径，增强飞机的作战能力。

T-10 原型机的两台发动机安装在机身尾部，两个独立的发动机舱位于机身下方。T-10 原型机采用了机腹进气设计，这使得发动机在较大的迎角下依旧能够获得足够的进气量。为减小两侧的进气干扰，两个进气道之间有一定的距离。

为减小飞机高速飞行时的波阻，T-10 原型机在研制过程中被不断"压扁"，且翼身融合体的外形及尾翼、进气道等表面部件的位置和形状都经过了多次调整，以符合面积律的要求。

T-10 原型机采用的是前缘尖锐且相对厚度较小的薄翼型，这种翼型具有较好的高速性能，弯扭的机翼中弧面和向下扭转的机翼前缘也改善了机翼的亚音速气动特性。大迎角飞行时，机翼根部的边条翼会产生强烈的边条涡，涡流可以为上翼面的边界层注入能量，延迟边界层的分离，改善飞机的大迎角升力特性。

T-10 原型机采用了双垂尾、全动平尾设计，双垂尾可以保证飞机具有较好的方向稳定性，全动平尾安装在发动机舱侧面靠后的位置，较长的尾力臂使平尾能够产生较大的俯仰操纵力矩。

20 世纪 80 年代，苏-27"侧卫"（见图 2.11.8）开始了批量生产。与最初的 T-10 原型机不同，定型后的苏-27 改为了梯形机翼，机翼的前缘采用了机动襟翼设计，且边条翼的外形和面积也有所调整，这些措施解决了飞机在大迎角状态下低头力矩不足和抖振的问题。此外，苏-27 战机还用襟副翼取代了独立的襟翼和副翼，提高了副翼反效临界速度。苏-27 战机是纵向静不稳定的，具有较强的俯仰操纵性，为保证飞行员对飞机的有效控制，苏-27 采用了电传操纵系统。

图 2.11.8　苏-27"侧卫"战斗机

苏-27"侧卫"凭借其接近完美的气动外形，成为苏联航空史上设计最成功的战机，即使在 21 世纪的今天，"侧卫"的气动设计仍然不过时，以至苏-27 及其衍生型号仍然是多国空中力量的主力。

模块三　　固定翼无人机的一般飞行操纵

学习目标

通过本模块的学习，掌握固定翼无人机平飞、上升、下降、盘旋等基本空域动作的原理及操纵方法。

典型工作任务

一般飞行操纵（平飞、上升与下降）。

学习成果

完成阶段考核，通过模拟机科目测试。

本模块重难点

1. 平飞、上升、下降、盘旋等阶段的空气动力学知识。
2. 平飞、上升、下降、盘旋的进入和改出操纵方法。
3. 侧滑和螺旋桨副作用的影响及修正的相关操纵方法。
4. 掌握克服侧滑，保持坡度，杆舵协调转弯的相关操纵方法。

完成标准

通过模拟飞行测试，确保学生能够理解本课内容。

学生完成问题的回答至少取得90分，并且教员应让学生回顾每个不正确答案，以确保学生在进入下一模块前完全掌握所学知识。

技术技能

分数	评分标准
1	学生在完成该课训练后，能够描述该科目实施过程中的主要特点，在实际操作方面不作要求，以教员示范为主
2	学生在完成该课训练后，能够正确描述具体的操作程序，理解相应的概念、原理等理论知识，并能在教员的提示和帮助下完成该科目
3	学生在完成该课训练后，能够自己主动计划并完成该科目，但仍有部分错误和偏差的发现与修正需要教员的提示
4	学生在完成该课训练后，能够完全独立计划并执行该科目，快速发现并修正错误和偏差，完成水平达到实践考试标准的要求
5	学生在完成该课训练后，熟练掌握该科目的相关知识、程序、操作技术和技巧，独立计划并完成该科目，在执行的过程中不产生任何错误和明显偏差，完成水平高于实践考试标准的要求

非技术技能

分数	评分标准
1	学生在完成该课训练后，对该科目涉及的原理和方法缺乏相应的了解，在执行过程中基本依赖教员的讲解和示范
2	学生在完成该课训练后，能够对该科目涉及的部分原理和方法进行简单的描述和解释，但在讲解和执行过程中有较多的错误和不足，在教员的帮助下能够做出相应的处置并完成该科目
3	学生在完成该课训练后，能够对该科目涉及的原理和方法进行较正确的描述和解释，在运用过程中出现的错误需要在教员的提示下进行修正，能够在不出现任何特殊情况时按照正常的工作程序完成该科目
4	学生在完成该课训练后，在对该科目涉及的原理和方法进行正确的描述和解释的基础上，能够不借助教员任何帮助处置较常见的特殊情况，完成该科目，且水平达到实践考试标准的要求
5	学生在完成该课训练后，能够完全正确理解并综合运用与该科目相关的所有知识，独立管理好各项工作，对出现的各种情况进行快速准确地分析和评估，在执行的过程中不产生任何错误，完成水平高于实践考试标准的要求

专题——飞行模拟软件的使用

模块三和模块四的学习更加注重理实结合,如果能在此阶段同步学习实际的飞行操纵方法,往往能够加深对飞行理论知识的理解。在理论学习阶段,飞行操纵只能以飞行模拟的方式进行。对于有条件接触专业飞行模拟设备的飞行学员,建议使用经专业认证的飞行模拟机、飞行训练器进行实操练习。对于没有条件接触专业飞行模拟设备的广大读者,推荐使用 X-Plane、DCS World、Microsoft Flight Simulator、Prepar3D 等高拟真度 PC 端飞行模拟软件学习飞机的操纵方法。这类飞行模拟软件目前已具有非常高的拟真度,可广泛用作飞行技术、航空工程、交通运输等航空类专业的辅助教学工具。

X-Plane、Microsoft Flight Simulator、Prepar3D 三款飞行模拟软件主要模拟民用航空飞行。这些软件几乎囊括了全球的机场、地景、导航数据,能够模拟复杂的天气条件,实现高仿真度飞行环境的模拟。并且,这些软件对空气动力学、飞行力学等物理模型(见图 3.1.1)进行了较为精确的建模,部分高质量的飞机模组甚至能够模拟驾驶舱内几乎所有的操作(见图 3.1.2),这使得普通玩家也能通过飞行模拟软件了解真正的飞行操作程序。

图 3.1.1　X-Plane 中的 B747-200 型客机

图 3.1.2　X-Plane 中的 CESSNA 172 型飞机座舱

DCS World 主要模拟军用航空器，现有的机型主要包括欧美、俄罗斯、中国的各类战斗机、攻击机、教练机、直升机等。DCS World 不仅模拟了航空器的驾驶（见图 3.1.3），还模拟了各类机载武器和传感器的操作，如各类空空导弹、空地导弹、空舰导弹、精确制导炸弹、瞄准吊舱、数据链吊舱、电子干扰吊舱等。因此，DCS World 能够模拟各类军事飞行活动，如护航、拦截、反舰、反跑道、防空压制、近距离空中支援、空中加油、运输等。

图 3.1.3　DCS World 中的苏-27SK 型战机座舱

一、飞行仪表的使用

在后续的学习中时常要借助飞行模拟软件学习相关的飞行操纵方法，所以熟悉飞行仪表的使用是十分必要的。基本的飞行仪表包括姿态指示器、空速表、气压高度表、航向指示器、垂直速度表、转弯侧滑仪，初学者可首先了解这几种仪表的使用方法。

（一）姿态指示器（ADI）

图 3.1.4 所示为一种基本的陀螺式姿态指示器，它可以指示飞机的滚转角、俯仰角，让驾驶员直观地了解飞机在空间中的姿态。姿态指示器的内部有一个陀螺，以及一个与陀螺联动的"姿态球"。

姿态指示器经校准后，陀螺的旋转轴会垂直于水平面。由于陀螺具有定轴性，在飞行过程中，陀螺旋转轴在惯性空间中的指向并不会随着飞机的滚转和俯仰发生变化，陀螺转子的旋转平面会始终与水平面平行。"姿态球"表面标有白色的假想水平线和俯仰角刻度线，假想水平线上方为蓝色，代表"天空"，下方为咖啡色，代表"地面"。

陀螺与姿态球在俯仰方向上是反向联动的。飞机上仰时，陀螺转子相对于飞机会向前翻转，这会使姿态球同步向后翻转，使假想水平线向下移动；飞机下俯时，陀螺转子相对于飞机会向后翻转，这会使姿态球同步向前翻转，使假想水平线向上移动。

陀螺与姿态球在横滚方向上是正向联动的。飞机向左滚转时，陀螺转子相对于飞机会向右滚转，这会使姿态球同步向右滚转，使假想水平线向右旋转；飞机向右滚转时，陀螺转子相对于飞机会向左滚转，这会使姿态球同步向左滚转，使假想水平线向左旋转。

在姿态指示器中，有一个固定在表座上的黄色"小飞机"，其两侧的横杆表示机翼，中间的小圆点表示飞机纵轴指向。姿态球因俯仰运动前后翻转时，小圆点会在姿态球上指出飞机的俯仰角。姿态球上的假想水平线因滚转运动左右旋转时，可根据"小飞机"相对于假想水平线的倾斜方向和倾斜程度判断飞机的横滚姿态。

在姿态指示器中，有一个用于指示滚转角的刻度框，刻度框上标记有 0°、10°、20°、30°、45°、60°、90° 刻度线。陀螺与刻度框在横滚方向上是正向联动的，飞机做滚转运动时，刻度框的旋转始终与姿态球的滚转保持同步。在"小飞机"正上方的表盘玻璃上，标有一个指向朝上的黄色空心三角形，飞机滚转时，表盘玻璃与刻度框会相对旋转，所以表盘玻璃上的黄色空心三角形会在刻度框上指出飞机的倾斜方向和滚转角。

图 3.1.4　姿态指示器

(二)空速表

空速表与飞机的全静压系统相连,可测出动压的大小并给出飞机的指示空速。图 3.1.5 所示的空速表以"KNOTS"(节)*为单位,即海里每小时,白色指针会在刻度盘上指出飞机的指示空速。在刻度盘上,标记有白色、绿色、黄色三条弧形带。如果指针指在白色弧形带标记的速度范围内,飞机可以放襟翼飞行,这个速度区间的下限速度(55 kn)为襟翼放下时的失速速度,上限速度(130 kn)为允许放襟翼的最大速度。绿色弧形带标记的是襟翼收上时的正常速度范围,这个速度区间的下限速度(约 57 kn)为襟翼收上时飞机的失速速度,上限速度(145 kn)为飞机在乱流中允许达到的最大速度。黄色弧形带标记的是速度警示区(145~200 kn),当飞机在该速度区间飞行时,乱流可能会导致瞬时载荷过大,造成飞机的结构损伤,因此飞机只能在平稳的气流中进入这个速度区间,且速度指针最大不能超过黄色弧形带标记的上限速度(200 kn)。

图 3.1.5 空速表

(三)气压高度表

气压高度表与静压管相连,可测出大气静压并给出飞机的气压高度。图 3.1.6 所示的气压高度表以"FEET"(英尺)*为单位,表盘面上标有带数字的大刻度和不带数字的小刻度。细长指针每顺时针旋转一个大刻度,表示气压高度上升 10 ft;长指针每顺时针旋转一个大刻度,表示气压高度上升 100 ft;短指针每顺时针旋转一个大刻度,表示气压高度上升 1 000 ft,当短指针顺时针转过一圈后,会出现黑白条纹指示旗,表示气压高度超过了 10 000 ft。该气压高度表的最大指示高度为 20 000 ft。在大刻度 2、3 之间的小窗口内有一个刻度盘,右侧的小箭头会在刻度盘上指出当前基准海平面

注:1 kn=1.852 km/h,1 ft=30.48 cm,1 inHg=3.386 kPa。

气压所对应的英寸水银柱高度。图 3.1.6 所示的气压高度表将基准气压设置为标准海平面气压（水银柱高度 29.92 英寸），给出的气压高度为 16 501 ft。

图 3.1.6　气压高度表

（四）垂直速度表

垂直速度表用于指示飞行器的气压高度变化率。图 3.1.7 所示的垂直速度表以"THOUSAND FT PER MIN"（千英尺每分钟）为单位。表盘的最左边有一条零刻度线，零刻度线上下方标有数字 1、2、3、4 的刻度线分别对应 1 000 ft/min、2 000 ft/min、3 000 ft/min、4 000 ft/min 的垂直速度，其余的刻度线又对这些标有数字的刻度线进行了等分，以对应更精确的垂直速度值。当指针指在零刻度线以上时，表示飞机正在爬升，当指针指在零刻度线以下时，表示飞机正在下降。

图 3.1.7　垂直速度表

（五）航向指示器

航向指示器主要用于指示磁航向，有时也可用于指示真航向。如图 3.1.8 所示，航向指示器上有 1 个刻度盘，刻度盘上有 4 条刻度线分别标有字母 E、S、W、N，它们分别对应正东、正南、正西、正北方向，标有 3、6、12、15、21、24、30、33 的刻度线分别对应航向 030、060、120、150、210、240、300、330，其余的刻度线又对这些标有字母和数字的刻度线进行了等分，以便更精确地标记航向。航向指示器的表盘玻璃上标有一个指向朝上的小飞机，小飞机所指的航向会随着刻度盘的转动发生改变。

图 3.1.8 所示的航向指示器内部有一个陀螺，这种航向指示器也叫作方位陀螺仪，它利用陀螺的定轴性测量方位。航向指示器经校准后，陀螺的旋转轴会平行于水平面，随后驾驶员须对照磁罗盘，按压并旋转航向指示器左下角的旋钮，将航向指示器所指的航向调整为飞机的实际磁航向。由于陀螺具有定轴性，飞机向左偏航时，陀螺转子相对飞机纵轴会向右偏转；飞机向右偏航时，陀螺转子相对飞机纵轴会向左偏转，陀螺转子偏转时会带动刻度盘向同一方向同步转动，这样航向指示器所指的航向就能与飞机的实际航向同步。

图 3.1.8　航向指示器

（六）转弯侧滑仪

转弯侧滑仪由转弯仪和侧滑指示器组成。转弯仪也是一种陀螺式仪表，其指示的是飞机的转弯方向和转弯率。当指针正好对齐左（右）两侧的标准转弯刻度时，表明飞行器正在以 3°/s 的标准转弯率向左（右）转弯。需要注意的是，转弯仪并不指示飞机的倾斜程度。

侧滑指示器由弧形玻璃管、阻尼液、小球构成，如图 3.1.9 所示。当飞机的侧滑角为零时，横向过载也为零，小球会处于弧形玻璃管两条标线之间的正中央。飞机侧滑时，由于存在横向过载，小球会在惯性的作用下越过标线，向侧滑方向移动。

图 3.1.9　转弯侧滑仪

（七）主飞行显示器（PFD）

主飞行显示器的集成化较高，可综合显示飞机的姿态、航向、空速、高度、垂直速度、侧滑指示等信息，如图 3.1.10 所示。

图 3.1.10　主飞行显示器

二、CESSNA 172SP G1000 座舱面板识别

初学者可以首先在飞行模拟软件中尝试驾驶 CESSNA 172 机型，这也是现实中大多数飞行学员驾驶的第一种飞机。CESSNA 172 飞机可搭载 4 人，采用了上单翼设计，机体结构采用了全金属材料，起落架为前三点式布局，飞机选用的发动机为莱康明 IO-360 系列风冷式水平对置四缸活塞发动机。在 CESSNA 172 系列飞机中，CESSNA 172SP G1000 的座舱面板布局最为简洁，具有较高的集成化，非常适合初学者学习，如图 3.1.11 所示。

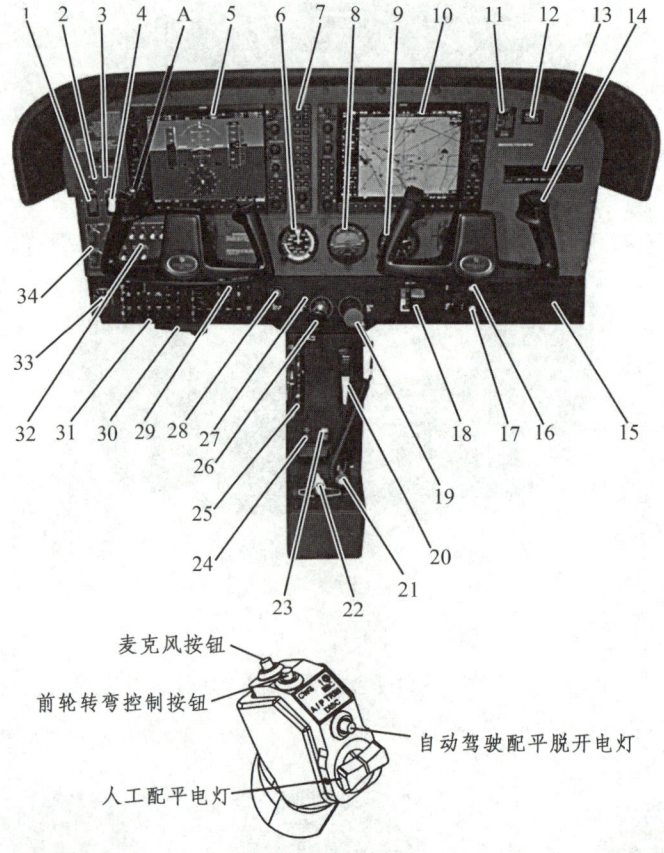

1—发电机主电门、蓄电池主电门（ALT、BAT）；2—备用蓄电池电门；3—备用蓄电池测试指示灯；
4—电子设备开关（BUS1、BUS2）；5—主飞行显示器；6—备用空速表；7—音频控制面板；
8—备用姿态指示器；9—备用高度表；10—多功能显示器；11—应急定位发射机开关/指示器；
12—飞行小时记录器；13—自动定向机（选装）；14—麦克风按钮；15—手套盒；16—座舱加温控制；
17—座舱通气控制；18—襟翼控制手柄和襟翼位置指示器；19—混合比控制杆；20—手持麦克风；
21—燃油关断阀；22—燃油选择阀；23—电源接口（12 V/10 A）；24—辅助音频输入接口；
25—升降舵配平控制手轮和配平位置指示器；26—油门杆；27—复飞按钮；
28—备用静压源拉杆；29—操纵盘固定地图灯；30—停留刹车手柄；31—断路器面板；
32—电气设备开关面板；33—磁电机/起动机钥匙孔；
34—亮度调节面板。

图 3.1.11　CESSNA 172SP G1000 座舱面板

三、CESSNA 172SP G1000 开车程序

在学习飞行操纵之前，熟悉飞机的开车程序是十分必要的。以下程序省略了飞行前检查的详细流程，以便大家快速了解 CESSNA 172SP G1000 飞机的开车操作步骤。

（一）发动机起动前程序

（1）飞行前检查（机下、机上）——完成。

（2）乘客简报——完成。

（3）座椅/安全带——调节/扣好。

（4）停留刹车——测试并设置。

（5）断路器——检查全部闭合。

（6）电气设备开关——全部处于关断位。

（7）电子设备开关（BUS1、BUS2）——关断位（发动机起动时也必须在关断位，防止瞬时电压过高损坏电子设备）。

（8）燃油选择阀——BOTH 位（左右大翼油箱同时给发动机供油）。

（9）燃油关断阀——打开位（全部推入）。

（二）发动机起动程序（通过蓄电池起动）

（1）油门杆——前推 1/4 in（大约 6.4 mm）。

（2）混合比控制杆——怠速关断位（完全拉出）。

（3）备用蓄电池电门——① 按压在"TEST"位保持 20 s，确认绿色的"TEST"指示灯没有熄灭；② 将电门拨至"ARM"位，确认主飞行显示器开机。

（4）发动机指示（显示在主飞行显示器左侧的中上部分）——检查发动机指示正常，没有红色"×"。

（5）备用蓄电池汇流条电压（BUS E VOLTS 显示在主飞行显示器左侧最底部）——检查不低于 24V。

（6）主蓄电池汇流条电压（M BUS VOLTS 显示在 BUS E VOLTS 左侧）——检查小于等于 1.5 V。

（7）备用蓄电池负载电流（BAT S AMPS 显示在 BUS E VOLTS 下方）——检查电流值为负（放电）。

（8）备用蓄电池指示框——检查已出现在主飞行显示器右侧（出现 OIL PRESSURE、STBY BATT、LOW VOLTS、LOW VACUUM 字样）。

（9）螺旋桨区域——检查清空无障碍。

（10）发电机主电门、蓄电池主电门——打开。

（11）防撞灯电门（BEACON 电门位于电气设备开关面板 LIGHTS 区域）——打开。

（12）燃油泵电门（FUEL PUMP 电门位于电气设备开关面板）——打开。

（13）混合比控制杆——推到全富油位置（推到底）并保持，直到显示稳定的燃油流量（FFLOW GPH 显示在发动机指示区）3～5 s，然后收回至怠速关断位（完全拉出）。

（14）燃油泵电门——关断。

（15）磁电机/起动机钥匙——向右拧至起动位并保持（须保持至起动完成，如果提前松开，钥匙会回弹至 BOTH 位，导致发动机起动失败）。

（16）混合比控制杆——在起动过程中平稳地前推至富油位。

（17）滑油压力——检查滑油压力在 30～60 s 内增加到 OIL PRES 的绿区（OIL PRES 显示在发动机指示区）。

（18）主蓄电池、备用蓄电池负载电流——检查电流值为正（充电）。

（19）低电压指示（LOW VOLTS 显示在备用蓄电池指示框）——检查未显示。

（20）航行灯电门（NAV 电门位于电气设备开关面板 LIGHTS 区域）——按需打开。

（21）电子设备开关（BUS1、BUS2）——打开。

GL13　航前准备（一）：计算飞机转场时的平飞速度

【课程内容要点】

1. 飞机平飞时的作用力及相互关系。
2. 掌握飞机最小平飞速度的概念与计算方法。
3. 掌握不同空速的定义及应用场合。
4. 学习不同高度所对应的空气密度的查询方法。

Part1　课程导入

在前面的内容中，我们已经介绍了飞机的基本结构和空气动力学的简单知识，下面让我们来回答以下几个问题，请将答案写在空白处。

1. 飞机在空中沿哪几个轴运动？沿这些轴的运动分别叫什么？

2. 控制这些运动的舵面分别是什么？飞行员是怎样控制这些舵面的？

Part2　探索新知

C172R 型飞机从绵阳转场至广汉，根据管制要求，需要在 272 空域（见图 3.2.1）2 000 ft 高度，以最小平飞速度运行，请根据相关参数算出其平飞速度。

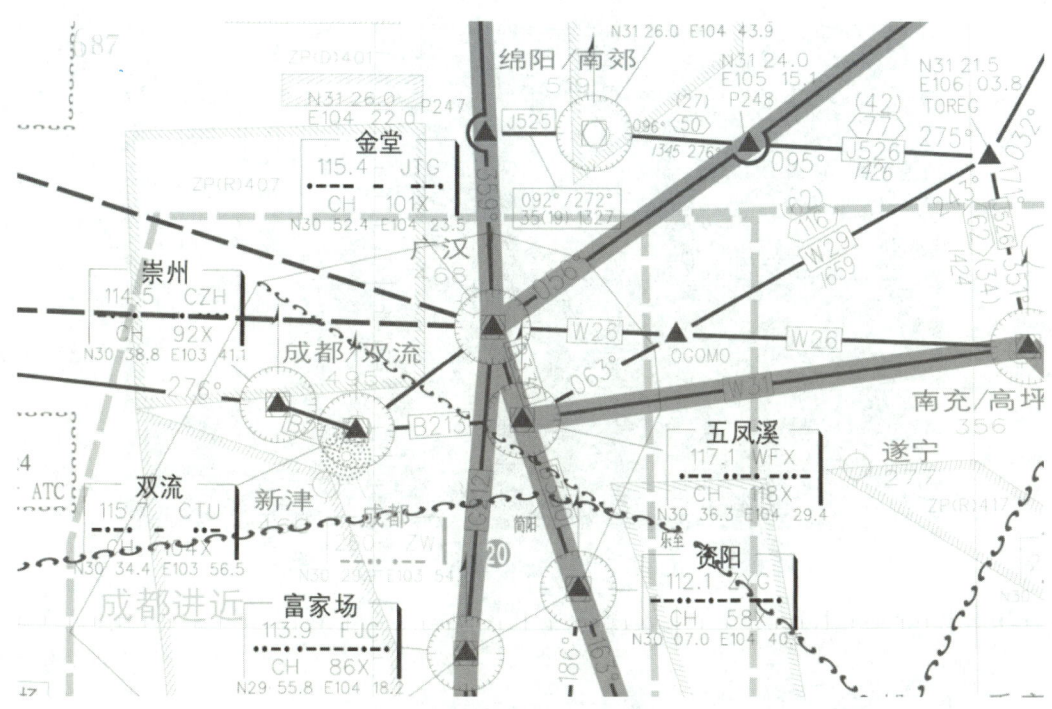

图 3.2.1　某空域航图

【小知识】

广汉机场，位于四川省广汉市，是中国民航飞行学院广汉分院训练专用机场，也是世界上规模最大，等级最高的训练专用机场。ICAO 代码为 ZUGH。广汉机场始建于抗日战争后期，由当时的国民政府征召四川百姓修筑完成。由于缺乏铺筑跑道道面的大型工程机械，广大百姓不等不靠，发挥愚公移山精神，不怕苦不怕累，用人力拖动花岗石凿出的巨大石碾碾平场地（见图 3.2.2），凭着自己的血肉之躯在短时间内建成了一座可供大型轰炸机起降的远东最大机场，为夺取抗日战争的最终胜利做出了巨大贡献，后世称之为"石碾精神"。

2015 年 9 月 2 日上午，中国民航飞行学院隆重举行纪念中国人民抗日战争暨世界反法西斯胜利 70 周年暨石碾广场揭幕仪式，并将国家一级文物——当年使用的石碾捐赠给中国人民抗日战争纪念馆。石碾中所凝聚的中华民族不畏强敌、不怕牺牲的精神必将永远激励中国人民奋勇前行。

石碾铸魂，丰碑永存！

图 3.2.2 中国人民用石碾铺筑四川广汉机场跑道

小作业：谈谈你对石碾精神的理解。

一、平飞的概念

固定翼航空器做等高、等速的直线飞行叫作平飞，平飞是固定翼无人机一种主要的飞行状态。平飞的判断除了基本的目视观察，还要参考各个飞行仪表的指示和参数。

请思考：如何通过飞行仪表判断飞机是否处于平飞状态？

飞机平飞时，满足等高、等速两个条件。要判断飞机是否处于平飞状态，首先要观察垂直速度表的指针有没有指在零刻度位，如果指针上偏或下偏，说明飞机的气压高度正在发生变化。与此同时，还要观察空速表，确保指示空速不变，如果指示空速在不断变化，就需要不断地操纵升降舵或调节俯仰配平，才能保持高度不变。图 3.2.3 所示为飞机平飞时的仪表指示。

图 3.2.3　飞机平飞时的仪表指示

二、平飞的作用力

如图 3.2.4 所示,无人机平飞时,会受到 4 个力的作用,即升力 L、重力 W、拉力 P、阻力 D。由于平飞时各作用力对重心的合力矩为零,可看作升力、重力、拉力、阻力都通过重心。如果要保持等速平飞,须满足平飞运动方程

$$\begin{cases} L = W \\ P = D \end{cases} \tag{3.2.1}$$

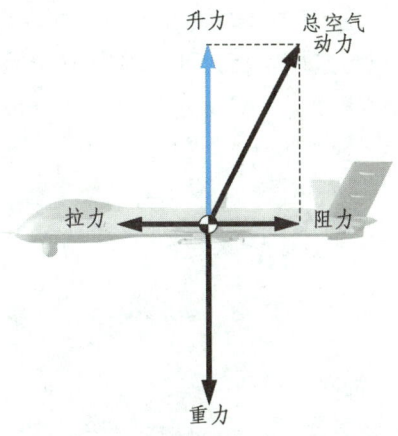

图 3.2.4 无人机平飞时的受力

根据平飞运动方程,当升力等于重力时,无人机的高度不变。如果升力大于重力,飞行轨迹会向上弯曲,如果升力小于重力,飞行轨迹会向下弯曲。在无人机飞行形态不发生改变的情况下,升力的变化通常是迎角或空速发生变化导致的,所以在等速平飞时,飞行姿态和发动机转速要保持稳定。拉力等于阻力是飞行速度保持不变的前提,如果拉力大于阻力,飞行速度会增加,升力会增大,飞行轨迹会向上弯曲;如果拉力小于阻力,飞行速度会降低,升力会减小,飞行轨迹会向下弯曲。

三、平飞所需速度

无人机在某一质量、形态、迎角、飞行高度下维持平飞所对应的速度叫平飞所需速度,用 V_{LVL} 表示,其表达式为

$$V_{\mathrm{LVL}} = \sqrt{\frac{2W}{C_{\mathrm{L}} \rho S}} \tag{3.2.2}$$

【一句话问答】

(1)影响平飞所需速度的主要因素是什么?

根据平飞所需速度表达式,在给定高度下,无人机的质量和升力系数 C_{L} 是影响平飞所需速度的主要因素。无人机质量越大,平飞所需速度越大;升力系数越大,平飞所需速度越小。其中升力系数与无人机的形态和迎角大小有关,在给定形态下,如果不超过临界失速迎角,那么迎角越大,升力系数就越大。在正常的飞行速度范围内,

不同的速度对应着不同的平飞所需迎角,通常速度越小,平飞所需迎角越大,如图 3.2.5 所示。

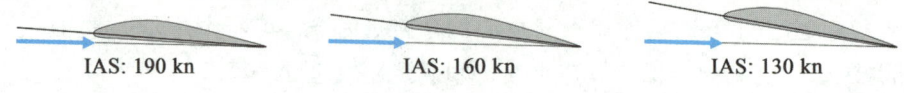

图 3.2.5　不同速度对应的不同飞机迎角

（2）飞行高度与平飞所需速度的关系是什么？

根据平飞所需速度表达式，空气密度越小，平飞所需速度越大。由于空气密度的大小会随着海拔高度的上升而减小，因此平飞所需速度会随着海拔高度的上升而增大。

GL14　航前准备（二）：任务规划——长距离巡航

🚁 【课程内容要点】

1. 久航高度与长航高度的定义。
2. 巡航的概念。
3. 质量、高度、风向对于航程的影响。

探索新知
请分析，在远程奔袭作战中，怎样通过任务规划使装备发挥其最大航程？
（1）观察并说出巡航时飞机的仪表如何显示？状态是怎样的？

（2）飞机的巡航性能主要关注什么？

想一想：高空长航时无人机通常采用怎样的气动布局？

一、巡航的相关概念

巡航性能主要与无人机的航程和航时有关。航程是指无人机耗尽其可用燃油沿预定方向所飞过的水平距离。航时是指无人机耗尽其可用燃油在空中所能持续飞行的时间。

二、远航速度

能够获得最长平飞航程的速度叫作远航速度。平飞航程与海里耗油量有关，海里耗油量越少则平飞航程越远。如果不考虑速度对燃油消耗率和螺旋桨效率的影响，远航速度等于平飞最小阻力速度 V_{MD}。平飞最小阻力速度 V_{MD} 是无人机在有利迎角（即最大升阻比迎角）下对应的平飞所需速度，平飞时无人机保持该速度飞行产生的阻力 D_{LVL} 最小，由于平飞时无人机的拉力 P_{LVL} 与阻力 D_{LVL} 满足关系 $P_{LVL}=D_{LVL}$，因此阻力最小时，所需的拉力最小，做同样的功经过的距离最远。如图 3.3.1 所示，速度低于 V_{MD} 时，无人机受到的阻力以诱导阻力 D_i 为主，速度越小，平飞所需迎角越大，诱导阻力越大；速度高于 V_{MD} 时，无人机受到的阻力以零升阻力 D_0 为主，速度越大，空气动压越大，零升阻力越大。

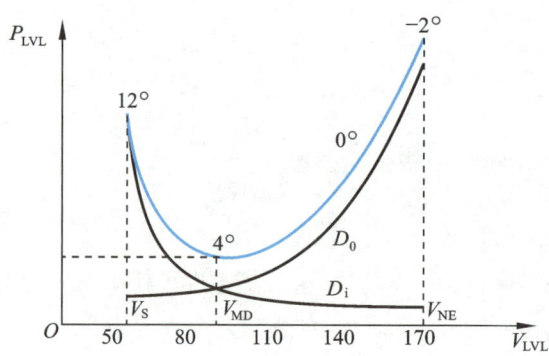

图 3.3.1　平飞所需拉力、零升阻力、诱导阻力随速度变化的规律

三、远航高度

能够获得最远平飞航程的高度叫作远航高度，螺旋桨无人机的远航高度一般在低空获得，喷气式无人机的远航高度一般在高空获得。在给定油量下，无人机的载重越大，航程越短；在给定载重下，无人机的油量越多，航程越长。

一句话问答：风会对无人机的航程造成什么样的影响？

在给定空速下，顺风飞行，地速增大，海里燃油消耗量减小，平飞航程增长；逆风飞行则相反。

四、平飞航时

想一想：获得最长平飞航时的方法是什么？

平飞航时与小时耗油量有关，小时耗油量越小，平飞航时就越长。能够获得最长平飞航时的平飞速度叫作久航速度，如果不考虑速度对燃油消耗率和螺旋桨效率的影响，久航速度等于平飞最小功率速度 V_{MP}。

在零升迎角和最大升力系数迎角（即临界失速迎角）之间，每一个迎角都有一个对应的平飞所需速度。迎角越小，平飞所需速度越大，但最大不能超过无人机的最大限速 V_{NE}；迎角越大，平飞所需速度越小，无人机在最大升力系数迎角下对应的平飞所需速度最小（为失速速度 V_S）。无人机以不同的速度平飞会受到不同的阻力，克服这个阻力所需的拉力就是平飞所需拉力 P_{LVL}。

根据功率的定义，平飞所需功率 N_{LVL} 的大小就是平飞所需拉力 P_{LVL} 与平飞所需速度 V_{LVL} 的乘积，即

$$N_{LVL} = P_{LVL} \cdot V_{LVL} \tag{3.3.1}$$

如图 3.3.2 所示，平飞所需功率从失速速度 V_S 到最大限速 V_{NE} 的变化通常为先减小后增大，平飞所需功率最小时对应的速度为平飞最小功率速度 V_{MP}，飞机以这个速度飞行燃油消耗得最慢，可获得较长的航时，这个速度一般通过试飞获得。

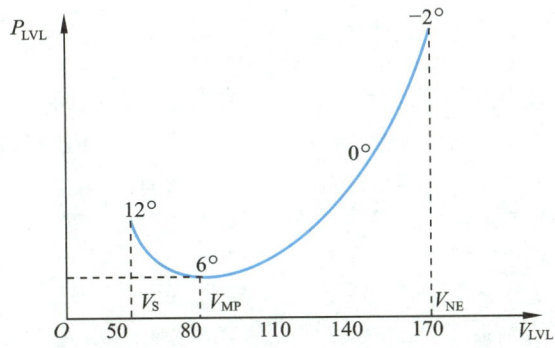

图 3.3.2　平飞所需功率随速度变化的规律

平飞所需拉力的大小为平飞所需功率和平飞所需速度的比值。平飞所需拉力最小时，其大小可以用平飞所需功率曲线过点 O 的切线 Oa 的斜率表示，切点 a 对应的速度刚好是平飞最小阻力速度 V_{MD}，如图 3.3.3 所示。

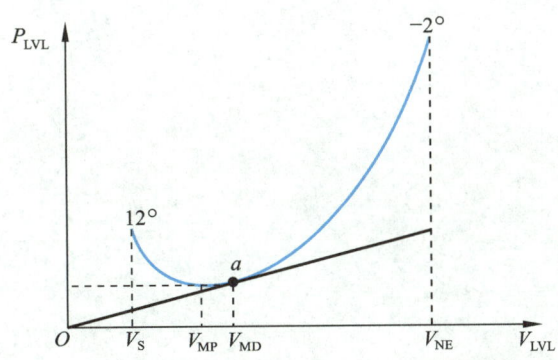

图 3.3.3　平飞所需最小拉力

如图 3.3.4 所示，平飞最小功率速度 V_{MP} 小于平飞最小阻力速度 V_{MD}。V_{MP} 与平飞所需功率曲线上的点 b 对应，过点 b 作直线 Ob，其斜率的大小为无人机保持速度 V_{MP} 平飞时所需的拉力。直线 Ob 的斜率要大于切线 Oa 的斜率，因此无人机的平飞所需拉力从速度 V_{MP} 到速度 V_{MD} 是不断减小的，尽管在这个过程中平飞所需功率会不断增大。

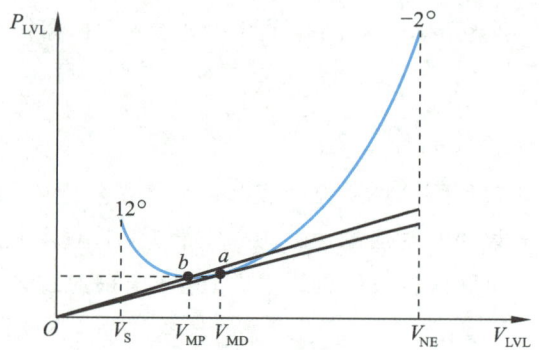

图 3.3.4 平飞最小功率拉力与平飞最小拉力

综上所述,当无人机的速度小于 V_{MP} 时,速度越小,所需功率越大。当无人机的速度从 V_{MP} 增加到 V_{MD} 时,虽然所需功率会增大,但是阻力会继续减小。当无人机的速度大于 V_{MD} 时,速度越大,所需功率越大,阻力也越大。

五、久航高度

能够获得最长平飞航时的飞行高度称为久航高度,螺旋桨无人机的久航高度一般在低空获得,喷气式无人机的久航高度一般在高空获得。在给定油量下,无人机的载重越大,航时越短;在给定载重下,无人机的油量越多,航时越长。

GL15　航前准备（三）：计算某机场起降时飞机升降梯度

【课程内容要点】

1. 飞机上升时的作用力。
2. 上升运动方程。
3. 上升梯度的计算方法。

Part1　温习旧知

请写出无人机平飞时的作用力及所需速度的表达式。

Part2　探索新知

一、上升的概念

无人机沿倾斜向上的轨迹飞行叫作上升，上升是无人机获得高度的基本方法。

想一想：飞机做等速直线上升时，仪表指示是什么样的？

如图 3.4.1 所示，飞机做等速直线上升时，各仪表的指示为：

（1）垂直速度表的指针会稳定地指在零刻度上方的某一位置。
（2）气压高度表上的各个指针都会顺时针旋转，单位越小的指针，旋转得越快。
（3）姿态指示器上的小飞机会指在一个正的俯仰角且无倾斜。
（4）转弯侧滑仪会显示飞机转弯率为零且无侧滑。
（5）空速表指针所指的数值稳定不变。
（6）航向指示器的刻度盘无旋转。

综上，要判断飞机是否处在等速直线上升状态，须确定：

（1）飞机做等速直线飞行。
（2）飞行轨迹倾斜向上。
（3）飞机不带坡度和侧滑。

图 3.4.1 飞机做等速直线上升时的仪表指示

二、上升时的作用力

请讨论：无人机上升时受到哪些力的作用？

无人机做等速直线上升时，受到升力 L、重力 W、拉力 P、阻力 D 四个力的作用，由于无人机保持姿态不变，各作用力对重心的合力矩为零，因此可看作这四个力都通过重心。

想一想：无人机做等速直线上升时，哪几组力相互平衡？

如图 3.4.2 所示无人机上升时，拉力（P）须克服阻力（D）与重力在纵轴方向上的分力（W_x）之和，升力（L）须克服重力在立轴方向上的分力（W_y），要保持等速直线上升状态，无人机的运动须满足下列运动方程

$$\begin{cases} L = W_y = W \cdot \cos\theta_{ASC} \\ P = W_x + D = W \cdot \sin\theta_{ASC} + D \end{cases} \quad (3.4.1)$$

根据上述运动方程，无人机做等速直线上升时，拉力比平飞时要大，升力比平飞时要小。

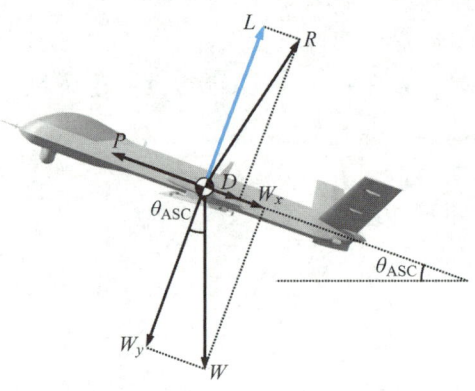

图 3.4.2 无人机上升时的受力分解示意

三、上升所需速度

无人机做等速直线上升的所需速度为

$$V_{ASC} = \sqrt{\frac{2W \cdot \cos\theta_{ASC}}{C_L \rho S}} = V_{LVL}\sqrt{\cos\theta_{ASC}} \quad (3.4.2)$$

注：上升角较小时，V_{ASC} 与 V_{LVL} 近似相等，可用平飞拉力曲线分析上升性能。

四、上升性能

描述上升性能的主要参数有上升梯度、上升角、上升率、升限、陡升速度、快升速度，它们的相关概念如下。

上升梯度：无人机上升的高度与前进的水平距离之比，即 $\tan\theta_{ASC}$ 的大小。

上升角：无人机上升轨迹与水平面的夹角，用 θ_{ASC} 表示，如图3.4.2所示。

根据图3.4.2，可得

$$\sin\theta_{ASC} = \frac{W_x}{W} = \frac{P-D}{W} = \frac{\Delta P}{W} \quad (3.4.3)$$

式中，ΔP 为剩余拉力。在给定重量下，剩余拉力越大，上升角越大；在给定剩余拉力下，无人机质量越轻，上升角越大。

在坐标系内同时画出平飞所需拉力曲线和可用拉力曲线，可以表示出无人机以不同速度平飞时的最大剩余拉力，如图3.4.3所示。

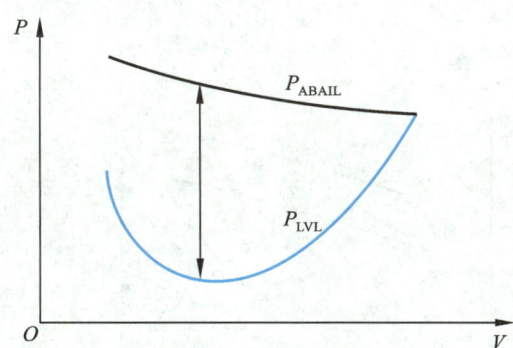

图3.4.3 无人机以不同速度平飞时的最大剩余拉力

给定质量、形态、迎角，高度越大，空气密度越小，保持平飞所需的真空速越大，但所需的指示空速是不随高度发生改变的，这是因为无人机保持平飞所需的空气动力不随高度发生变化，而指示空速反映的就是空气动力（动压）的大小。综上所述，无人机的平飞所需拉力曲线并不会随高度发生变化，但是高度上升时，空气密度减小会导致可用拉力减小，造成可用拉力曲线下移，因此最大剩余拉力会随着高度的上升而减小。剩余拉力减小时，最大上升角会减小，最大上升梯度也会减小。

上升率：无人机在单位时间内上升的高度，用 $V_{y\text{ASC}}$ 表示，单位为英尺/分钟（ft/min）或米/秒（m/s）。结合图 3.4.2，可得无人机的上升率为

$$V_{y\text{ASC}} = V_{\text{ASC}} \cdot \sin\theta_{\text{ASC}} = V_{\text{ASC}} \cdot \frac{\Delta P}{W} = \frac{\Delta N}{W} \quad (3.4.4)$$

式中，ΔN 为剩余功率。

根据上式，无人机质量一定时，剩余功率越大，上升率越大；如果给定剩余功率，无人机质量越轻，上升率越大。

在坐标系内同时画出平飞所需功率曲线和可用功率曲线，可以表示出无人机以不同速度平飞时的最大剩余功率，如图 3.4.4 所示。

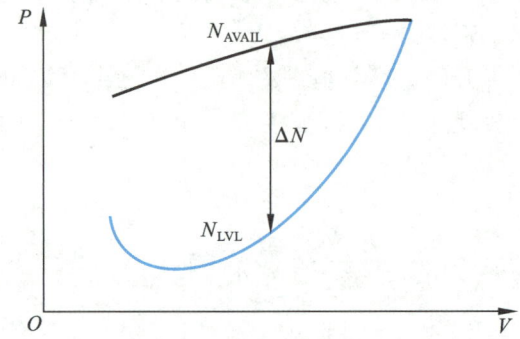

图 3.4.4　无人机以不同速度平飞时的最大剩余功率

给定质量、形态、迎角，由于高度上升时保持平飞所需的真空速会增大，使得平飞所需功率增大，因此平飞所需功率曲线会随着高度的上升而上移。随着高度的上升，可用功率会减小，可用功率曲线会下移。综上所述，无人机高度上升时，最大剩余功率会减小，导致最大上升率减小，如图 3.4.5 所示。

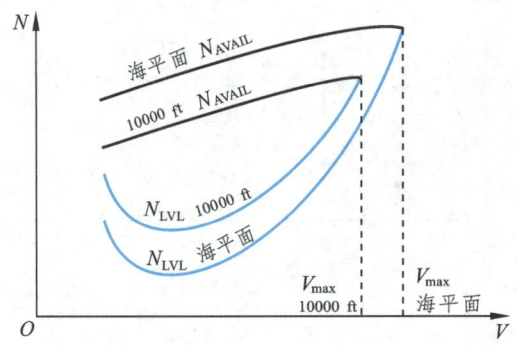

图 3.4.5　不同高度下的平飞所需功率曲线和可用功率曲线

理论升限：无人机获得上升角的条件是存在剩余拉力。当高度上升至可用拉力曲线与平飞所需拉力曲线相切时，最大剩余拉力为零，无人机的动力最多只能维持平飞，如果高度继续上升，无人机将无法维持平飞状态。这个最大剩余拉力为零的高度就是无人机的理论升限，如图 3.4.6 所示。

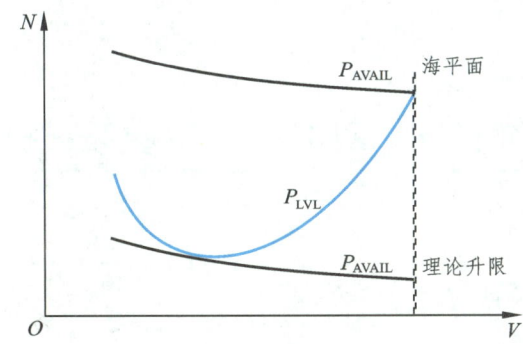

图 3.4.6　不同高度下的平飞所需拉力曲线和可用拉力曲线

如果增大无人机的重量，则需要更大的空气动力才能产生足够的升力保持平飞，因此重量增大时，平飞所需拉力曲线会上移，理论升限会降低。

陡升速度 V_X：陡升速度 V_X 是能够使无人机获得最大上升角的速度，所以陡升速度也叫最大爬升角速度，这个速度一般通过试飞获得。当剩余拉力达到最大时，无人机的上升角最大。要操纵无人机获得最大的上升角，应将油门推到最大，然后控制无人机的俯仰姿态将爬升速度保持在 V_X，这个速度通常可以在机型操作手册中查询到。

快升速度 V_Y：快升速度 V_Y 是能够使无人机获得最大上升率的速度，所以快升速度也叫最大爬升率速度，这个速度一般通过试飞获得。当剩余功率 ΔN 达到最大时，无人机的上升率最大。要操纵无人机获得最大上升率，应将油门推到最大，然后控制无人机的俯仰姿态将爬升速度保持在 V_Y，这个速度通常可以在机型操作手册中查询到。

GL16　航前准备（四）：计算参数选择备降机场

🛩【课程内容要点】

1. 下降时的作用力。
2. 下降运动方程。
3. 计算下降性能参数。

Part1　探索新知

一、下降的概念

无人机沿倾斜向下的轨迹飞行叫作下降，下降是无人机降低高度的基本方法。

想一想：飞机做等速直线下降时，仪表指示是什么样的？

如图 3.5.1 所示，飞机做等速直线下降时，各仪表的指示为：

（1）垂直速度表的指针会稳定地指向零刻度下方的某一位置。

（2）气压高度表上的各个指针都会逆时针旋转，单位越小的指针，旋转得越快。

（3）姿态指示器上的小飞机无倾斜，但是飞机下降时，俯仰角不一定为负，当飞机的迎角较大时，俯仰角可能大于等于零。

（4）转弯侧滑仪会显示飞机转弯率为零且无侧滑。

（5）空速表指针所指的数值稳定不变。

（6）航向指示器的刻度盘无旋转。

图 3.5.1　飞机做等速直线下降时的仪表指示

综上,要判断飞机是否处在等速直线下降状态,须确定:
(1)飞机在做等速直线飞行。
(2)飞行轨迹倾斜向下。
(3)飞机不带坡度和侧滑。

二、下降时的作用力

请讨论:无人机做等速直线下降时,会受到哪些力的作用?

无人机做等速直线下降时,会受到升力 L、重力 W、拉力 P、阻力 D 四个力的作用,由于无人机保持姿态不变,各作用力对重心的合力矩为零,因此可看作这四个力都通过重心。

想一想:根据拉力大小,可将下降分为几种类型?

根据拉力大小,可将下降分为零拉力下降、正拉力下降、负拉力下降三种类型。

(一)零拉力下降

如图 3.5.2 所示,无人机以零拉力做等速直线下降时,阻力(D)由重力(W)在纵轴方向上的分力(W_x)来平衡,重力在立轴方向上的分力(W_y)由升力(L)来平衡,无人机的运动满足下列运动方程

$$\begin{cases} L = W_y = W \cdot \cos\theta_{\text{DES}} \\ D = W_x + D = W \cdot \sin\theta_{\text{DES}} \end{cases} \quad (3.5.1)$$

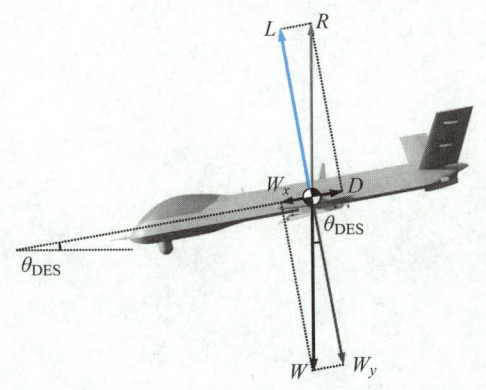

图 3.5.2 无人机以零拉力下降时的受力分解示意

(二)正拉力下降

如图 3.5.3 所示,下降角较小时,重力在纵轴方向上的分力(W_x)不足以克服阻力(D),因此无人机需要带有一定的正拉力才能保持等速直线下降状态。无人机带正拉力做等速直线下降时,阻力(D)由重力在纵轴方向上的分力(W_x)与拉力(P)的合力来平衡,重力在立轴方向上的分力(W_y)由升力(L)来平衡,无人机的运动满足下列运动方程

$$\begin{cases} L = W_y = W \cdot \cos\theta_{DES} \\ D = W_x + P = W \cdot \sin\theta_{DES} + P \end{cases} \quad (3.5.2)$$

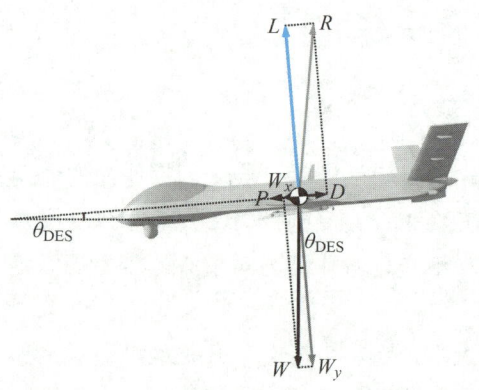

图 3.5.3　无人机带正拉力下降时的受力分解示意

（三）负拉力下降

如果要使无人机以更大的下降角下降，需要让螺旋桨反桨产生负拉力，因为下降角较大时，重力在纵轴方向上的分力（W_x）可能会大于阻力（D），带负拉力下降可以防止速度增加。如图 3.5.4 所示，无人机带负拉力做等速直线下降时，重力在纵轴方向上的分力（W_x）由阻力（D）与负拉力（P）的合力来平衡，重力在立轴方向上的分力（W_y）由升力（L）来平衡，无人机的运动满足下列运动方程

$$\begin{cases} L = W_y = W \cdot \cos\theta_{DES} \\ D + P = W_x = W \cdot \sin\theta_{DES} \end{cases} \quad (3.5.3)$$

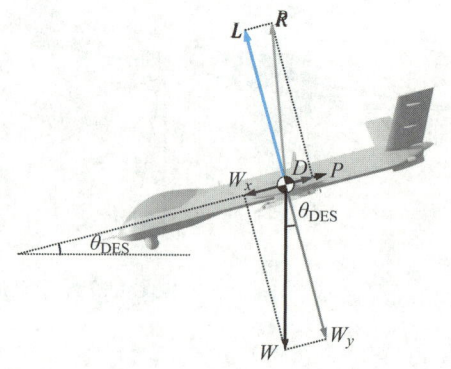

图 3.5.4　无人机带负拉力下降时的受力分解示意

不管是哪种下降类型，要保持直线下降都要满足

$$L = W_y = W \cdot \cos\theta_{DES} \quad (3.5.4)$$

因此，保持直线下降所需的速度 V_{DES} 为

$$V_{\text{DES}} = \sqrt{\frac{2W \cdot \cos\theta_{\text{DES}}}{C_L \rho S}} = V_{\text{LVL}} \sqrt{\cos\theta_{\text{DES}}} \tag{3.5.5}$$

三、下降性能

表征无人机下降性能的主要参数有下降角、下降距离、下降率。

（1）下降角：无人机下降轨迹与水平面的夹角，用 θ_{DES} 表示。

（2）下降距离：无人机从一个高度下降到另一个高度所经过的水平距离，用 l_{DES} 表示。结合下降距离与下降高度，可得出高距比和滑翔比。

高距比是无人机下降的高度 ΔH 与下降距离 l_{DES} 的比值，即 $\tan\theta_{\text{DES}}$ 的大小，表达式为

$$\tan\theta_{\text{DES}} = \frac{\Delta H}{l_{\text{DES}}} \tag{3.5.6}$$

（3）滑翔比是一个重要的下降性能参数，它直接反映了无人机在无动力状态下的飞行性能，其大小为下降距离 l_{DES} 与下降高度 ΔH 的比值，即 $\cot\theta_{\text{DES}}$ 的大小，表达式为

$$\cot\theta_{\text{DES}} = \frac{l_{\text{DES}}}{\Delta H} \tag{3.5.7}$$

结合图 3.5.2，无人机在无风条件下以零拉力下降时，滑翔比的大小刚好等于升阻比，即

$$\cot\theta_{\text{DES}} = \frac{W_y}{W_x} = \frac{L}{D} = K \tag{3.5.8}$$

因此，在无动力状态下，升阻比越大，下降距离越远。飞行手册会给出最佳滑翔速度，无动力下滑时，只要通过俯仰控制将无人机保持在这个速度，就可以使无人机处于有利迎角附近，以获得较高的升阻比。

（4）下降率：无人机在单位时间内下降的高度，用 $V_{y\text{DES}}$ 表示，单位为英尺/分钟（ft/min）或米/秒（m/s）。结合图 3.5.2～图 3.5.4，可得无人机的下降率为

$$V_{y\text{DES}} = V_{\text{DES}} \cdot \sin\theta_{\text{DES}} \tag{3.5.9}$$

【例】已知无人机的空速为 50 kn，高度为 1 500 ft，距离为 20 nmil，求确保安全着陆的下降率。

（1）查一查，公/英制单位的转换。

    1 kn=1.852 km/h

    1 ft=0.305 m

    1 nm=1.852 km

（2）画一画，下滑道与高度和距离的关系，如图 3.5.5 所示。

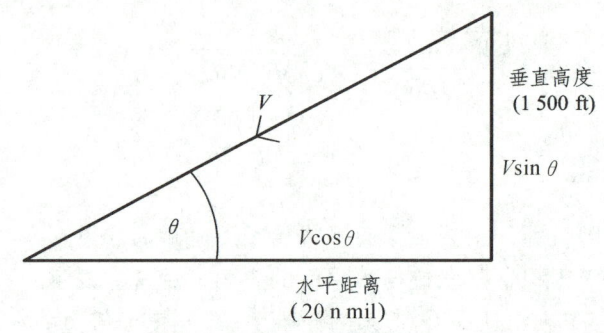

图 3.5.5　高距比示意

（3）算一算，下降率的数值是多少。

Part2　课后任务

预习：影响下降性能的主要因素有哪些？

由于地速（GS）是真空速（TAS）与风速（WS）之和，因此水平气流会改变无人机的下降角和下降距离。无人机遇到顺风时，下降角会减小，下降距离会增大；遇到逆风时，下降角会增大，下降距离会减小。垂直气流则会改变无人机的下降率，从而改变无人机的下降角和下降距离。如果无人机遇到上升气流，下降率会减小，这会导致下降角减小，下降距离增大；如果遇到下降气流，无人机的下降率会增大，这会导致下降角增大，下降距离减小。襟翼的位置也会影响无人机的下降性能，通常襟翼的角度越大，升阻比越小，在给定功率下要保持等速下滑的下降角越大，下降距离越小。

GL17　航前准备（五）：计算切换飞行高度层所需参数

🛸【课程内容要点】

1. 上升速率的影响因素。
2. 陡升速度与快升速度的定义与区别。

Part1　温习旧知

下降作用力及下降性能的关系如图 3.6.1 所示。

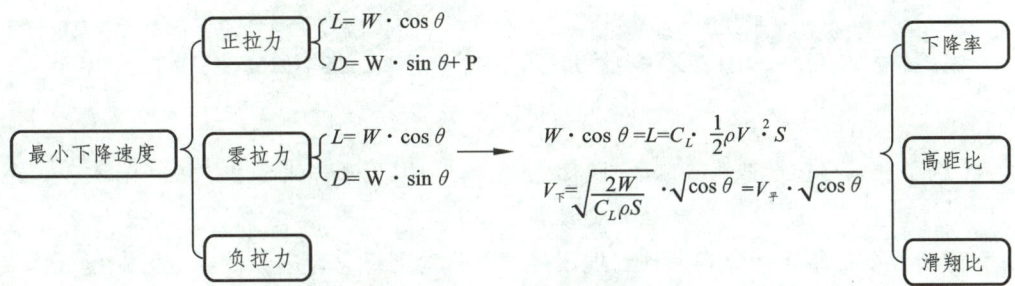

图 3.6.1　下降作用力及下降性能的关系

Part2　探索新知

如图 3.6.2 所示，为避免空中交会，请改变飞行高度层，试确定并计算其上升速度。

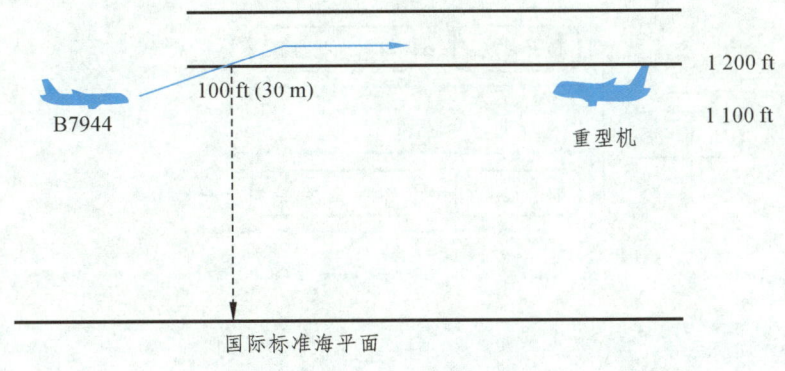

图 3.6.2　航线交会示意

【场景】

塔台：B7944，前方有重型机，航线交叉点位于前方 25 nm 处，请提前 5 nm 上升到 1 200 保持。

B7944：前方有重型机，航线交叉点前方 25 nm，提前 5 nm 上升到 1 200 保持，谢谢。

请分析此时 B7944 应该选择陡升速度还是快升速度？并计算其速度。

陡升速度和快升速度的比较，如图 3.6.3 所示。

想一想：要完成任务，我们需要使用哪个性能参数？

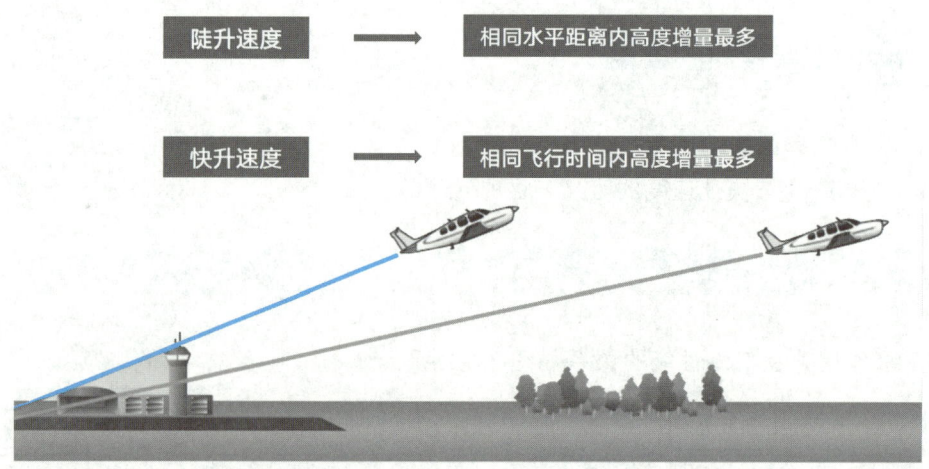

图 3.6.3　飞机陡升与快升示意

【例】已知当前地速为 50 kn，距离为 20 nm，需要爬升的高度是 100 ft。

（1）动脑想一想，应该选择哪个参数。

分析：要在指定距离内上升到规定高度层，对照概念，应该使用陡升速度。

（2）用心算一算，陡升速度是多少。

Part3　总结讲评

上升速度与上升性能的关系如图 3.6.4 所示。

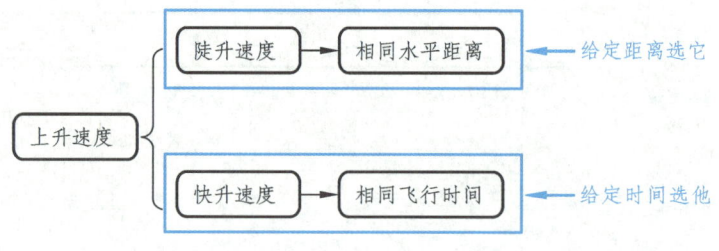

图 3.6.4　上升速度与上升性能的关系

Part4　课后任务

预习：飞机上升和下降的操纵方法和注意事项。

查阅手册并在教学平台上完成下列问题：

1. 塞斯纳 172 和 TB200 型飞机的爬升率。
2. 塞斯纳 172 和 TB200 型飞机的起飞、着陆滑跑距离。

FL1　空域飞行动作（一）：操纵无人机上升

【课程内容要点】

1. 飞机上升时的两个速度范围。
2. 平飞转上升时的原理及操纵方法。
3. 上升转平飞时的原理及操纵方法。

Part1　温习旧知

上升速度与上升性能的关系如图 3.6.4 所示。

Part2　探索新知

使用虚拟仿真软件，选定绵阳 272 空域，进行空域飞行动作操纵飞机上升。

一、无人机上升的操纵原理

想一想：无人机上升时，速度范围如何划分？划分依据是什么？

如图 3.7.1 所示，以螺旋桨无人机为例，根据带杆后无人机上升角的变化特点，可以以陡升速度 V_X 为界（或是以 ΔP_{max} 对应的速度为界），将上升速度划分成两个范围。

第一范围：速度大于 V_X，带杆使无人机姿态变高，速度减小，上升角增加。

第二范围：速度小于 V_X，带杆使无人机姿态变高，速度减小，但上升角却减小。这种情况显然不符合正常的操纵习惯，因此带杆上升时，应特别注意指示空速是否小于 V_X。

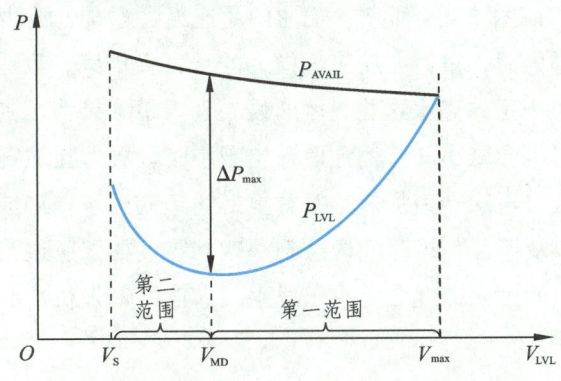

图 3.7.1　飞机上升的第一、第二速度范围

二、无人机由平飞转上升的操纵

如果要使无人机由平飞转入上升,应前推油门使发动机达到预定转速,然后柔和带杆,使无人机逐渐转入上升。待无人机接近预定的上升角时,适当顶杆使无人机稳定在预定的上升角,无人机上升速度的大小主要取决于油门位置和迎角大小。无人机由平飞转入上升时,俯仰特性也会发生变化,因此在加油带杆的同时,应相应地调节俯仰配平,这样便可以在无人机稳定上升时松杆飞行。

想一想:如果只带杆上升,或者只加油门上升,速度的变化趋势是怎样的?

只带杆上升:如图 3.7.2 所示,带杆后迎角会增大,升力会增大,无人机会转入上升。迎角增大时,阻力也会增大,而且上升角形成后,重力在航迹方向上的分力是向后的,这会使无人机在上升过程中逐渐减速。综上所述,只带杆上升,无人机的速度会减小。速度减小时,零升阻力会减小,当阻力与拉力重新取得平衡后,速度不再改变。姿态稳定后,无人机的上升速度比原平飞速度要小,无人机最终稳定时的上升角取决于带杆量的大小。

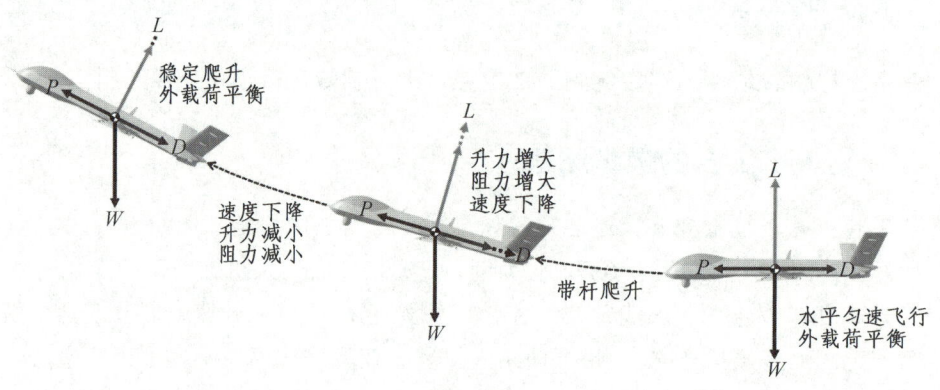

图 3.7.2 只带杆时飞机爬升受力变化示意

只加油门上升:如图 3.7.3 所示,加油门后速度会增加,升力会增大,无人机会转入上升。上升角增大时,重力在航迹方向上的分力会增大,且速度增大时,零升阻力也会增大,当拉力不足以克服这些力的时候,无人机会转为减速。速度减小时,升力会减小,零升阻力也会减小。当上升角开始减小时,重力在航迹方向上的分力也会减小。随后,无人机会再次转为加速,并重复上述运动过程,形成长周期模态,如果不加以干预,无人机就不能在短时间内达到稳定状态。如果通过俯仰控制使无人机快速稳定下来,无人机的上升速度会略小于原平飞速度,无人机最终稳定后的上升角取决于油门增量的大小。

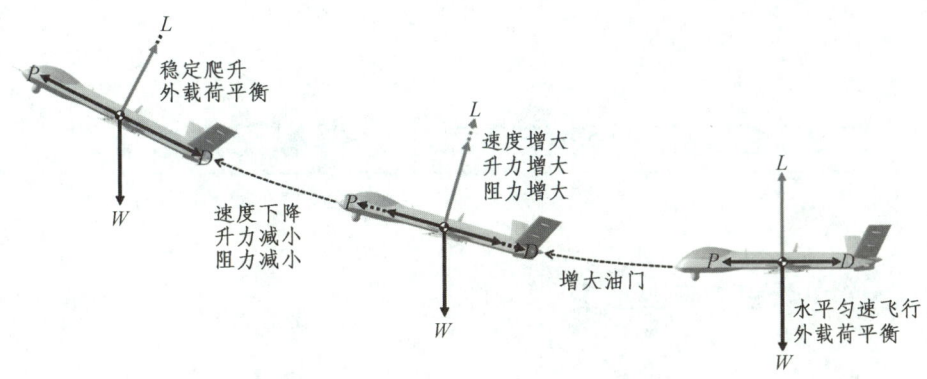

图 3.7.3 只加油门时飞机爬升受力变化示意

想一想：如果要让无人机由上升转为平飞，应如何操纵？对于由超音速战机改装而来的无人机或靶机（如 QF-16），由高速上升转为平飞的操纵方法是什么？

如果要让无人机由上升转为平飞，应柔和顶杆减小迎角，从而使升力减小。升力减小时，上升角会减小，无人机会逐渐转入平飞。顶杆时还要适当地收油，因为迎角减小时，阻力会减小，而且上升角减小时，重力在航迹方向上的分力会减小，如果不减小油门，速度就会增大。当无人机的上升角接近于零时，适当带杆保持平飞。

对于高速爬升的超音速无人机，为避免较大的负过载，由上升转为平飞时应首先滚转 180°，让无人机"倒扣"过来，再后拉操纵杆减小上升角，当无人机转为水平倒飞状态时，滚转 180°改平。

FL2　空域飞行动作（二）：操纵无人机下降

【课程内容要点】

1. 下降时的两个速度范围。
2. 平飞转下降的原理及操纵方法。
3. 下降转平飞的原理及操纵方法。

Part1　温习旧知

上升转平飞的规律及操纵方法。

上升转平飞，首先应前推杆，升力减小，上升角和上升率不断减小，重力沿航迹方向的分力不断减小，飞机有加速趋势，为保持预定速度，需逐渐收油门。

上升转平飞的操纵方法是，柔和顶杆，同时适当收小油门，使飞机逐渐转入平飞，待上升角（率）接近零时，适当带杆保持平飞。操作中注意修正螺旋桨副作用。

Part2　探索新知

使用虚拟仿真软件，选定绵阳272空域，进行空域飞行动作操纵飞机下降。

想一想：飞机下降时的作用力有哪些。

（1）飞机下降时的仪表指示是怎样的？

（2）下降时飞机的状态是什么样的？分组讨论通过平台提交答案。

（3）分析升力公式，找出使飞机下降的方法。

（4）为什么下降不能简单地推杆到底呢？

一、无人机下降的操纵原理

想一想：无人机下降时，速度范围如何划分？划分依据是什么？

根据带杆后无人机下降角的变化特点，可以以平飞最小阻力速度 V_{MD} 为界，将下降速度划分成两个范围，如图3.8.1所示。

注：无人机正常下降时，下降角通常较小，因此可以将平飞最小阻力速度 V_{MD} 近似地看作下降时保持有利迎角的所需速度。

第一范围：速度大于 V_{MD}，带杆使无人机姿态变高，速度减小，下降角减小。

第二范围：速度小于 V_{MD}，带杆使无人机姿态变高，速度减小，但下降角却增大。这种情况显然不符合正常的操纵习惯，因此在下降过程中应特别注意指示空速是否小于 V_{MD}。

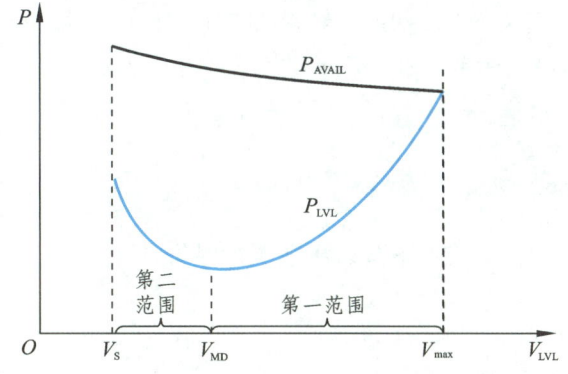

图 3.8.1 飞机下降时的两个速度范围

二、改变无人机下降角、下降速度和下降距离的方法

在下降速度第一范围,后拉操纵杆增大迎角,升力会增大,下降角和下降率会减小,下降距离会增加。迎角增大时,阻力也会增大,下降速度会减小。

在下降速度第一范围,前推油门增大速度,升力会增大,这会使无人机的下降角减小,下降距离增加。

综上所述,下降时可用油门与操纵杆配合改变无人机的下降角、下降速度、下降率,从而改变无人机的下降距离。

三、由平飞转为下降的操纵

如果要使无人机由平飞转为下降,应柔和顶杆减小迎角,同时适当地收油,当无人机接近预定下降角或下降率时,带杆保持稳定下降。下降速度的大小主要取决于油门位置和迎角大小。为了能够在稳定下降时松杆飞行,在顶杆收油的同时,应相应地调节俯仰配平。

想一想:由平飞转下降时,不收油门只顶杆和不动杆只收油门,无人机的飞行状态有何不同?

(1)不收油门只顶杆:顶杆后迎角会减小,升力会减小,无人机会转入下降。下降角形成后,重力在航迹方向上的分力是向前的,这会使无人机速度增加,造成升力增大,如果不进一步顶杆保持,下降角就会减小。如果顶杆保持下降角不变,无人机会继续加速,直至阻力增大到能够使速度保持稳定。综上所述,如果不收油门只顶杆操纵无人机下降,无人机稳定下降时的速度比原平飞速度要大。

(2)不动杆只收油门:收油后速度会减小,升力会减小,无人机会转入下降。下降角形成后,重力在航迹方向上的分力会使无人机加速,造成升力增大,下降角减小。下降角减小时,速度会再次降低,升力会再次减小,随后,无人机会重复上述运动过程,形成长周期模态,如果不加以干预,无人机就不能在短时间内达到稳定状态。如果通过俯仰控制使无人机快速稳定下来,无人机的下降速度会略高于原平飞速度。

想一想:如果要让无人机由下降转为平飞,应如何操纵?

由下降转为平飞的操纵是,前推油门至预定平飞功率,同时柔和带杆,待下降率接近于零时，适当顶杆保持平飞状态，随后调节俯仰配平消除杆力。

想一想，下降转平飞和平飞转下降操纵有什么不同？随后完成平飞转下降和下降转平飞的操纵，总结规律。

Part3　课后任务

巩固：下降（平飞转下降、下降转平飞）操纵方法。

GL18　阶段讲评

【课程内容要点】

1. 复习中阶任务知识，讲评学生提交习得成果。
2. 掌握飞机空中振荡的原理及处置方法。

Part1　案例解析

案例 1　同学 A 下降转平飞时，不慎放出襟翼导致上仰，试分析原因并提出解决方案。

误放缝/襟翼为何会导致飞机抬头？

（1）飞机此时处于平飞状态，迎角小，缝翼打开后（见图3.9.1），升力性能变差，下洗气流增大，抬头力矩增大。

（2）此刻属于中高速巡航，舵面气动效率高，飞机姿态对形态的变化较敏感。

如图3.9.2所示，前缘缝翼位于机翼前缘，在大迎角下打开前缘缝翼，可以延缓上表面的气流分离，从而使最大升力系数和临界迎角增大，减小失速速度，常见于起飞和着陆。

如图3.9.3所示，在中小迎角下打开前缘缝翼，机翼上下表面压力差减小，升力性能变差，下俯力矩减小；另一方面，放襟（襟）翼使下洗气流增大，平尾负升力增大，抬头力矩变大。缝翼不同状态下升力系数变化曲线如图3.9.4所示。

图 3.9.1　前缘缝翼示意

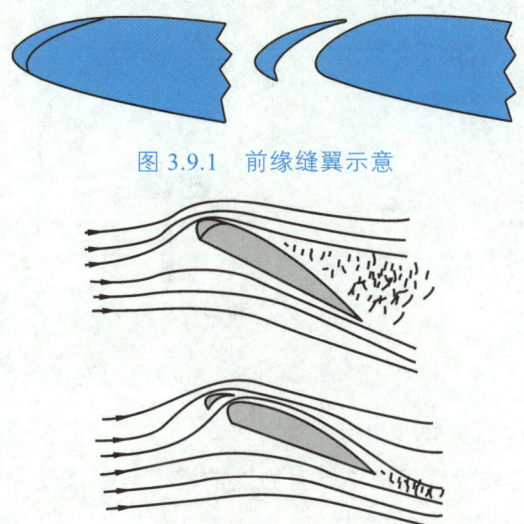

图 3.9.2　前缘缝翼放出缝翼后，机翼表面气流变化示意

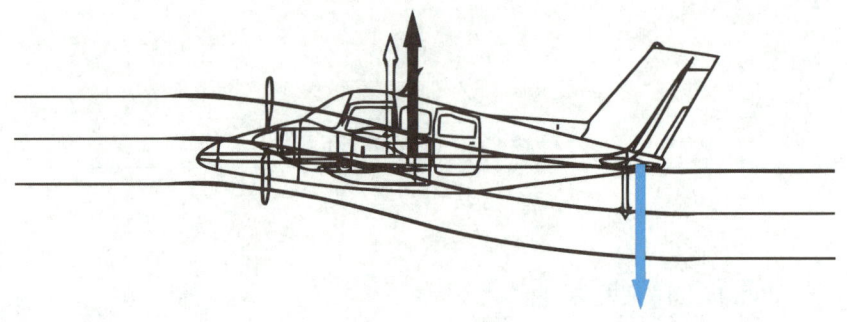

图 3.9.3　放出缝翼后，飞机受力变化示意

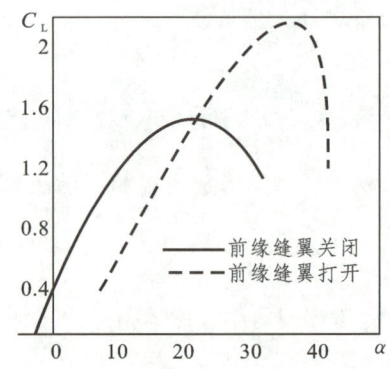

图 3.9.4　缝翼不同状态下升力系数变化曲线

案例 2　同学 B 急于改出上仰状态，收起襟缝翼，向前推杆，却导致飞机剧烈俯仰振荡，试分析找出原因并提出解决方案。

（1）飞行员猛推/拉（顶/稳）杆为何会导致飞机数次剧烈俯仰？

飞行员拉（稳）杆，升降舵上偏，平尾上的向下附加升力会打破原有俯仰平衡，使飞机抬头，如图 3.9.5 所示。同理，飞行员推（顶）杆，升降舵下偏，使飞机低头。

直线飞行中，驾驶盘前后的每一个位置（或升降舵偏角）对应着一个迎角。

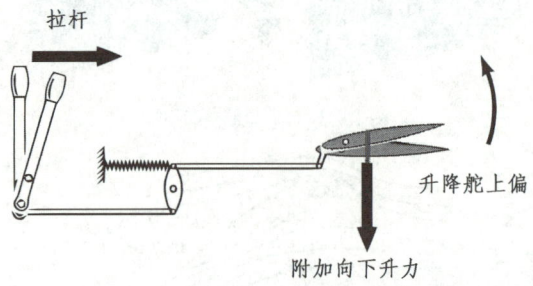

图 3.9.5　飞行员拉杆后升降舵附加升力变化示意

（2）收起缝翼为何会导致飞机进入俯冲？

如图 3.9.6 所示，前缘缝翼放下，升力点前移，焦点靠前，飞机抬头。收起则相反，升力点后移，飞机下俯力矩增大。

前缘缝翼收起来后动力性能变好，加上操作失误，飞机进入大角度俯冲。

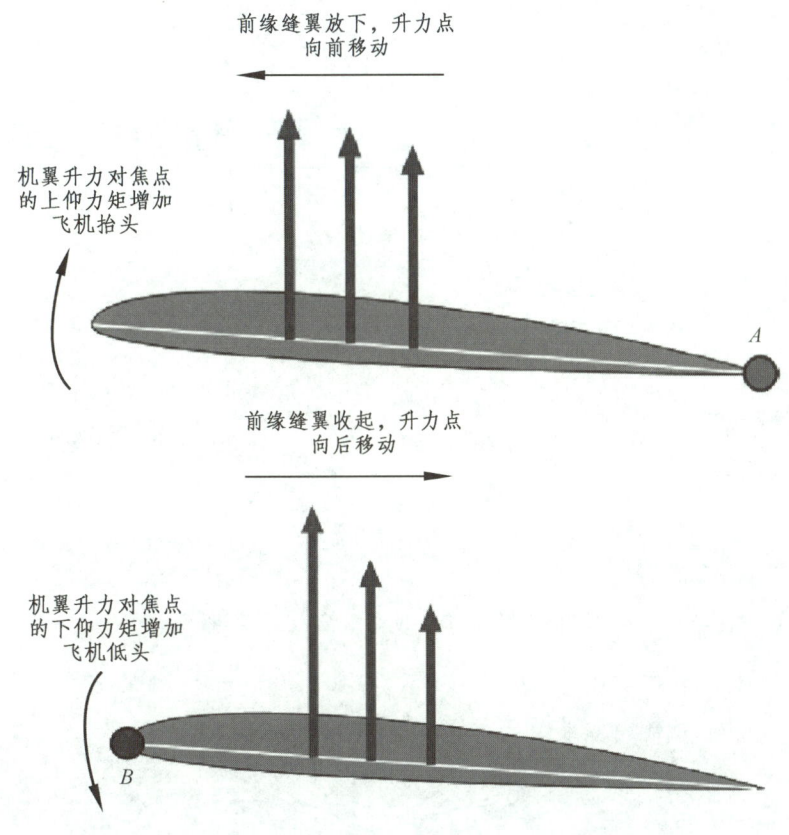

图 3.9.6 前缘襟（缝）翼收放后升力点及飞机力矩的变化

Part2 总结讲评

动作互换后保持平飞的方法。

想一想：怎样概括动作互换后保持平飞的方法？

动作互换后保持平飞的方法可概括为如图 3.9.7 所示的"三定一保一活"。

定
顶/稳杆位置

左右压盘位置

左右蹬舵位置

保
保平飞速度

活
活用油门

图 3.9.7 "三定一保一活"——动作互换后保持平飞的方法

Part3 课后任务

巩固：空域飞行动作（平飞、上升和下降）操纵方法。

GL19　航前准备（六）：计算三度盘旋相关参数

【课程内容要点】

1. 盘旋的作用力。
2. 盘旋性能。
3. 标准速率转弯。

Part1　温习旧知

飞机运动轴向及运动名称如图 3.10.1 所示。

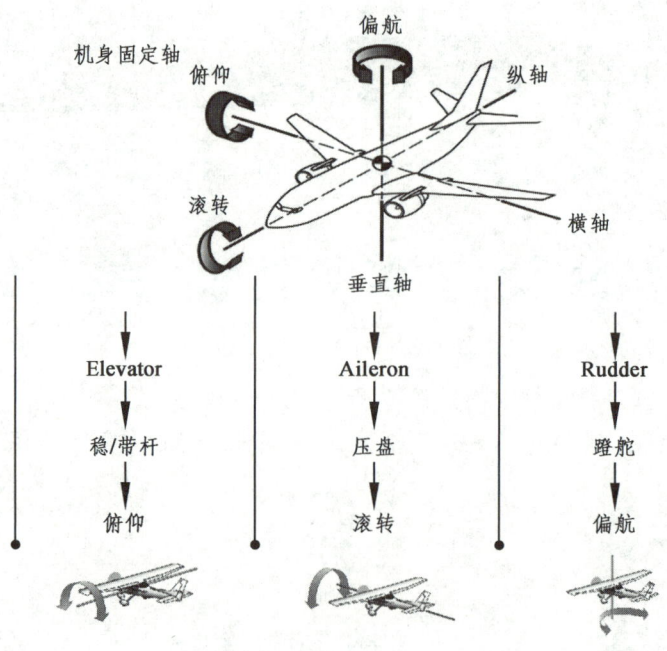

图 3.10.1　飞机运动轴向及运动名称

Part2　探索新知

进近绵阳机场，要求以导航台为圆心，在规定时间内完成标准速率盘旋，请计算其盘旋的角速度和完成盘旋的时间。

想一想：盘旋时飞机的状态是什么样的？

一、盘旋的概念

盘旋是指无人机在水平面内连续转弯不小于360°的机动飞行,无人机在盘旋过程中始终保持等速、等高。

根据盘旋时的坡度,可以将盘旋分为以下几种(见图3.10.2)。

(1)小坡度盘旋:坡度小于20°。

(2)中坡度盘旋:坡度为20°~45°。

(3)大坡度盘旋:坡度大于45°。

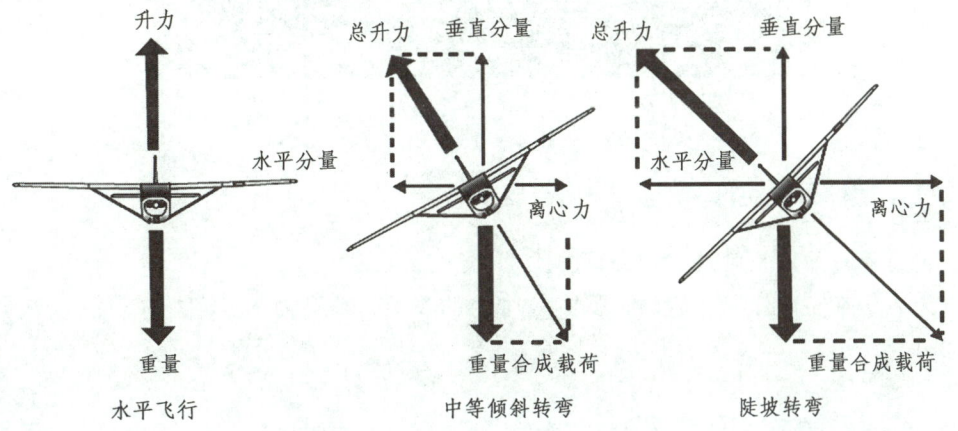

图3.10.2 小/中/大坡度盘旋示意图

正常盘旋是指无人机不带侧滑,飞行高度、坡度、盘旋半径等参数均不随时间改变的盘旋。盘旋的原理中包含了飞行高度、速度和半径不断变化的各种转弯的共性知识。

想一想:飞机正常盘旋时仪表会如何指示?

由于飞机正常盘旋时始终保持等速、等高、无侧滑,转弯半径也保持不变,因此正常盘旋时各仪表的指示(见图3.10.3)为:

(1)空速表指针所指的数值稳定不变。

(2)气压高度表指针所指的数值稳定不变。

(3)垂直速度表指针始终指在零刻度位。

(4)姿态指示器上的小飞机向盘旋方向倾斜,且倾斜角保持不变。

(5)转弯仪显示飞机向盘旋方向转弯且转弯率保持不变。

(6)侧滑指示器中的小球始终处于中间位置。

(7)航向指示器的刻度盘以不变的速度向盘旋的反方向旋转。

综上所述,飞机正常盘旋时,6个飞行仪表只有航向指示器在不断变化。

图 3.10.3 正常盘旋时仪表指示

二、盘旋中的作用力

请讨论：无人机盘旋时受到哪些力的作用？

无人机在空中正常盘旋时，受到 4 个力的作用，即升力 L、重力 W、拉力 P、阻力 D。

三、盘旋的运动方程

想一想：无人机稳定盘旋时，哪几组力互相平衡？

无人机转弯时，升力的方向会向转弯一侧倾斜，现将升力分解为水平、垂直两个分力。如图 3.10.4 所示，无人机转弯时的向心力由升力的水平分力 L_2 提供，无人机的重力由升力的垂直分力 L_1 克服。要保持正常盘旋，无人机的运动须满足下列运动方程

$$\begin{cases} W = L_1 = L \cdot \cos\gamma \leftrightarrow 高度不变 \\ L_2 = L \cdot \sin\gamma = m\dfrac{V^2}{R} = 常数 \leftrightarrow 半径不变 \\ P = D \leftrightarrow 速度不变 \end{cases} \quad (3.10.1)$$

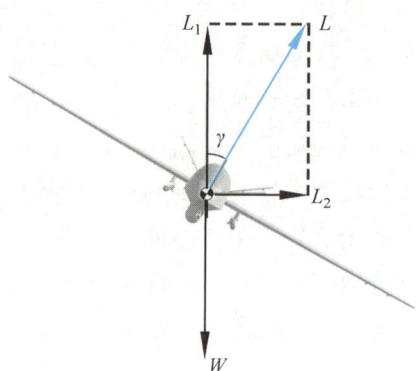

图 3.10.4 无人机盘旋时的受力示意

想一想：如何保证无人机在盘旋过程中不掉高度？

无人机倾斜时，升力作用线的方向也会倾斜，为保证升力的垂直分力 L_1 能够克服重力 W，应适当地增大迎角，增加升力。但是迎角增大时，阻力也会增加，如果不适当地补油，速度就会减小，造成升力减小。因此正常盘旋时，为保持高度不变，需要协调地控制操纵杆、方向舵和油门。

无人机正常盘旋时，$W = L \cdot \cos\gamma$，由此可以推出无人机正常盘旋时的坡度

$$\gamma = \cos^{-1}\frac{W}{L} = \cos^{-1}\frac{2W}{C_L \cdot \rho V^2 \cdot S} \tag{3.10.2}$$

由上式可知，无人机盘旋时的坡度越大，所需升力就越大。但升力越大时，诱导阻力也越大，因此大坡度盘旋对发动机性能的要求较高。

过载系数是指除了重力之外，无人机所受外力之和与重力的比值，其在机体坐标系 $Oxyz$ 各轴上的分量分别为 n_x、n_y、n_z。

n_x：轴向过载反映的是无人机纵轴方向上的加速度，当 $n_x > 0$ 时，无人机做加速运动，当 $n_x < 0$ 时，无人机做减速运动。乘坐飞机时，飞机加速产生的"推背感"和飞机减速引起的惯性前倾就是轴向过载的体现。

n_y：垂直过载反映的是无人机立轴方向上的加速度，其大小主要和气动升力 L 有关，因此垂直过载可看作升力与重力的比值，即

$$n_y = \frac{L}{W} \tag{3.10.3}$$

如图 3.10.5 所示，乘坐飞机时，如果升力大于重力，例如飞机离地的一瞬间，会有 $n_y > 1$，这时候加速度是向上的，机内会有"超重感"；如果升力小于重力，如在飞机稳定爬升时猛地向前顶杆，使飞机迎角减小，会有 $n_y < 1$，这时候加速度是向下的，机内会有"失重感"，如果顶杆使飞机达到零升迎角，会有 $n_y = 0$，机内会完全失重。如果飞机做等速直线平飞，则 $n_y = 1$。

（a）超重

（b）失重

图 3.10.5　超重和失重

n_z：横向过载反映的是无人机横轴方向上的加速度，通常在侧滑时出现，侧滑指示器中小球的左右移动就是因为横向过载的作用，大多数时候无人机的横向过载 $n_z = 0$。

在上述三个过载系数中，垂直过载 n_y 最为重要，其大小与无人机的机动性和结构强度密切相关，如果没有特别指明，过载通常是指 n_y。

理论上讲，无人机的坡度越大，保持水平转弯所需的升力越大，当无人机的坡度趋于 90°时，保持水平转弯所需的升力趋于无穷大。但是升力系数和速度是有上限的，哪怕无人机的性能满足要求，其结构也会有最大过载限制，如果超出限制结构可能会受损。

想一想：某型喷气式无人机可承受的最大过载为 $10\,g$，在性能满足的前提下，其最大盘旋坡度是多少？

结合垂直过载的定义和盘旋坡度的计算公式，可得

$$\cos\gamma = \frac{1}{n_y}$$

因此，无人机的最大盘旋坡度为

$$\gamma = \cos^{-1}\frac{1}{n_y}$$

由于无人机最大可承受 $10\,g$ 的过载，将 $n_y = 10$ 代入上式，可得无人机的最大盘旋坡度

$$\gamma = \cos^{-1}\frac{1}{10} \approx 84.3°$$

【例】塔台要求以导航台为圆心，完成标准速率转弯，请使用飞行模拟平台完成科目训练。

用心算一算，盘旋的时间和角速度如何表达？

盘旋一周的时间等于周长与速度之比，所以

$$T = \frac{2\pi \cdot R}{V} = \frac{2\pi}{g} \cdot \frac{V}{\tan\gamma}$$

盘旋的角速度

$$\omega = \frac{2\pi}{T} = \frac{\tan^2\gamma}{V}$$

想一想：什么叫作标准速率转弯？

标准速率转弯是以 3°/s 的速率进行转弯，盘旋一周所需的时间为 2 min。

练一练：如何操纵飞机保持标准速率转弯？

如图 3.10.6 所示盘旋中将转弯侧滑仪小飞机翼尖对准标准速率转弯标记即可。

图 3.10.6　飞机协调（标准速率）转弯时转弯协调仪显示状态

Part3　总结讲评

盘旋的各项关系如图 3.10.7 所示。

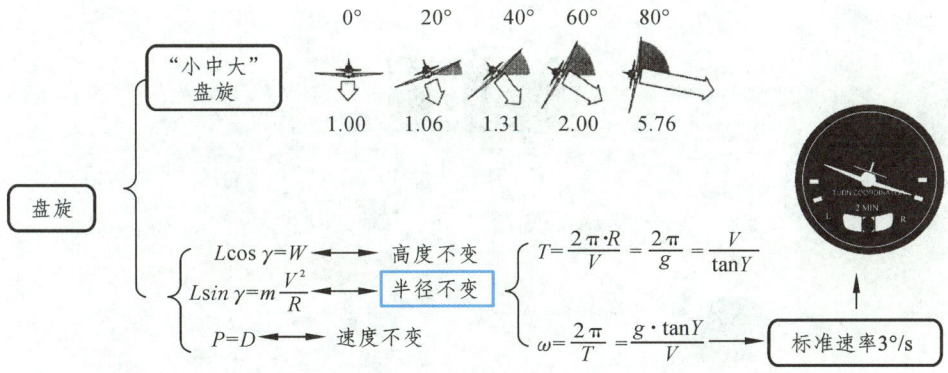

图 3.10.7　盘旋的各项关系

Part4　课后任务

预习飞机标准姿态盘旋时操纵方法和注意事项。
思考并在教学平台上完成下列问题：
（1）盘旋时的空气作用力。
（2）盘旋时操纵盘（杆）和舵面的位置对应关系。

FL3　空域飞行动作（三）三度盘旋

【课程内容要点】

1. 几种盘旋的定义。
2. 操纵飞机进行盘旋。
3. 操纵飞机进行标准速率盘旋。

Part1　温习旧知

复习飞机在恒定速度（见图3.11.1）、恒定坡度（见图3.11.2）四转弯时对应的不同路径。

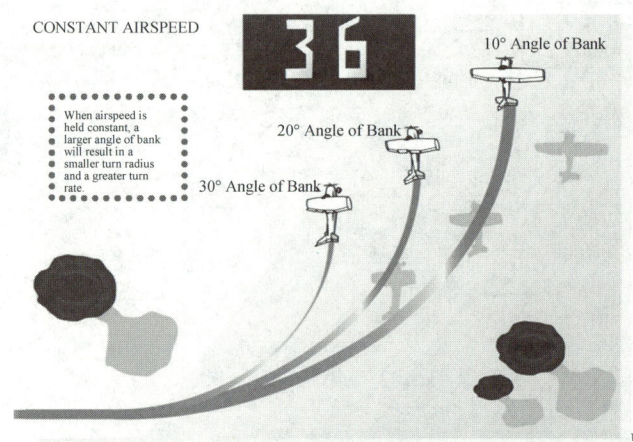

图3.11.1　飞机恒定速度四转弯时不同坡度对应的不同路径

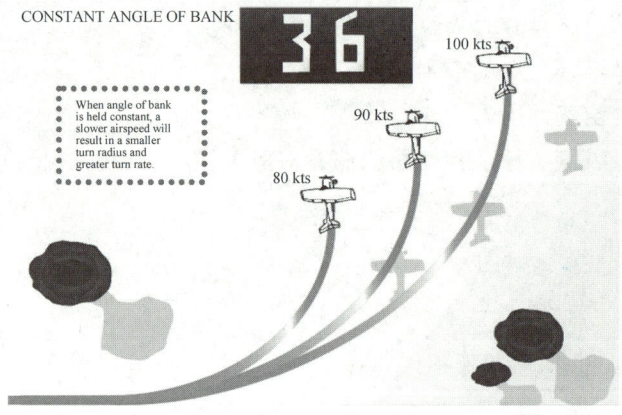

图3.11.2　飞机恒定坡度四转弯时不同速度对应的不同路径

Part2 探索新知

使用虚拟仿真软件，选定绵阳 272 空域，进行空域飞行动作之盘旋，重点练习三度盘旋等动作，如图 3.11.3~图 3.11.5 所示。

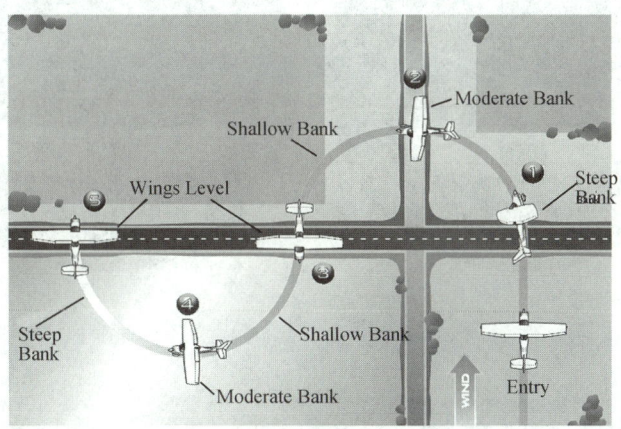

图 3.11.3 训练科目——S 形转弯

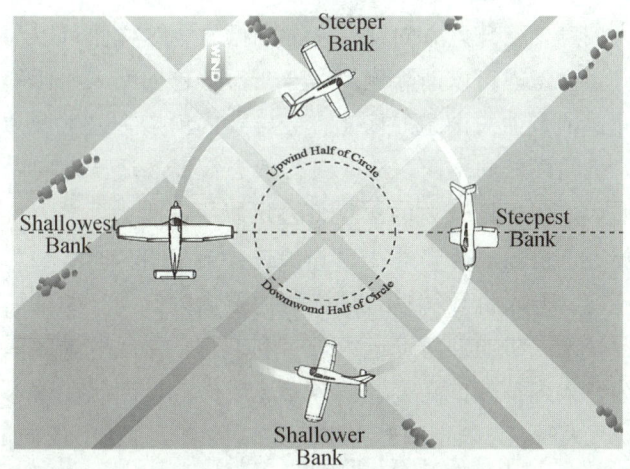

图 3.11.4 训练科目——绕固定地标/导航台定圆盘旋

图 3.11.5 训练科目——8 字转弯

请仔细观察航向仪与转弯侧滑仪（见图 3.11.6），判断其是否属于标准速率盘旋。

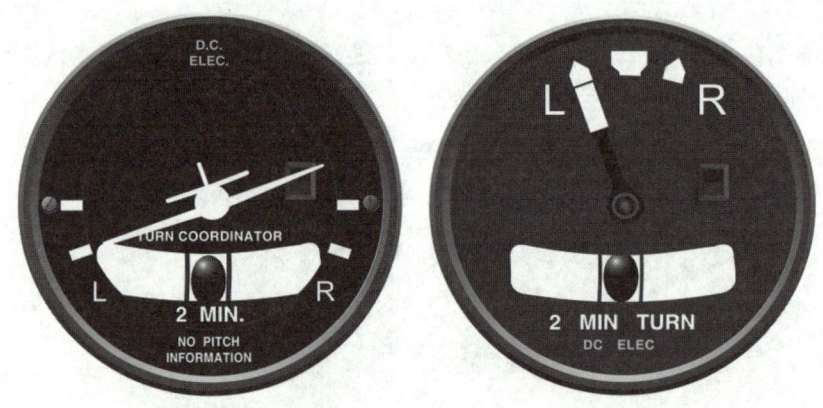

图 3.11.6　标准速率转弯时 C172R 型飞机仪表显示

一、无人机盘旋操纵原理

想一想：进入盘旋时，压杆、蹬舵、带杆分别有什么作用？

压杆可以增大坡度，使升力方向向转弯方向倾斜，这样便可以利用升力的水平分力为转弯提供向心力。蹬舵可以消除侧滑，当飞行轨迹向无人机倾斜一侧弯曲时，如果不同时向飞行轨迹的弯曲方向蹬舵修正，会导致内侧滑，这不仅会造成气动效率降低，还会打破无人机的横航向平衡，造成飞行状态偏离。适当地向后带杆可以增大迎角，从而使升力增大，以保证升力的垂直分力足以平衡重力。

想一想：盘旋进入阶段，为何要先顶杆加速，后倾斜进弯？

为保持高度不变，无人机倾斜进入盘旋时需要增大升力，如果只通过增大迎角的方式增大升力，会使无人机的迎角远远大于有利迎角，造成气动效率降低。坡度增大时，如果只是继续增大迎角保持高度，很容易造成失速，因此在进入盘旋之前要适当地增加速度。速度增大时，为防止因升力增大造成的高度上升，应向前顶杆减小迎角，当无人机达到所需速度后，便可以手脚一致地向盘旋方向压杆、蹬舵，同时适当地向后带杆。

无人机接近预定坡度时，应把握好提前量，及时回杆，使无人机稳定在预定坡度，回杆位置通常为副翼的中立位或过中立位。与此同时，还要灵活地控制油门与方向舵，保持速度稳定且无侧滑。

二、盘旋稳定阶段操纵原理

分组总结：盘旋稳定阶段中的"两保一消除"指的是什么？

"两保一消除"即"保持高度，保持速度，消除侧滑"。在盘旋稳定阶段，驾驶员需要及时发现并修正各种偏差。

想一想：怎样才能做到"两保一消除"？

盘旋转弯时，通常要保持无人机坡度不变且最大不超过 30°。如图 3.11.7 所示，由于盘旋过程中外侧机翼的相对气流速度 V_OUTR 较大，内侧机翼的相对气流速度 V_INR 较小。因此，外侧机翼的升力比内侧机翼要大，要保持坡度不变，应向盘旋的反方向适当压杆，且压杆量要随着坡度的增大而增大。

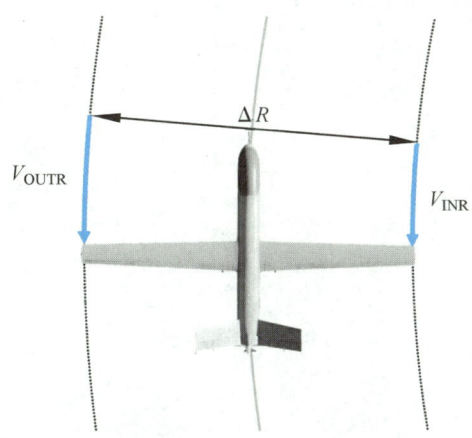

图 3.11.7　盘旋转弯时内外侧速度

盘旋过程中，应始终让垂直速度表的指针指在零刻度位，如果指针上偏，应适当减小向后带杆的量，如果指针下偏，应适当增大向后带杆的量。与此同时，还要灵活地控制油门，以保持速度不变。为保持无人机无侧滑，应始终把侧滑指示器内的小球"踩"在弧形玻璃管中央。

综上所述，要保持无人机的正常盘旋，须随时关注姿态指示器、转弯侧滑仪、空速表、垂直速度表的指示，只要其中一个参数发生变化，杆舵和油门就要全部协调起来，而不是进行单一的操纵。由此可见，杆、舵、油门三者正确的配合是做好盘旋的关键。

三、盘旋改出阶段操纵原理

动动手：盘旋改出阶段，应该如何操纵？

如果要退出盘旋，应在无人机到达预定的改出位置前，提前向盘旋的反方向压杆、蹬舵，以减小坡度、防止侧滑，同时协调地向前顶杆并柔和收油，以保持高度、速度不变。当无人机接近平飞状态时，提前将杆舵回中，随后按"三定一保一活"的要求保持平飞。

使用模拟器完成标准速率盘旋的科目训练，提交作业至平台。

Part3　总结讲评

分组总结：练习中最不容易掌握的是什么？

盘旋中的盘舵量：

盘量：盘旋中，两翼相对气流速度不同，外翼升力大于内翼升力，需反方向压盘修正。小坡度盘旋，盘一般在中立位置；大坡度盘旋，压反盘的量增大，以保持坡度为准。

舵量：盘旋时，飞机绕立轴转动，产生盘旋反方向的方向阻转力矩；同时两侧机翼阻力差也产生盘旋方向的反偏转力矩，需蹬舵修正。

GL20　盘旋飞行中的侧滑及修正

🚁【课程内容要点】

1. 侧滑的概念。
2. 侧滑的原因。
3. 修正侧滑的操纵方法。

Part1　探索新知

一、侧滑的产生

机体对称面与相对气流带有夹角的飞行状态称为侧滑。侧滑大多是无意形成的，如倾斜转弯时，如果向转弯方向压杆的量过大，或者蹬舵的量过小，就容易造成侧滑。侧滑形成后，无人机的升阻比会减小，气动效率会降低。当然，有时也需要有意地让无人机侧滑，如在需要快速下高的时候，就可以有意地向任一方向蹬舵，使机体对称面与飞行轨迹形成夹角，同时向蹬舵的反方向压杆，这样就可以让无人机保持笔直的飞行轨迹侧滑下高。

二、无人机盘旋时的侧滑

如果盘旋时只压杆，不蹬舵，就会形成图 3.12.1（a）所示的内侧滑。修正内侧滑的方法是向转弯方向蹬舵，如果蹬舵量不够，侧滑角就不能完全消除，如果蹬舵量过多，则会形成图 3.12.1（c）所示的外侧滑。

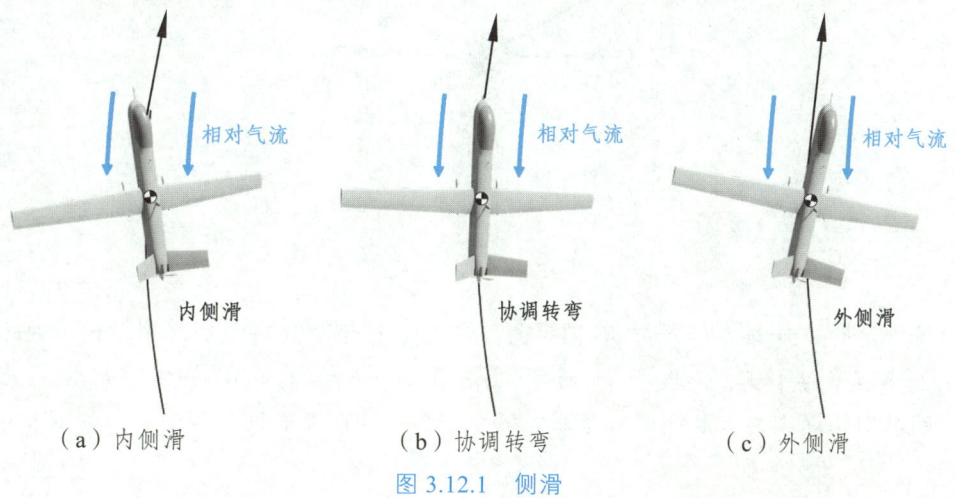

（a）内侧滑　　　（b）协调转弯　　　（c）外侧滑

图 3.12.1　侧滑

（一）无人机正常盘旋时侧滑引起的力的变化

内侧滑时，相对气流作用在无人机上会形成外侧力 $F_{\theta_{OUTER}}$，其中外侧力的水平分力 $F_{\theta_{OUTER}2}$ 会使无人机的转弯半径增大，这会产生负的惯性离心力增量 ΔF_i，使侧滑指示器中的小球向内侧移动，如图 3.12.2 所示。与此同时，外侧力的垂直分力 $F_{\theta_{OUTER}1}$ 还会使无人机的高度上升。

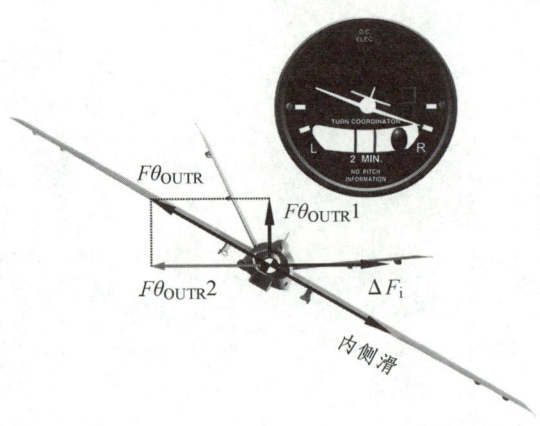

图 3.12.2　内侧滑时的受力

外侧滑时，相对气流作用在无人机上会形成内侧力 $F_{\theta_{INR}}$，其中内侧力的水平分力 $F_{\theta_{INR}2}$ 会使无人机的转弯半径减小，这会产生正的惯性离心力增量 ΔF_i，使侧滑指示器中的小球向外侧移动，如图 3.12.3 所示。与此同时，内侧力的垂直分力 $F_{\theta_{INR}1}$ 还会使无人机的高度下降。

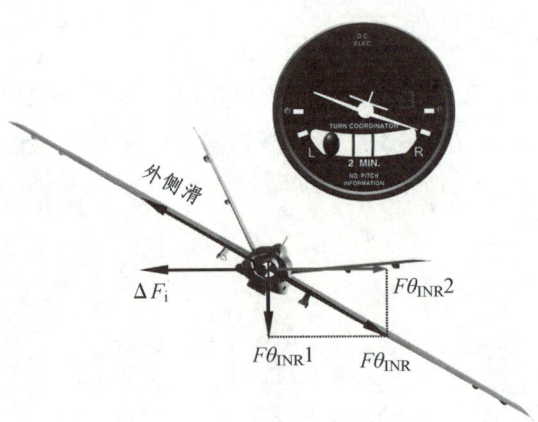

图 3.12.3　外侧滑时的受力

无侧滑时，升力 L 与重力 W 相平衡，向心力 F_c 与惯性离心力 F_i 相平衡，因此无人机的盘旋半径不变，高度不变。并且惯性离心力 F_i 与重力 W 的合力 F_R 刚好处在无人机的对称面内，因此侧滑指示器中的小球会保持在弧形玻璃管中央，如图 3.12.4 所示。

图 3.12.4　无侧滑时的受力

综上所述，无侧滑盘旋时，侧滑指示器中的小球会保持在弧形玻璃管中央，如果小球越过中间位置标线，小球向哪边移动，就向哪边蹬舵，将小球"踩"回中间位置，这样便可以消除侧滑角。

（二）盘旋时侧滑引起的力矩变化

盘旋时，内侧滑引起的横向稳定力矩会使坡度减小。坡度减小会使升力的水平分力减小、垂直分力增大，造成盘旋半径增大、盘旋高度增加。而外侧滑引起的横向稳定力矩会使坡度增大，坡度增大会使升力的水平分力增大、垂直分力减小，造成盘旋半径减小、盘旋高度降低。

Part2　课后任务

使用飞行模拟平台，在任意空域进行侧滑科目练习。

GL21　螺旋桨副作用对盘旋的影响

🚁【课程内容要点】

1. 螺旋桨的副作用。
2. 螺旋桨副作用导致飞机带坡度。
3. 修正坡度影响的方法。

Part1　温习旧知

（1）飞机在空中分别沿哪几个轴运动？
（2）沿每个轴运动的名称？
（3）飞机转弯主要是依靠副翼还是方向舵？
（4）什么是侧滑？侧滑产生的原因是什么？

Part2　探索新知

使用虚拟仿真软件，选定绵阳272空域，进行空域飞行动作—大坡度盘旋科目训练，如图3.13.1所示。

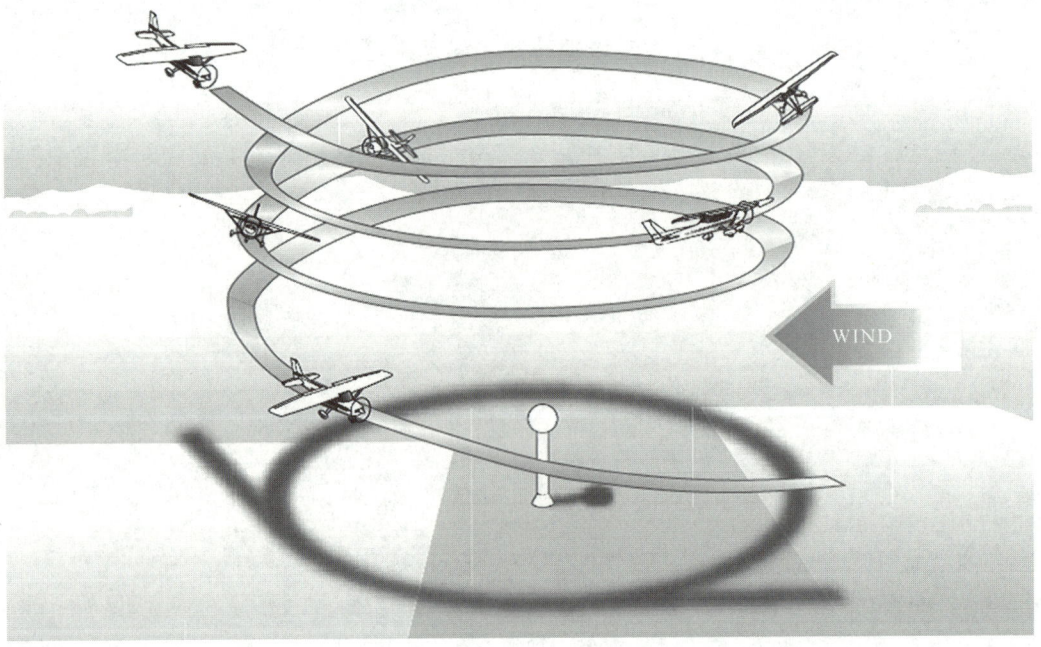

图 3.13.1　训练科目——大坡度盘旋

温故知新：螺旋桨副作用的 4 种表现是什么？

螺旋桨正常工作时，一方面会产生拉力，为无人机提供前进的动力；另一方面会产生一些对飞行不利的副作用，它们分别是① 反作用力矩；② 陀螺进动性；③ 滑流效应；④ 螺旋桨因素（P-Factor）。

想一想：以右旋螺旋桨为例，螺旋桨副作用对盘旋的影响有哪些？

（1）反作用力矩对盘旋的影响。

进入盘旋时，增大油门会使螺旋桨反作用力矩增大，无人机会有左滚的趋势，如图 3.13.2（a）所示。在稳定盘旋阶段，为保持坡度不变，通常要向盘旋的反方向压杆，由于反作用力矩，左盘旋时反向压杆的量会比右盘旋时要大。改出盘旋时，减小油门会使螺旋桨反作用力矩减小。

（2）滑流效应对盘旋的影响。

进入盘旋时，增大油门会使螺旋桨滑流增强，无人机会有左偏的趋势。改出盘旋时，减小油门会使螺旋桨滑流减弱，无人机的左偏力矩会减小。

（3）陀螺进动性对盘旋的影响。

进入左盘旋时，陀螺进动性会导致无人机产生使机头向正上方偏转的力矩，使无人机出现上仰和右偏的趋势，如图 3.13.2（b）所示。进入右盘旋时，陀螺进动性会导致无人机产生使机头向正下方偏转的力矩，使无人机出现下俯和右偏的趋势。改出盘旋时，陀螺进动效应会随着转弯率的减小而减轻。

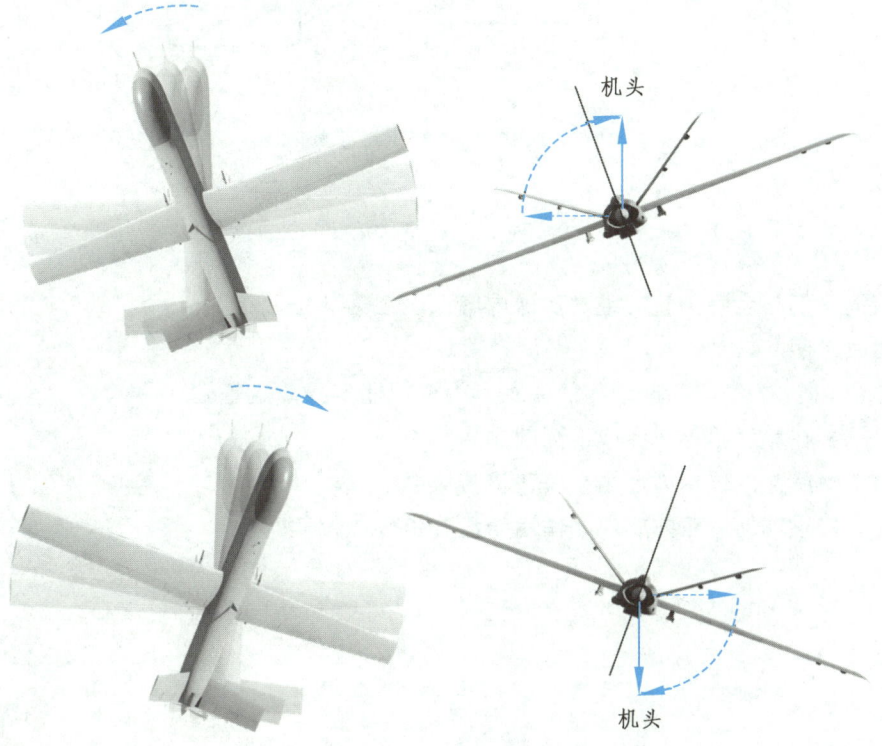

图 3.13.2　螺旋桨副作用对盘旋的影响

（4）螺旋桨因素对盘旋的影响。

进入盘旋时，随着迎角的增大，螺旋桨因素会导致左偏力矩增大。盘旋时无人机的迎角较大，因此左偏力矩会不断产生。改出盘旋时，随着迎角的减小，螺旋桨因素导致的左偏力矩会减小。

综上所述，对于螺旋桨向右旋转的无人机，进入盘旋时随着油门的增大，螺旋桨反作用扭矩会使无人机出现左滚的趋势，滑流和螺旋桨因素会使无人机出现左偏的趋势。进入左盘旋时，陀螺进动效应会使无人机出现右偏和上仰的趋势；进入右盘旋时，陀螺进动效应会使无人机出现右偏和下俯的趋势。改出盘旋时，随着油门的减小，螺旋桨副作用的影响会减轻。

Part3　总结讲评

螺旋桨副作用思维导图如图 3.13.3 所示。

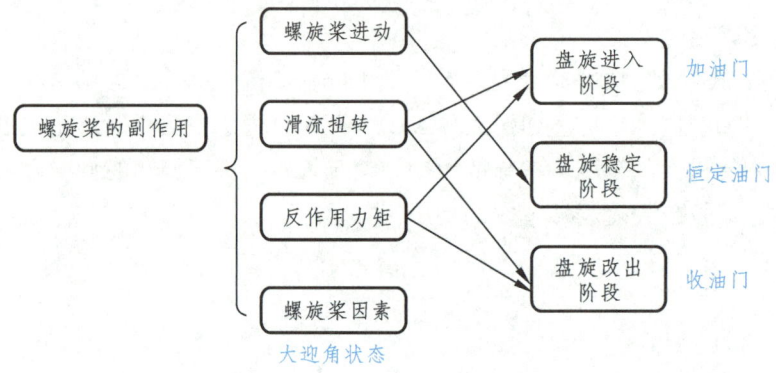

图 3.13.3　螺旋桨副作用思维导图

Part4　课后任务

请同学们与老师一起归纳本次课内容，小组为单位，绘制 4 个"3"与完成动作的逻辑关系图。

熟记 4 个"3"与完成动作的关系，为模拟器实操奠定基础。

总结并在教学平台上完成下列问题：

（1）螺旋桨副作用为什么会使飞机带坡度？

（2）应该如何修正螺旋桨副作用给盘旋带来的偏差？

GL22　总结讲评

【课程内容要点】

1. 总结本模块所学理论知识。
2. 点评本模块学生训练科目及训练成果（习得成果）。
3. 给出典型案例，分析存在问题，找出解决方法。

Part1　温习旧知

本模块知识结构如图 3.14.1 所示。

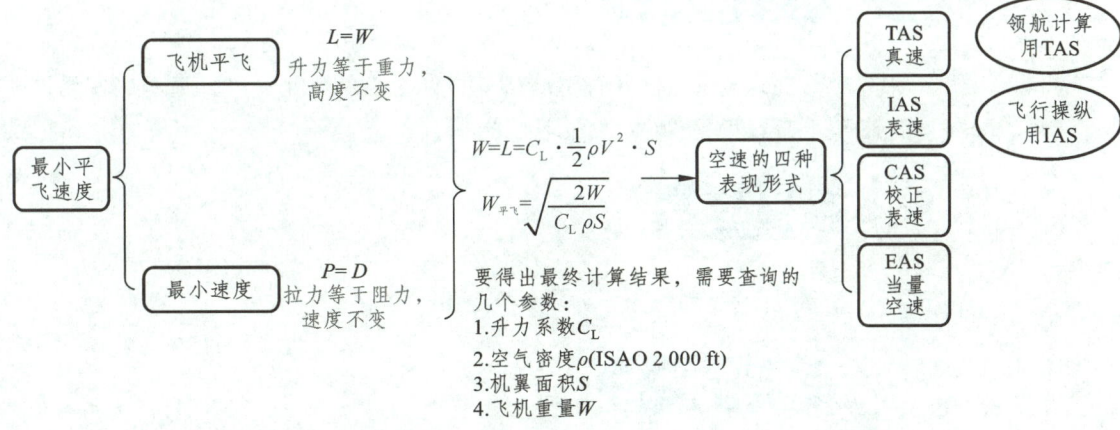

图 3.14.1　一般飞行操纵

Part2　课后任务

巩固空域飞行动作（平飞、上升和下降、盘旋）操纵方法。

模块四　固定翼无人机的起降与特殊操纵

学习目标

通过本模块的学习，清楚固定翼无人机在正常情况和特殊情况下的起降方法和注意事项，清楚固定翼无人机在单发失效及无动力状态下的操纵方法和注意事项，掌握起飞距离、着陆距离的计算方法，掌握飞机性能图表的使用方法，理解失速、尾旋的机理和改出原理等。

典型工作任务

起飞距离、着陆距离的计算，性能图表的使用，风分量图的使用，多科目飞行模拟训练。

学习成果

完成阶段考核、达到模拟机上机标准。

本模块重难点

1. 固定翼无人机起飞、着陆的操纵方法。
2. 特殊情况下的起降方法。
3. 起飞距离和着陆距离的计算。
4. 固定翼无人机在单发失效及无动力状态下的操纵方法。
5. 失速、尾旋的机理和改出原理。

完成标准

通过教员测试，学生能够理解本课内容。

学生完成问题的回答至少取得 90 分，并且学生应回顾每个不正确答案，以确保在进入下一模块前完全掌握所学知识。

GL23　机场环境

✈ 【教学目标】

知识目标
了解机场飞行区相关指标，掌握起落航线的基本概念。
能力目标
能够识别机场飞行区内的各种常见标识，具备基本的读图能力（机场图）。

✈ 【教学内容】

1. 管制机场与无管制机场的定义。
2. 起落航线的基本概念。
3. 机场飞行区的定义、标识及相关指标。
4. 机场助航灯光的类型。

Part1　课前预备

查一查

（1）请前往"中国民用航空局官网—信息公开—民航规章"查找 CCAR-93TM-R5《民用航空空中交通管理规则》并下载。

（2）请前往"中国民用航空局官网—信息公开—标准规范"查找 MH5001—2021《民用机场飞行区技术标准》并下载。

Part2　探索新知

一、管制机场与无管制机场

有塔台提供空中交通管制服务的机场叫作管制机场，航空器在塔台管制区内的试车、滑行、起降等活动均由塔台负责管制，航空器进入塔台管制区域前必须与塔台建立联系。

没有塔台提供空中交通管制服务或塔台没有在运行时段的机场，叫作无管制机场，航空器在无管制机场及其附近空域活动时，须遵守无塔台管制机场运行规则时刻注意与其他航空器的间距，全程开启防撞灯，如果与其他航空器发生危险接近，应主动避让，以避免空中相撞事故，避开尾流的影响。在无管制机场起降时，应按照标准起落航线运行。

二、起落航线

起落航线的建立有利于空中交通流量的管理,以及空中交通秩序的维持。标准的起落航线通常是左起落航线,航空器在左起落航线中所有的转弯均是向左的。根据《民用航空空中交通管理规则》(CCAR-93TM-R5)的有关条例,如果受到条件的限制,如地形或建筑的影响,也可以采用右起落航线。

如图 4.1.1 所示,起落航线从起飞到着陆被分为一边(Departure Leg)、二边(Crosswind Leg)、三边(Downwind Leg)、四边(Base Leg)、五边(Final Leg)。对于矩形起落航线,航空器从起飞到着陆要进行四次转弯,分别为一转弯、二转弯、三转弯、四转弯,每个转弯均为 90°。航空器在起落航线的飞行高度一般为 300~500 m,对于低空小航线,飞行高度不得低于 120 m。

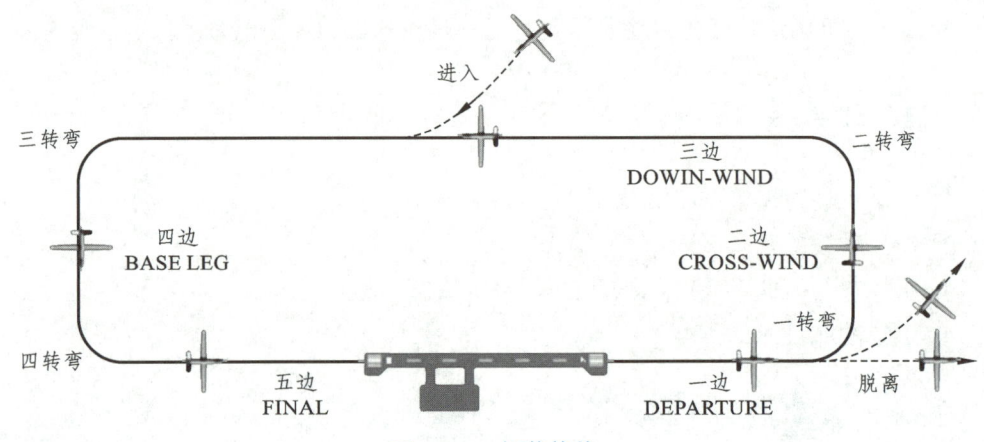

图 4.1.1 起落航线

以矩形左起落航线为例,航空器离地后,首先进入的是一边,一边也叫作离场边,与着陆跑道平行。二边与着陆跑道中心线垂直,根据《民用航空空中交通管理规则》(CCAR-93TM-R5),航空器起飞后须保持一边爬升至 100 m(夜间为 150 m)以上的高度,才能左转 90°(一转弯)进入二边,对于低空小航线,一转弯开始时的高度不得低于 50 m。如果航空器要脱离起落航线,可以保持一边继续爬升或左转 45° 脱离。三边与着陆跑道平行,通常距着陆跑道 0.5~1 mil。航空器进入矩形起落航线通常是以 45° 角切入三边。四边与着陆跑道中心线的延长线垂直,是三边和五边的承接部分,所以在三转弯进入四边之前,要确保已为五边留出足够的长度。五边在着陆跑道中心线的延长线上,是航空器的进近边,四转弯进入五边的操纵对稳定进近的建立十分关键。根据《民用航空空中交通管理规则》(CCAR-93TM-R5),四转弯结束时的高度不得低于 100 m(夜间为 150 m),对于低空小航线,四转弯结束时的高度不得低于 50 m。

三、机场飞行区

机场飞行区是供航空器起降、滑行、停放的区域,主要包括跑道、跑道端安全区、升降带、滑行道、机坪等。根据《民用机场飞行区技术标准》(MH5001—2021),民用机场飞行区按指标Ⅰ和指标Ⅱ进行分级,见表 4.1.1 和表 4.1.2。

表 4.1.1　民用机场飞行区指标 I

飞行区指标 I	飞机基准飞行场地长度/m
1	<800
2	800～1 200（不含）
3	1 200～1 800（不含）
4	≥1 800

表 4.1.2　民用机场飞行区指标 II

飞行区指标 II	翼展/m
A	<15
B	15～24（不含）
C	24～36（不含）
D	36～52（不含）
E	52～65（不含）
F	65～80（不含）

（一）跑　道

跑道是陆地机场内供航空器起降的长条形特定场地，大型民用机场的跑道通常由水泥混凝土（浅色道面）或沥青混凝土（深色道面）铺筑而成，跑道上的主要标志如图 4.1.2 所示。

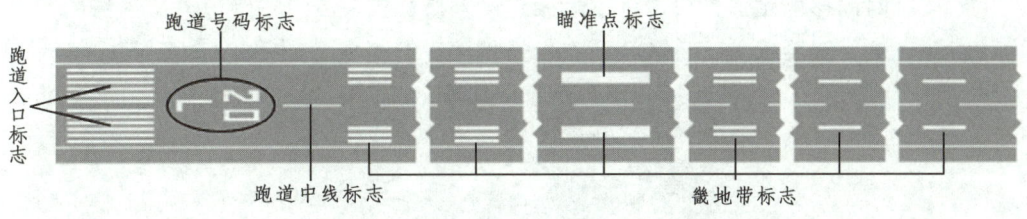

图 4.1.2　跑道标志

跑道入口标志：跑道入口标志形似道路上的斑马线，是跑道着陆区的起始位置，航空器着陆时不能在跑道入口后方接地。

跑道号码标志：跑道号码一般为两位数字。对于平行跑道，还要在两位数字后面加上一位字母 L/C/R，以表示左/中/右。跑道号码的数字部分是将跑道磁方位角的十分之一四舍五入去小数点得到的，由于跑道两端的磁方位角相差 180°，两端跑道号码的数字总是相差 18。在机场设计中，跑道的方位是根据当地的净空条件、空域环境、地形地貌、噪声影响、年平均风向等因素来确定的。

跑道中线标志：跑道中线标志位于跑道两端的跑道号码标志之间，由白色线段组成，用于标明跑道中心线的位置。在起飞和着陆的过程中，驾驶员可以将跑道中线标志作为航迹修正的参考线。

接地带标志：接地带是供航空器着陆接地的区域。接地带标志位于跑道中线两侧，由若干对平行且对称于跑道中线的长条形线段（或平行线段组）组成，如果航空器没能在接地带标志划定的区域接地，须中断着陆。

瞄准点标志：瞄准点标志位于接地带的跑道中线两侧，是一对平行且对称于跑道中线的长方形条块，外形明显。进近时，驾驶员可以参考瞄准点标志的位置来选择下滑点。

跑道入口前标志：如果跑道入口后方的铺筑面长度超过 60 m，且不适于航空器的正常使用，应设置指向跑道的"＞"形黄色标志，即跑道入口前标志，如图 4.1.3 所示。

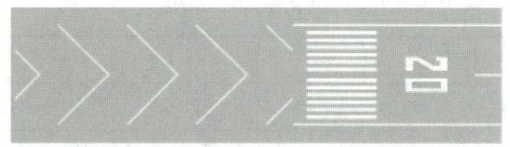

图 4.1.3　跑道入口前标志

内移的跑道入口标志：如果将跑道入口标志从跑道端头向内移动，在跑道入口标志后方要喷涂一道横向线段，且横向线段后方的铺筑面要喷涂指向跑道方向的箭头标志，如图 4.1.4 所示。

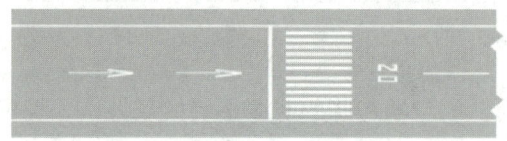

图 4.1.4　内移的跑道入口

对于临时内移的跑道入口，可不喷涂跑道入口标志，但内移跑道入口后方的跑道中线标志要改为箭头标志，且其余所有标志均要进行遮掩，如图 4.1.5 所示。

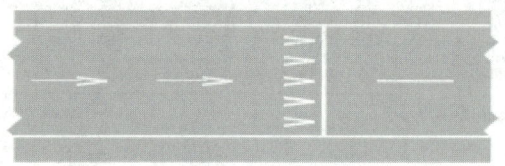

图 4.1.5　临时内移的跑道入口

需要注意的是，内移的跑道入口标志后方的那部分跑道只能用于起飞滑跑，不能用于着陆。

（二）滑行道

滑行道是将陆地机场的各个部分（如跑道、停机位、试车位等）连接在一起的供航空器滑行的规定通道，包括机位滑行通道、机坪滑行道、快速出口滑行道。每条滑行道都有一个唯一的代号，代号可以是一位英文字母，也可以由一位英文字母和阿拉伯数字组成，在上述代号全部用完的情况下，还可以使用双字母滑行道代号。滑行道代号中不会出现"I""O""X"三个字母。在滑行过程中，驾驶员可以通过机场图和机场标记牌来确定航空器所处滑行道的代号。

航空器应沿着滑行道中线滑行，对于沥青混凝土铺筑的深色滑行道，滑行道中线标志应为连续的黄色实线，对于水泥混凝土铺筑的浅色滑行道，滑行道中线标志的黄色实线两侧还应设有宽度不小于 5 cm 的黑边，如图 4.1.6 和图 4.1.7 所示。

图 4.1.6 深色道面的滑行道中线

图 4.1.7 浅色道面的滑行道中线

如图 4.1.8 所示，跑道等待位置标志一般设置在滑行道与跑道的交会处，最靠近跑道的一般是 A 型跑道等待位置标志。在 A 型跑道等待位置标志后方会设置增强型滑行道中线，从而给驾驶员提供明显的目视参考。B 型跑道等待位置标志主要在 ILS 运行时段发挥作用，其位置距跑道稍远。

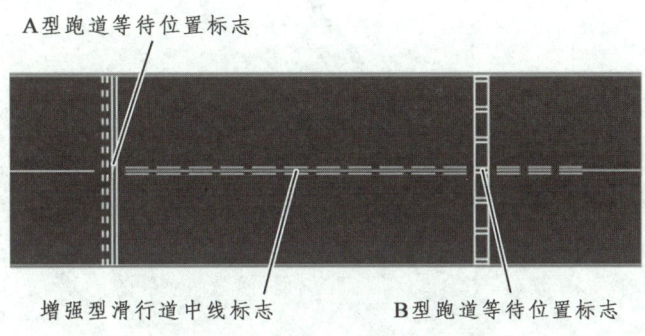

图 4.1.8 跑道等待位置标志与增强型滑行道中线

（三）机　坪

机坪是机场内供航空器停放、加油、维修、装载的特定场地，航空器在机坪停放时应满足表 4.1.3 中的净距要求。

表 4.1.3　机坪停放飞机的最小净距

单位：m

飞行区指标Ⅱ	F	E	D	C	B	A
在滑行道（除机位滑行通道外）上滑行的飞机与机坪上停放的飞机、建筑物和其他物体之间的净距	17.5	15	14.5	10.5	9.5	8.75
在机位滑行通道上滑行的飞机与停放的飞机、建筑物和其他物体之间的净距	10.5	10	10	6.5	4.5	4.5
机位上停放的飞机与相邻机位上的飞机以及邻近的建筑物和其他物体之间的净距	7.5	7.5	7.5	4.5	3	3
停放的飞机主起落架外轮与机坪道面边缘的净距	4.5	4.5	4.5	4.5	2.25	1.5
机坪服务车道边线距停放飞机的净距	3	3	3	3	3	3

四、机场助航灯光

助航灯光可以在夜间或低能见度条件下为驾驶员提供良好的目视参考,提高机场的全天候运行能力。主要的助航灯光包括进近灯光系统、目视进近坡度指示系统、跑道灯光系统、滑行道灯光系统,其余的助航灯光有不适用地区灯、风向标灯、着陆方向标、停止道灯、航空灯标、盘旋引导灯、跑道引入灯光系统、应急灯光。

一个典型的机场布局如图 4.1.9 所示。

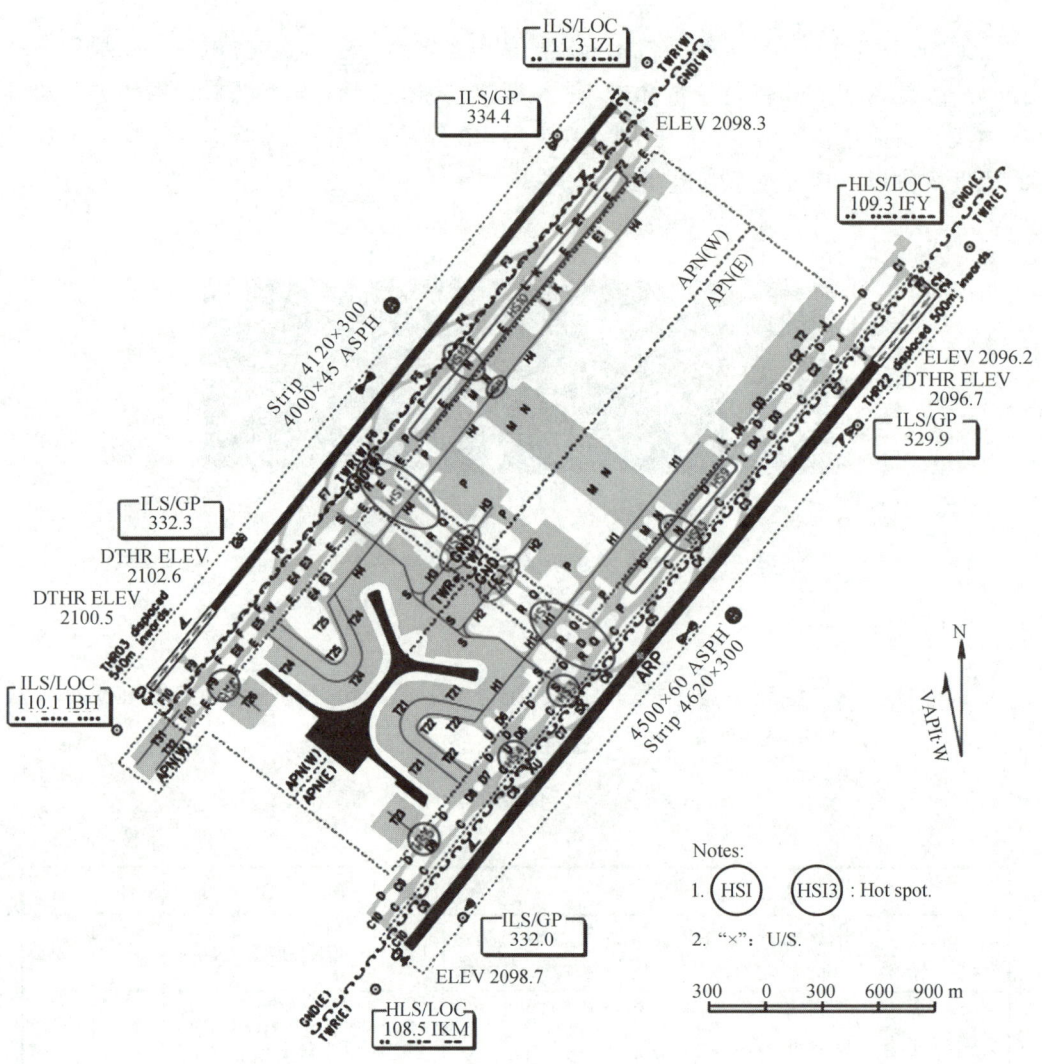

图 4.1.9 机场布局

Part3　课后提升

熟读规章，熟悉标准

（1）请自行阅读 CCAR-93TM-R5《民用航空空中交通管理规则》，并在以下空白处写下本单元相关知识点对应的条目。

（2）请自行阅读 MH5001—2021《民用机场飞行区技术标准》，并在以下空白处写下本单元相关知识点对应的条目。

（3）展开讨论，谈谈自己对"规章意识"的看法。

GL24　滑行与地面转弯

【教学目标】

知识目标

理解地面滑行、转弯的操纵原理，清楚地面转弯半径与滑行速度、向心力的关系。

【教学内容】

1. 直线滑行的操纵方法与注意事项。
2. 地面转弯的操纵原理与方法。
3. 转弯半径与滑行速度、向心力的关系。

Part1　温习回顾

请回顾模块三"飞行模拟软件的使用"，再次熟悉 CESSNA 172 飞机的开车程序，为本单元 Part3 部分的模拟练习做准备。

Part2　探索新知

一、直线滑行

滑行是固定翼无人机在地面以自身动力驱动的受控运动。在滑行过程中，应时刻注意机场飞行区的交通状况，以防止发生跑道/滑行道入侵事件。

做好滑行准备后，应首先松开刹车，然后缓缓地前推油门，只有当推力/拉力大于机轮摩擦力时，无人机才会开始向前滑行。对于没有刹车系统自检功能的无人机，滑行前应首先对刹车功能进行测试。操作方法是先稍稍前推油门，让无人机缓慢地向前滑行，随后收光油门并平稳地施加刹车压力，若制动不良，应立即关车检查。

当无人机加速至所需的滑行速度时，应适当地减小油门，防止滑行速度过多地增加。在滑行过程中，不应频繁使用刹车控制滑行速度。如果要保持滑行速度不变，应细腻地控制油门，使推力/拉力与机轮摩擦力相平衡。如果要降低滑行速度，应尽可能地利用机轮摩擦力减速，当滑行速度足够缓慢时，只需将油门收至慢车位，无人机就会在机轮摩擦力的作用下很快停止滑行。所以当滑行道的交通密度较大时，应尽可能地放慢滑行速度，以减少刹车的使用。

二、地面转弯

如果无人机采用了可操纵前轮,地面转向就能通过偏转前轮来实现,前轮的偏转通常由脚蹬控制。如果滑行时需要向右转弯,应向右蹬舵,使前轮向右偏转,前轮右偏时会受到向右的侧向摩擦力。与此同时,后两点主轮也会受到向右的侧向摩擦力,与前轮受到的侧向力一同形成地面转弯所需的向心力,如图 4.2.1 所示。同理,如果需要向左转弯,应向左蹬舵,使前轮向左偏转。

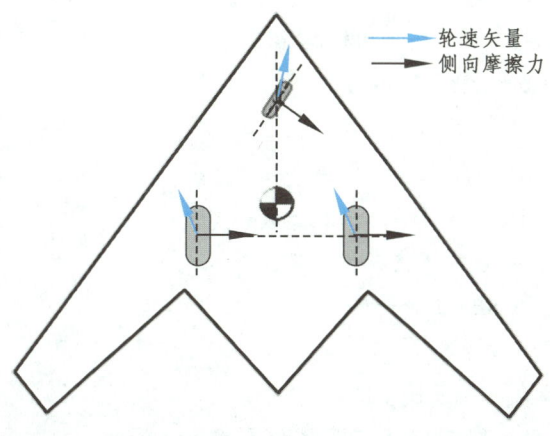

图 4.2.1 前轮转弯

如果无人机的前轮不可操纵,地面转向就要通过刹车来控制。如果要向左转弯,需要对左侧主轮施加刹车压力,并保持右侧主轮刹车的释放,当左侧主轮受到的摩擦力大于右侧主轮时,就会对重心形成向左的偏转力矩,如图 4.2.2 所示。同理,如果要向右转弯,应踩下右侧主轮刹车,并保持左侧主轮刹车的释放。

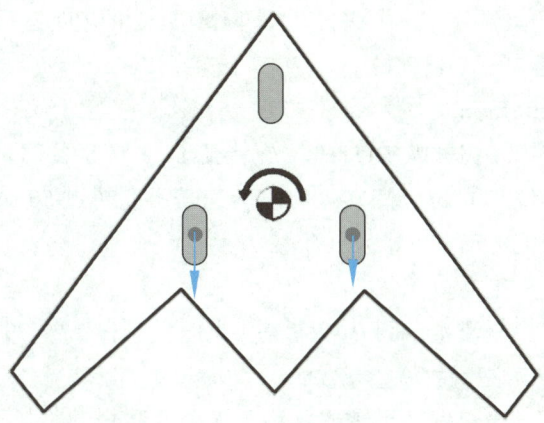

图 4.2.2 差动刹车转弯

地面转弯半径的大小主要取决于滑行速度和向心力的大小。当滑行速度一定时,向心力越大,转弯半径越小;当向心力一定时,滑行速度越大,转弯半径越大。

Part3 模拟练习

（1）在飞行模拟软件中选择 CESSNA 172 飞机，任意设置飞行计划，载入场景。

（2）与虚拟 ATC 取得联络，并记录 ATC 要求的滑行路线。

（3）请求开车，完成 CESSNA 172 飞机的开车步骤，做好滑行前的各项准备。

起飞前程序：

① 停留刹车——设置。

② 驾驶员和乘客座椅靠背——调直。

③ 座椅和安全带——固定并扣好。

④ 座舱门——关闭锁死。

⑤ 飞行控制——操纵精确且无卡阻。

⑥ 飞行仪表（PFD）——检查无红色"X"。

⑦ PFD 高度显示及备用高度表——修正海压。

⑧ 高度选择（ALT SEL）——预设。

⑨ 备用飞行仪表——检查。

⑩ 油量表——检查油量正确。

注意：当油量指示器同时指示在黄区时不建议飞行。

⑪ 混合比——富油位。

⑫ 燃油选择活门——BOTH 位（左右油箱同时供油）。

⑬ 自动驾驶（如选装）——接通（按下 MFD 上的 AP 按钮）。

⑭ 飞行控制——检查（人工操纵的优先级高于自动驾驶）。

⑮ 自动驾驶切断（A/P TRIM DISC）按钮（如选装）——按压（自动驾驶解除并听到警报声）。

⑯ 飞行指引仪（如选装）——关闭（按下 MFD 上的 FD 按钮）。

⑰ 升降舵配平控制——起飞位。

⑱ 油门——1 800 r/min。

a. 电机——检查（将钥匙从 BOTH 位旋转至 L 位或 R 位时，转速下降不能超过 150 r/min；钥匙在 L 位和 R 位之间转换时，转速差不能超过 50 r/min）。

b. VAC（真空度）指示——绿区。

c. 发动机指示——正常。

d. 电流和电压——电流指示为 0 或正值，电压指示在 27～29 V。

⑲ 故障指示——无任何故障指示。

⑳ 油门——慢车，检查发动机工作平稳且无杂音和抖动，由于长时间慢车会对发动机产生不利影响，慢车检查后应适当增大转速（可增大至 1 000 r/min）。

㉑ 通信频率/导航频率——设定。

㉒ 飞行计划——按需。

㉓ 应答机——设定，如遭遇非正常情况，应急编码如下：

a. 7500——非法干扰，如劫机。

b. 7600——通信设备故障。

c. 7700——紧急情况。

㉔ CDI 功能键——按压（按需选择导航源，如 GPS 航路/VOR）。

㉕ 襟翼——收上位或 10°（10°最佳）。

㉖ 侧窗——关闭锁死。

㉗ 频闪灯——打开。

㉘ 停留刹车——释放。

（4）结合本单元所学知识，按照虚拟 ATC 要求的滑行线路，将 CESSNA 172 飞机滑行至起飞跑道，在滑行过程中须遵守 CCAR-93TM-R5《民用航空空中交通管理规则》第二百九十九条的相关规定。

GL25 起　飞

【教学目标】

知识目标

掌握前三点式、后三点式无人机正常起飞的操纵理论及注意事项,理解离地速度、起飞安全速度、起飞滑跑距离、起飞距离的定义。

【教学内容】

1. 正常起飞的操纵原理、操纵方法及注意事项。
2. 后三点式无人机的起飞操纵。
3. 离地速度、起飞安全速度、起飞滑跑距离、起飞距离的定义。

Part1　温习回顾

（1）回顾上一单元的内容,再次熟悉地面滑行的操纵。

（2）熟读CCAR-93TM-R5《民用航空空中交通管理规则》第二百九十九条,熟悉航空器滑行时应当遵守的规定。

Part2　探索新知

固定翼无人机的起飞方式有很多,如滑跑起飞、车载起飞、手抛起飞、弹射起飞、火箭助推起飞、空中投放等。大型固定翼无人机的起飞方式通常为滑跑起飞和弹射起飞（舰载型）,本书主要对滑跑起飞进行介绍。

滑跑起飞的过程可分为起飞滑跑,离地升空,初始爬升三个阶段,如图4.3.1所示。起飞时通常使用最大可用功率,当无人机的速度增加到抬前轮速度V_R时,应平稳带杆建立起飞俯仰姿态。当无人机离地爬升至距离起飞表面15 m(50 ft)的高度时,飞行速度应满足安全起飞的需求。

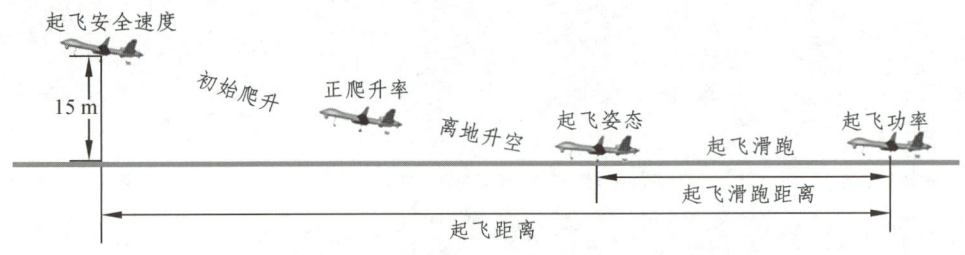

图4.3.1　无人机的起飞

一、正常起飞操纵——起飞滑跑

起飞滑跑时,无人机会受到推力/拉力、阻力、地面支持力。其中,阻力包括气动阻力和地面摩擦阻力两个部分,地面支持力等于无人机的重力与升力之差。由于起飞滑跑是一个不断加速的过程,推力/拉力必须大于阻力才行,也就是说,无人机必须具有剩余推力/剩余拉力。

$$\Delta P = P - (D+F) = P - \left[D + \mu(W-L) \right] = \frac{W}{g}a \qquad (4.3.1)$$

式中,ΔP 为剩余拉力,P 为拉力,D 为阻力,F 为地面摩擦力,μ 为摩擦系数。

剩余推力/剩余拉力越大,加速度越大,但起飞时切记不要猛推油门,否则会影响发动机的正常工作。对于活塞发动机,猛推油门会造成发动机过贫油燃烧,影响发动机功率。对于燃气涡轮发动机,猛推油门会造成涡轮前温度迅速上升,且容易引起喘振。对于螺旋桨无人机,猛推油门还会引起无人机的急剧偏航。

滑跑加速时,机轮对地面的正压力会随着升力的增大而减小,因此地面摩擦阻力会越来越小。但是速度的增加会使无人机受到的气动阻力增大,高速滑跑时,无人机受到的阻力以气动阻力为主,因此总阻力的大小是随着滑跑速度的增大而增大的。不管是喷气式发动机还是螺旋桨发动机,它们的推力或拉力都是随着空速的增大而减小的。综上所述,起飞滑跑时,无人机的加速度会随着总阻力的增大和推力/拉力的减小而减小。

以右旋螺旋桨为例,起飞滑跑时,右旋螺旋桨的反作用力矩会使无人机向左倾斜,加大左侧机轮对地面的正压力,左侧机轮在受到了更大的地面摩擦阻力时,会产生左偏力矩。如果螺旋桨位于垂直尾翼前方,其滑流作用在垂尾上也会产生左偏力矩。因此,滑跑过程中应适当地向右压杆来减轻螺旋桨反作用力矩的作用,同时适当地向右蹬舵修正,以保持笔直的滑跑方向。需要注意的是,起飞滑跑时应避免在两侧机轮施加不对称刹车压力修正滑跑方向,因为刹车的使用会延长无人机的起飞滑跑距离。

二、正常起飞操纵——离地升空

当无人机加速到手册要求的抬轮速度 V_R 时,应平稳地向后带杆,使机头上仰至合适的起飞姿态并保持。对于单发无人机,抬轮速度 V_R 不得小于起飞形态下的失速速度 V_{S1},对于多发无人机,抬轮速度 V_R 不得小于 $1.05V_{MC}$(V_{MC} 为关键发动机失效后的最小操纵速度)与 $1.1V_{S1}$ 之间较大的一个。抬轮过程中,无论如何都不能让仰角超过抬轮允许的最大值,否则会造成擦尾,尤其是采用推进式螺旋桨或下反 V 形尾翼的无人机,抬轮时应格外注意,如图 4.3.2 所示。

图 4.3.2 某型无人机抬轮时允许的最大俯仰角

当所有机轮都离地时,地面摩擦阻力会瞬间消失,低头力矩会瞬间减小。随后,无人机会出现抬头的趋势,这是因为地面效应减弱,气流下洗增强,使得水平尾翼的负迎角增大,负升力增加,从而增大了抬头力矩。因此,无人机离地后应适当地向前迎杆,以避免机头过度上仰。只要无人机以合适的俯仰姿态离地,升空后只需对俯仰角进行少量调整,速度就能很快增大到最大爬升率空速V_Y。

三、正常起飞操纵——初始爬升

离地后,应充分利用地面效应维持升力、增加速度。对于单发无人机,当高度上升到 15 m(50 ft)时,要保证其速度达到$1.2V_{S1}$。对于起落架可收放的无人机,如果证实了上升率为正,应收上起落架。在初始爬升阶段,应继续使用最大可用功率,保持最大爬升率空速V_Y,如果空速不等于V_Y,应调整俯仰角的大小,直至空速达到V_Y。

四、后三点无人机的起飞操纵

与前三点无人机不同,后三点无人机的滑跑方向不易保持。如果尾轮具有锁定功能,起飞前应将尾轮居中锁定,以增强滑跑过程中的方向稳定性。

如图 4.3.3 所示,起飞滑跑时,后三点无人机会长时间处于大迎角状态,因此螺旋桨因素导致的偏航力矩较大。螺旋桨进动性也是不能被忽略的,如果起飞前已正确配平,随着速度的增加,俯仰稳定力矩会逐渐增大,这会使机头下俯,如果螺旋桨向右旋转,这个低头力矩会引起向左的偏航力矩。滑跑过程中,只能操纵方向舵修正滑跑方向,而不能在两侧机轮施加不对称刹车压力修正滑跑方向。

当无人机达到合适的起飞俯仰姿态时,应稍稍向后带杆制止机头下俯,然后保持姿态,等待无人机自行离地。无人机离地后应继续稳住姿态,待空速增加到最大爬升率空速V_Y时,再保持该速度带杆爬升。如果离地后急于拉升,无人机会过早地飞离地面效应区域,造成升力不足。

图 4.3.3 后三点无人机的起飞

五、起飞性能

(一)离地速度

离地速度是起飞滑跑时,升力刚好等于重力的瞬时速度。

$$V_{LOF} = \sqrt{\frac{2W}{C_{LOF}\rho S}}$$ (4.3.2)

(二)起飞安全速度

当无人机上升到 15 m(50 ft)的高度时,其速度不得小于起飞安全速度 V_2。对于单发固定翼无人机,起飞安全速度 V_2 不得小于 $1.2V_{S1}$,对于多发固定翼无人机,起飞安全速度 V_2 不得小于 $1.1V_{MC}$ 与 $1.2V_{S1}$ 之间的较大值。

(三)起飞滑跑距离

可以根据固定翼无人机的滑跑时间和平均加速度对起飞滑跑距离进行近似估算。平均加速度的大小可以表示为

$$a_{avg} = \frac{P_{avg} - (D+F)}{W} g \tag{4.3.3}$$

起飞滑跑距离大约为

$$L_{TOR} = \frac{1}{2} a_{avg} t_{TOR}^2 = \frac{V_{LOF}^2}{2a_{avg}} \tag{4.3.4}$$

根据《民用机场飞行区技术标准》(MH 5001—2013),可用起飞滑跑距离为公布的可用于并适用于飞机起飞时进行地面滑跑的跑道长度。

(四)起飞距离

无人机从开始滑跑,到爬升至 15 m(50 ft)的高度所经过的水平距离叫作起飞距离。

$$L_{TO} = L_{TOR} + L_{TOA} \tag{4.3.5}$$

对于起飞空中段的水平距离 L_{TOA},可以从能量守恒的角度推导出近似值。

$$(P-D)_{avg} L_{TOA} = E_H - E_{LOF} = \left(\frac{WV_2^2}{2g} + WH\right) - \frac{WV_{LOF}^2}{2g} \tag{4.3.6}$$

$$L_{TOA} = \frac{W}{(P-D)_{avg}} \left(\frac{V_2^2 - V_{LOF}^2}{2g} + H\right) \tag{4.3.7}$$

根据《民用机场飞行区技术标准》(MH 5001—2013),可用起飞距离为可用起飞滑跑距离的长度加上如设有净空道时净空道的长度。

Part3 模拟练习

(1)在飞行模拟软件中选择 CESSNA 172 飞机,任意设置飞行计划,载入场景。
(2)按照虚拟 ATC 要求的路线滑行至起飞跑道。
(3)完成起飞前检查。
(4)操纵 CESSNA 172 飞机起飞。

正常起飞程序：

① 襟翼——收上位或 10°（10° 最佳）。①
② 油门——全油门。
③ 混合比——富油位（气压高度大于 3 000 ft 时，向贫油位调节混合比控制杆，直至发动机获得最大转速）。
④ 抬轮速度——55 kn。
⑤ 爬升速度——70～80 kn。
⑥ 襟翼——收上位（越过安全高度）。

GL26　着　陆

【教学目标】

知识目标

清楚襟翼位置与升阻比的关系，清楚参考着陆进场速度与无人机质量、襟翼位置的关系，掌握前三点式、后三点式无人机正常着陆的操纵理论及注意事项，理解参考着陆进场速度、接地速度、着陆滑跑距离、着陆距离的定义。

【教学内容】

1. 襟翼的使用。
2. 正常着陆的操纵原理、操纵方法及注意事项。
3. 后三点式无人机的着陆操纵。
4. 参考着陆进场速度、接地速度、着陆滑跑距离、着陆距离的定义。

Part1　温习回顾

请回顾"机场环境——起落航线"的内容，想一想应该怎样从三边过渡到五边？如何建立五边稳定进近？

Part2　探索新知

无人机从高于着陆表面 15 m（50 ft）处的位置下滑、接地、滑跑减速直至完全停止的运动过程叫作着陆，如图 4.4.1 所示。

着陆可以被分为下降、拉平、接地、滑跑减速四个阶段。下降过程中应控制好无人机的姿态、速度和下降角，并根据离地高度找准拉平的时机。拉平时，应柔和地向后带杆，同时平稳地将油门收至慢车位，使无人机飘飞减速并逐渐上仰至合适的姿态，最后以两点主轮轻盈接地。着陆滑跑时，无人机会在空气阻力、螺旋桨负拉力（或发动机反推力）以及刹车的作用下逐渐减速，直至完全停止。

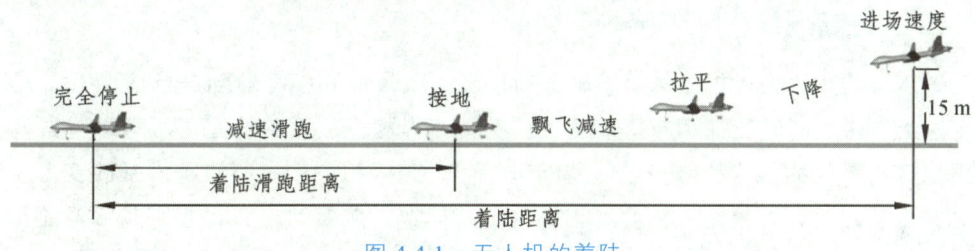

图 4.4.1　无人机的着陆

一、襟翼的使用

襟翼位置的改变会带来机翼升阻特性的变化,通常襟翼展开越多,机翼的升力(阻力)系数越大。机翼的升力系数越大,维持所需升力要达到的空速就越小。机翼的阻力系数越大,减速性能就越好。正常着陆时,通常会使襟翼完全展开,这样可以获得较大的升力系数,使无人机能够以更小的速度接地,也可以获得较大的阻力系数,使无人机能够在不增速的情况下以更大的下降角进近(见图 4.4.2 和图 4.4.3),这对越障飞行是有利的。襟翼位置的改变还会对无人机的俯仰特性造成影响,因此在收放襟翼时一定要相应地调节俯仰配平。

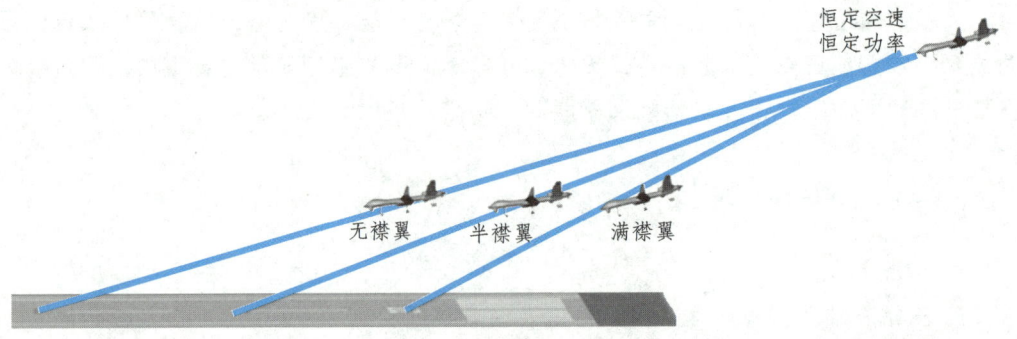

图 4.4.2 襟翼对下滑点的影响(注:下滑点是下滑轨迹与地面的交点)

图 4.4.3 襟翼对下滑角的影响

进近时,如果一次性将襟翼放至着陆位,就要对俯仰姿态和功率进行大幅控制,才能保持无人机的稳定进近,如果无人机的速度较快,可能会超出襟翼限速。因此,在进近过程中应按照手册提供的襟翼操作速度逐步放下襟翼。

二、着陆操纵——下降

进入五边后,无人机应保持正确的航向道、下滑面和参考着陆进场速度 V_{REF} 建立稳定进近。进近时,应证实起落架已放下锁死,襟翼已放至着陆位置,同时适当调节配平以保持最佳的操纵状态。进入着陆过程后,无人机的形态不应再发生改变。

进近着陆时,如果无人机偏离正确的下降轨迹,应及时修正,否则越接近跑道,所需的修正量就越大。以《高风险货运固定翼无人机系统适航标准(试行)》为例,该标准规定货运固定翼无人机的稳定下滑进场梯度不能大于 5.2%（3°）。如果无人机接地前过多地偏离跑道中线，应果断复飞，否则会有冲出跑道的风险。

结合表 4.4.1，请回答参考着陆进场速度 V_{REF} 的大小和什么有关？

表 4.4.1 着陆性能表条件栏

Landing Distance - Flaps LDG - 1999 kg / 4407 lb			
Weight：	1999 kg / 4407 lb	Flaps：	LDG
V_{REF}：	86 KIAS	Power：	IDLE
		Runway：	dry,paved,level
Landing Distance - Flaps LDG - 1700 kg / 3748 lb			
Weight：	1700 kg / 3748 lb	Flaps：	LDG
V_{REF}：	84 KIAS	Power：	IDLE
		Runway：	dry,paved,level
Landing Distance - Abnormal Flap Position - 1999 kg / 4407 lb			
Weight：	1999 kg / 4407 lb	Flaps：	APP or UP
V_{REF}：	92 KIAS	Power：	IDLE
		Runway：	dry,paved,level
Landing Distance - Abnormal Flap Position - 1700 kg / 3748 lb			
Weight：	1700 kg / 3748 lb	Flaps：	APP or UP
V_{REF}：	86 KIAS	Power：	IDLE
		Runway：	dry,paved,level

参考着陆进场速度 V_{REF} 通常不小于 V_{MC} 或 $1.3V_{S0}$，V_{REF} 的大小可以通过飞行手册获得。V_{REF} 的大小与无人机的质量和襟翼位置有关。当襟翼位置一定时，无人机的质量越大，V_{REF} 越大；当无人机的质量一定时，襟翼的角度越大，V_{REF} 越小。

三、着陆操纵——拉平

拉平是无人机从进近姿态平稳连续过渡到接地姿态的运动过程，如图 4.4.4 所示。拉平可以使无人机的速度和下降率减小，为无人机的轻接地做准备。拉平开始的时机应根据无人机的飞行状态参数（如空速、姿态角、下降率等）和离地高度来决定，大型固定翼无人机通常在距地面 3~6 m（10~20 ft）的高度开始拉平动作。

连续地向后带杆会使机头逐渐上仰，迎角逐渐增大。迎角增大时，升力会增大，下降率会减小。无人机的下降轨迹会随着下降率的减小逐渐趋于水平，形成着陆曲线。迎角增大时，阻力也会增大，而且着陆曲线的形成会使重力在飞行矢量上的分量减小，因此无人机的速度会在连续的拉平过程中逐渐降低。为了使接地速度尽可能的小，在带杆的同时还应平稳地将油门收至慢车位。然而，空速的下降势必会带来升力的减小，因此在收油减速的同时还应进一步增大迎角，以维持足够的升力。拉平过程中，带杆和收油的节奏主要取决于无人机的离地高度、俯仰姿态、垂直速度以及空速的大小。

拉平时，迎角增大产生的纵向静稳定力矩会试图减小无人机的迎角，且地面效应增强时，气流的下洗会减弱，使得水平尾翼的负升力减小，因此拉平过程中应不断地增大杆位移，以产生足够的操纵力矩防止机头下俯。

随着迎角的增大和地面效应的增强，无人机会在接地前进入飘飞状态。飘飞时无人机的下滑角非常小，对俯仰姿态的控制必须十分精细，才能保持正确的下降率。

图 4.4.4　无人机的拉平

请思考：拉平过程中容易出现哪些偏差？该如何修正？

（一）平飘和拉飘

地面效应会使机翼的升力增加，诱导阻力减小。无人机进入地面效应区域后，如果带杆过快，或收油不及时，很容易出现平飘或拉飘，如图 4.4.5 和图 4.4.6 所示。如果平飘过久，无人机会飞过预期着陆点，延长着陆距离。如果拉平时无人机的高度再次飘升（拉飘），很容易发生失速并造成重着陆。

如果发生平飘，应稳住操纵杆，保持俯仰姿态不变，当飞行速度进一步减小时，下降率会再次出现。如果出现轻微拉飘，驾驶员可以采用平飘的改出方法进行操纵，如有必要，可适当增大功率来防止升力突然减小，如果出现严重拉飘，应果断加大油门复飞。

需要注意的是，如果出现平飘或拉飘，无论如何都不能为了降低高度而强行减小迎角，否则极易导致重着陆或接地弹跳。如果无人机飘过了接地带，应果断采取复飞措施。

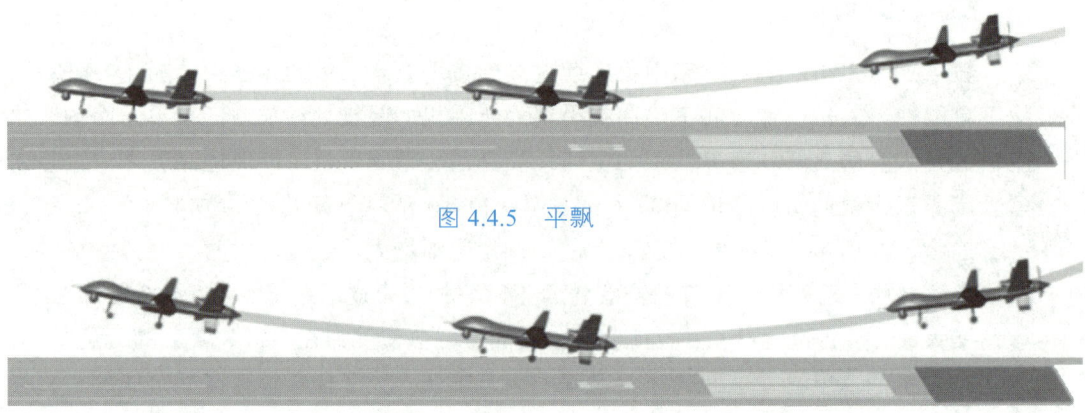

图 4.4.5　平飘

图 4.4.6　拉飘

（二）拉平高和拉平低

如果拉平开始的高度偏高，且驾驶员仍然按照正常的节奏带杆，无人机会过早地达到接地姿态，这种情况叫作拉平高。如果出现拉平高的趋势，应先稳住操纵杆，待无人机下沉适当的高度再继续带杆，否则极易导致平飘或拉飘。

如果拉平开始的高度偏低，且驾驶员仍然按照正常的节奏带杆，无人机就不能及时达到合适的接地姿态，这种情况叫作拉平低。拉平低极易造成重着陆。如果没有及时开始拉平，拉平过程中应适当地加快带杆动作，但动作不能太突然，否则迎角可能会瞬间增大造成失速。对于前三点无人机，猛拉操纵杆还会使重心后部的机体加速下沉，加大主轮接地时的冲击，而且迎角的突然增大极有可能引起接地时的弹跳。

四、着陆操纵——接地

为了减小着陆冲击载荷，无人机接地时的速度应尽可能的小（通常略高于失速速度），下降率应尽可能地接近于0，因此拉平过程中带杆和收油的节奏十分关键。由于拉平时机头的上仰，前三点无人机通常会以两点主轮接地。需要注意的是，无人机接地时的俯仰角通常是一个小的正角度，如果接地俯仰角过大，则有可能发生擦尾事故。

着陆时应避免三点起落架同时接地、重接地以及前轮先接地的情况发生，否则很容易造成着陆弹跳甚至是结构损伤。

主轮接地后，应迅速展开机翼扰流板（如有），破坏机翼的气动升力，这样可以有效防止着陆弹跳的发生，同时还要带住操纵杆，以两点主轮滑跑一段距离。如果主轮接地后立即松杆，前轮可能会重重地砸向地面。两点滑跑时，无人机主要靠气动阻力减速，随着滑跑速度的降低，气动升力会逐渐减小，前轮会慢慢地落回地面，转为前三点滑跑。前轮接地后，驾驶员可以使用前轮转向修正滑跑方向，也可以施加不对称刹车压力修正滑跑方向。

五、着陆操纵——滑跑减速

着陆滑跑时，无人机主要依靠发动机反推力（或螺旋桨负拉力）和刹车减速。扰流板也可以起到一定的减速效果，一方面因为扰流板能够带来额外的气动阻力，另一方面因为机翼扰流板的展开会使升力减小，这可以更早地让机轮承受大部分重力，从而增强制动效果。

如果无人机不具备自动刹车功能，前轮接地后，应柔和地施加刹车压力。如果无人机没有安装防滞刹车系统，应掌握好刹车的力度，防止因刹车压力过大导致机轮抱死，造成打滑。如果刹车过程中出现了机轮抱死的情况，应立即释放一部分刹车压力，使机轮重新恢复抓地力。刹车效果通常在机轮处于"边滚边滑"的状态时达到最佳。

六、后三点无人机的接地和着陆滑跑

对于后三点无人机，应尽可能地让三点起落架同时接地。如果选择以前两点主轮接地，拉平时应精细地控制空速和下降率，避免接地过重，否则无人机重心前的部分会被地面反作用力瞬间顶起，使迎角突然增大，升力突然增加，造成着陆弹跳，如图4.4.7所示。

图 4.4.7　后三点无人机的接地弹跳

如果接地时发生弹跳，不要试图将无人机"压"回地面，否则很容易造成二次弹跳，形成"海豚跳"。当弹跳比较轻微且俯仰姿态没有出现明显变化时，应保持正确的着陆姿态，等待下降率再次出现。如果弹跳比较剧烈，应立即采取复飞措施。

无人机接地后，应小心地将操纵杆向后拉到底，使其转为后三点滑跑。如果无人机安装有尾轮转向系统，应保持尾轮与地面的接触，以更好地保持滑跑方向。与前三点无人机不同，驾驶后三点无人机应更加谨慎地控制刹车，如果刹车过猛，会导致机体前翻，形成"倒立"，这种情况被称为"拿大顶"。

七、着陆性能

（一）参考着陆进场速度 V_{REF}

不论是国内的《高风险货运固定翼无人机系统适航标准（试行）》，还是北约的《UAV Systems Airworthiness Requirements（USAR）for North Atlantic Treaty Organization（NATO）Military UAV Systems》，都规定参考着陆进场速度 V_{REF} 不得小于 V_{MC} 与 $1.3V_{S0}$ 之中的较大值。

（二）接地速度 V_{TD}

主轮接地瞬间的速度叫作接地速度，其大小通常为 $1.15V_{S0}$ 左右，由于接地的瞬间升力与重力十分接近，可以近似地看作 $L = W$，有

$$V_{TD} = \sqrt{\frac{2W}{C_{L_{TD}} \rho S}} \approx 1.15 V_{S0} \tag{4.4.1}$$

（三）着陆滑跑距离

着陆滑跑距离是固定翼无人机从接地点滑跑减速至完全停止所经过的距离，可以把着陆滑跑近似地看作匀减速运动，则运动过程的平均加速度为

$$a_{avg} = \frac{g}{W}\left[P - D - \mu(W - L)\right]_{avg} \tag{4.4.2}$$

由于固定翼无人机滑跑结束时的最终速度为 0，则着陆滑跑距离为

$$L_{LDR} = \frac{V_{TD}^2}{2a_{avg}}$$

（四）着陆距离

无人机从 15 m（50 ft）的高度下降、拉平、接地、减速滑跑直至完全停止所经过的水平距离叫着陆距离，即

$$L_{LD} = L_{LDA} + L_{LDR} \tag{4.4.3}$$

式中，L_{LDA} 为着陆空中段的水平距离，从能量守恒的角度可以推导出近似值：

$$(P-D)_{avg} L_{LDA} = E_H - E_{TD} = \left(\frac{WV_{REF}^2}{2g} + WH\right) - \frac{WV_{TD}^2}{2g} \tag{4.4.4}$$

$$L_{LDA} = \frac{W}{(D-P)_{avg}} \left(\frac{V_{REF}^2 - V_{TD}^2}{2g} + H\right) \tag{4.4.5}$$

Part3　模拟练习

（1）在飞行模拟软件中选择 CESSNA 172 飞机，任意设置飞行计划，载入场景。

（2）遵守无管制机场空中交通管理要求，按照矩形左起落航线飞至三边，无线电高度 1 000 ft。

（3）三转弯前要为进近预留足够的距离，如果着陆跑道的下降角为 3°，四转弯结束时的高度为 500 ft，那么五边至少要留出大约 1.6 nmil。

着陆前程序：

① 驾驶员和乘客座椅靠背——调直。

② 座椅和安全带——固定并扣好。

③ 燃油选择活门——BOTH 位。

④ 混合比——富油位。

⑤ 着陆灯和滑行灯电门——打开位。

⑥ 自动驾驶——解除（如选装）。

（4）目视操纵飞机进近。

正常着陆程序：

① 空速——65～75 kn（襟翼收上位）。

② 襟翼——按需（空速低于 110 kn 可放至 10°；空速低于 85 kn 可放至全襟翼位置）。

③ 空速——60～75 kn（全襟翼）。

④ 升降舵配平——按需调节。

⑤ 着陆——主轮先接地，滑跑时轻轻放下前轮。

⑥ 刹车——最小所需压力。

GL27　着陆目测

【教学目标】

知识目标

了解下滑点的目测、修正方法以及下滑角的修正方法。

能力目标

能够识别常见的跑道助航灯光，能够识别和区分简易进近灯光系统、Ⅰ类进近灯光系统、Ⅱ/Ⅲ类进近灯光系统，理解目视进近坡度指示系统灯光指示的含义。

【教学内容】

1. 下滑点的选择和目测。
2. 进近灯光系统介绍。
3. 目视进近坡度指示系统介绍。
4. 下滑点、下滑角的修正。
5. 无人机超视距运行时的着陆目测。

Part1　温习回顾

在上一单元的模拟练习部分，我们尝试了 CESSNA 172 飞机的进近着陆，请思考如何在进近过程中修正飞机的偏差，使其保持正确的下滑路线。

Part2　探索新知

一、驾驶飞机时的着陆目测

进近着陆时，飞行员目视操纵飞机下降在预定接地区接地的过程叫作着陆目测。飞机在预定接地区后方提前接地，叫作目测低；飞机越过了预定接地区才接地，叫作目测高。

下滑点是下滑轨迹所在直线与着陆表面的交点，其位置一般选在跑道瞄准点标志后方的接地区内。下滑点的选择对着陆目测尤为关键。下滑点是抽象的，但是目视判断它的位置并不难，因为进近着陆时，周围的景物总是在视野中不断地"运动"，而下滑点在视野中的位置是固定不变的，飞机越接近跑道，下滑点的位置就越清晰。选择好下滑点后，应保持速度 V_{REF} 以正确的下滑角（通常为 3°）进近。

现代大中型民用机场的跑道两端通常都设有进近灯光系统和目视进近坡度指示系统（见图 4.5.1），它们可以为着陆目测提供更为准确的目视参考。

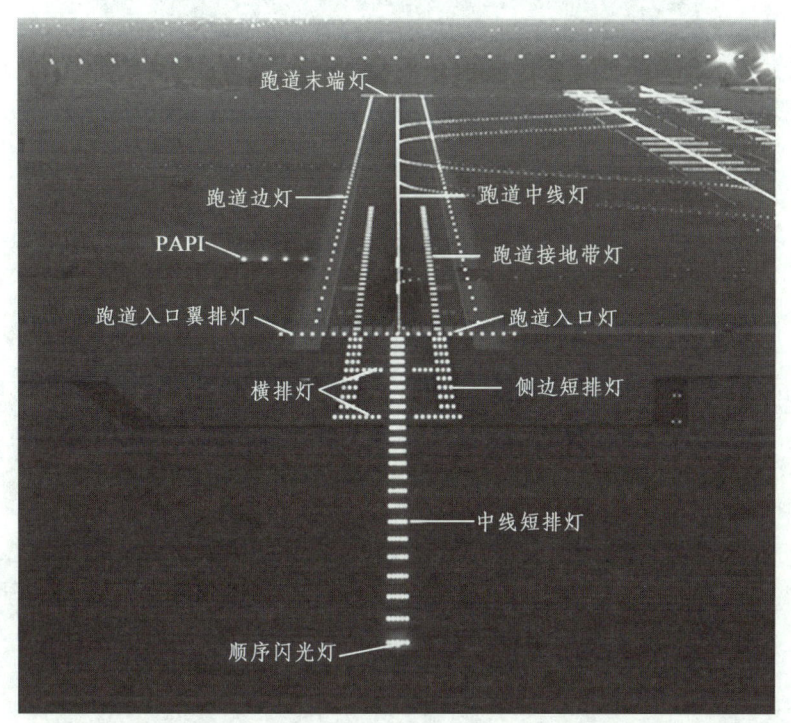

图 4.5.1 跑道助航灯光

进近灯光系统通常在夜间或低能见度条件下工作，进近时飞行员可以借助进近灯光系统快速地从仪表飞行过渡到目视飞行。常见的进近灯光系统包括：

（1）简易进近灯光系统。
（2）Ⅰ类进近灯光系统。
（3）Ⅱ/Ⅲ类进近灯光系统。

简易进近灯光系统通常设在非仪表跑道或非精密进近跑道。以常见的 B 型简易进近灯光系统为例，该灯光系统由一列短排灯和一行横排灯组成，如图 4.5.2 所示。短排灯沿跑道中线延长线排列，每相邻两组短排灯之间的距离为 60 m。最里端的短排灯与跑道入口相距 60 m，最外端的短排灯最少要延伸至跑道入口外 420 m。进近时飞行员可以参照短排灯指明的跑道中线延长线对准跑道。横排灯垂直于跑道中线延长线且被其平分，与跑道入口相距 300 m，飞机接近跑道时，飞行员可以参考横排灯改平坡度并判断飞机与跑道入口的距离。

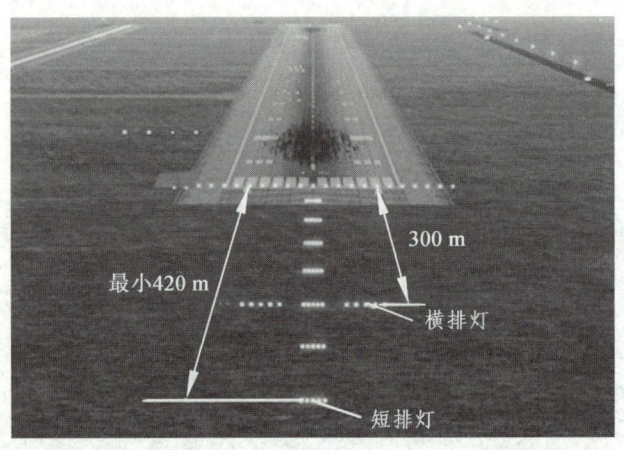

图 4.5.2　B 型简易进近灯光系统

精密进近跑道会根据其运行条件设置Ⅰ类进近灯光系统或Ⅱ/Ⅲ类进近灯光系统。以 B 型Ⅰ类进近灯光系统为例，该灯光系统在 B 型简易进近灯光系统的基础上增大了中线短排灯的排列密度并将其延伸到了跑道入口外 900 m，且每组短排灯上还加装了顺序闪光灯，如图 4.5.3 所示。顺序闪光灯以 2 次/秒的频率由外向内依次闪光，呈现出白色光点一个接一个向跑道入口快速移动的效果，其作用是将飞行员的目光引向跑道中线。

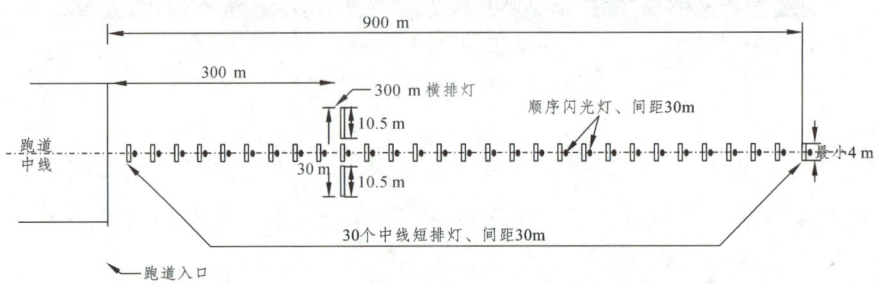

图 4.5.3　B 型Ⅰ类进近灯光系统

与Ⅰ类进近灯光系统相比，Ⅱ/Ⅲ类进近灯光系统增设了两列侧边短排灯和一行横排灯，如图 4.5.4 所示。侧边短排灯为红色，在中线短排灯两侧各有一列，在夜间或低能见度条件下，侧边短排灯可以标明跑道入口外 300 m 长的非着陆区域，警示飞行员不要在跑道外提前着陆。横排灯增设在跑道入口外 150 m 处，其刚好占据了中线短排灯与侧边短排灯之间的空隙。

目视进近坡度指示系统通常是全天候工作的，其作用是在进近时为飞行员提供目视下滑指引。常见的目视进近坡度指示系统包括：

（1）精密进近坡度指示器（PAPI）。

（2）简化精密进近坡度指示器（APAPI）。

（3）T式目视进近坡度指示系统（T-VASIS）。

（4）简化T式目视进近坡度指示系统（AT-VASIS）。

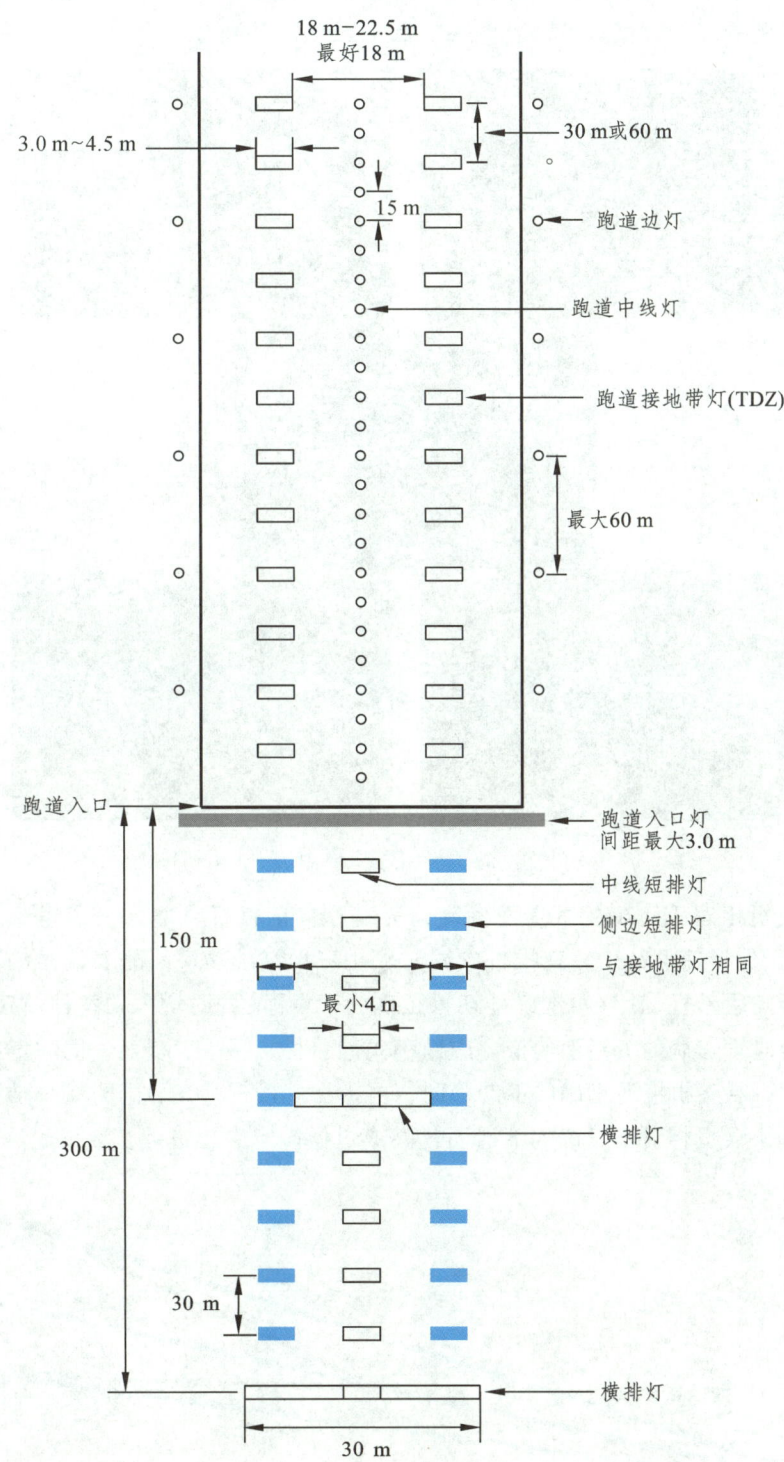

图 4.5.4　Ⅱ/Ⅲ类进近灯光系统

以最常见的精密进近坡度指示器（PAPI）为例，该系统由四组并排安装的菲涅尔透镜灯组成，如图 4.5.5 所示。当飞机处于正确的下滑面时，飞行员看到的灯光颜色应该为两白两红。如果飞行员看到的白灯数量偏多，表明飞机高于正确的下滑面；如果飞行员看到的红灯数量偏多，表明飞机低于正确的下滑面。

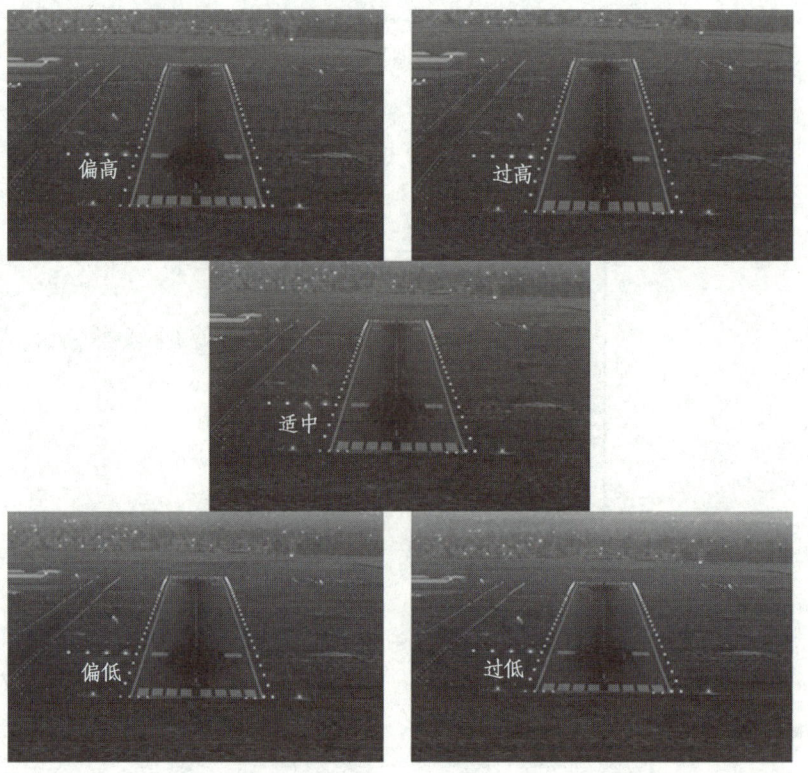

图 4.5.5　PAPI 指示

如果飞机相对于正确的下滑面偏高，应稍稍向前推杆，增大下滑角修正（见图 4.5.6），为了保持速度 V_{REF}，在推杆的同时应相应地减小功率。随着偏差的减小，飞行员应视情向后带杆，让飞机准确地切入正确的下滑面，同时增大功率保持速度 V_{REF}。如果飞机相对于正确的下滑面偏低，应稍稍向后带杆，减小下滑角，同时增大功率保持速度 V_{REF}，待飞机接近正确的下滑面时，再平稳地推杆切入，同时减小功率保持速度 V_{REF}。如果飞机相对于正确的下滑面过高或过低，应中止进近。

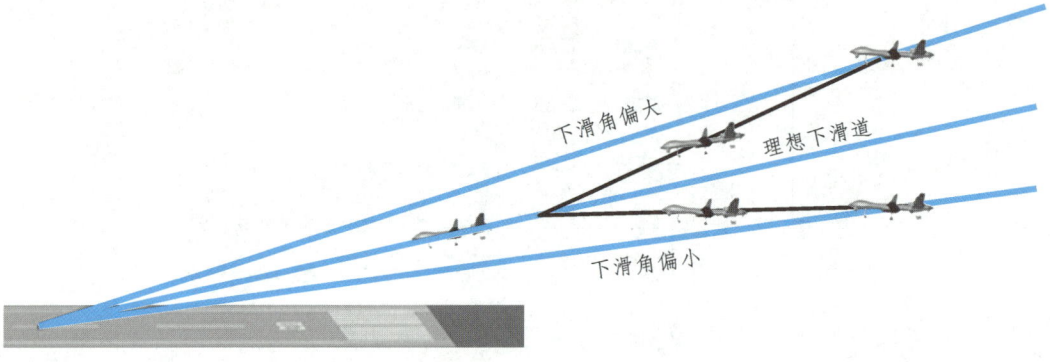

图 4.5.6　下滑角的修正方法

如果着陆跑道没有设置目视进近坡度指示系统，飞行员应目测飞机与预定下滑点之间的距离，并根据高度控制飞机下滑，如图 4.5.7 所示。在没有下滑指引的情况下，跑道的宽度很容易影响着陆目测的准确度。其中，窄跑道容易让飞行员产生下滑轨迹偏高的错觉，在这种错觉的影响下，飞行员可能会错误地向下修正，造成目测低。而宽跑道容易让飞行员产生下滑轨迹偏低的错觉，如果错误地向上修正易造成目测高。

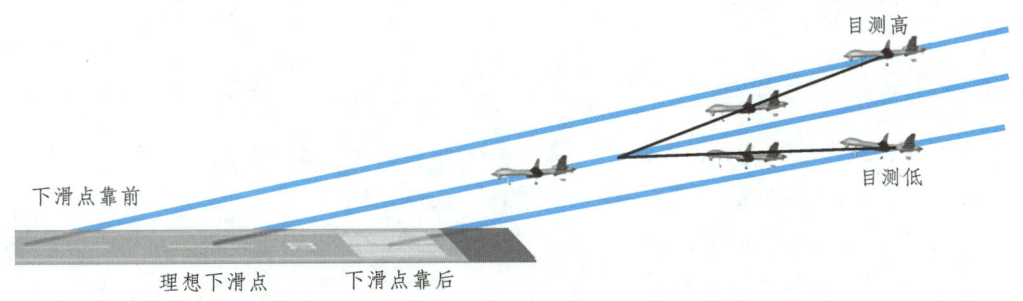

图 4.5.7　下滑点的修正方法

二、无人机超视距运行时的着陆目测

无人机超视距运行时，目视飞行只能透过图传画面进行，且不能忽略信号传输的延迟。虽然超视距运行不够清晰直观，但是图传画面通常会和主要的飞行状态参数融合显示，从而获得与平视显示器（HUD）同样的效果。MQ-1"捕食者"无人机进近着陆时的传感器画面如图 4.5.8 所示。

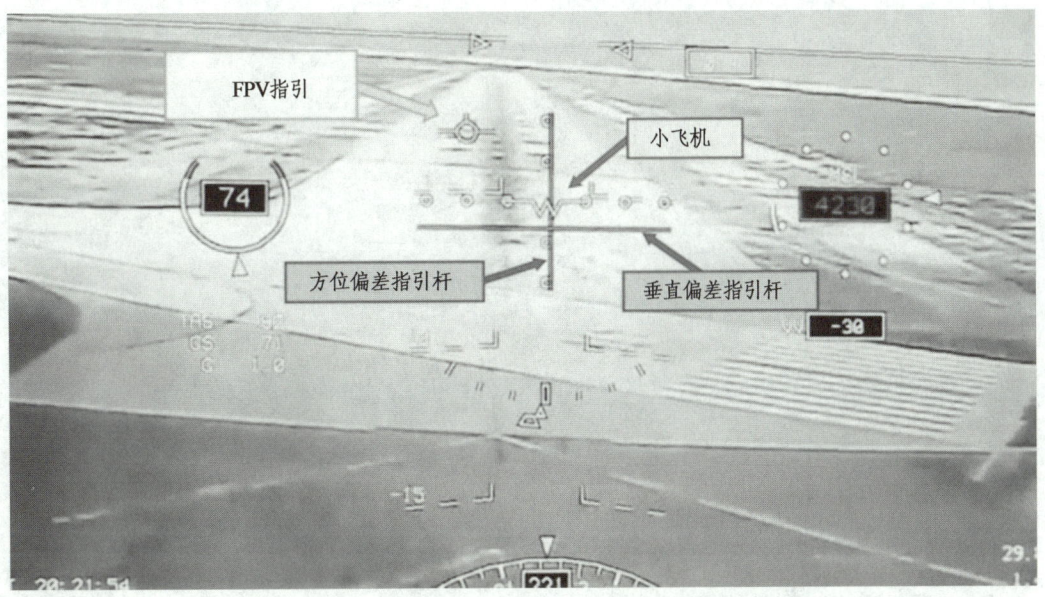

图 4.5.8　MQ-1"捕食者"无人机传感器图像

进近着陆时，FPV（Flight Path Vector）应始终对准预定的下滑点，且FPV的俯角要和规定的下滑角一致，如果下滑点或下滑角出现偏差，应及时改变俯仰姿态和功率大小进行修正。与此同时，无人机的空速应保持在手册规定的参考着陆进场速度V_{REF}，如果空速偏低，应适当地增大功率，减小迎角；如果空速偏高，应适当地减小功率，增大迎角。如果进近着陆时接通了仪表着陆系统（ILS）或微波着陆系统（MLS）或卫星着陆系统（GLS），画面中还会显示方位偏差指引杆和垂直偏差指引杆。

请思考：气温和场压会对着陆目测产生哪些影响？

Part3 模拟练习

（1）在飞行模拟软件中选择一个设有目视进近坡度指示系统的机场进行进近练习，分别熟悉各类目视进近坡度指示系统的灯光指示。

（2）在飞行模拟软件中选择一个设有进近灯光系统的机场进行进近练习，分别熟悉各类进近灯光系统的灯光指示。

GL28　风对起飞着陆的影响及修正

【教学目标】

知识目标
掌握无人机在顺风、逆风、侧风条件下起降的操纵理论。

能力目标
掌握通过风锥对风向、风速进行大致判断的方法,掌握风分量图的使用方法。

【教学内容】

1. 风锥的介绍。
2. 顺/逆风起降方法。
3. 侧风起降与侧风修正。
4. 风分量图的使用。

Part1　温故知新

在上一单元的学习中,我们了解了下滑点的目测方法,熟悉了进近灯光系统和目视进近坡度指示系统的灯光指示,现在请尝试在有风的条件下着陆一架 CESSNA 172 飞机,并思考不同的风导致的偏差该如何修正。

Part2　探索新知

风对起飞、着陆的影响是不能被忽略的,无人机在顺风、逆风和侧风三种条件下起降具有不同的操纵方法。风向与风速的大小可以通过 ATIS 情报通播获取,也可以观察机场风锥进行大致判断。

风锥通常设置在跑道入口左侧 45～105 m 的位置,是一个由颜色相间的织物制成的截头圆锥形风向袋,驾驶员可以通过风锥判断大致的风向和风速。其中,风锥所指的反方向为风的大致来向,风锥上的颜色环带鼓起的数量可以表示大致风速,如图 4.6.1 所示。风锥上通常有 5 个橙色(红色)与白色相间的颜色环带,其中最两侧的环带通常为橙色(红色)。

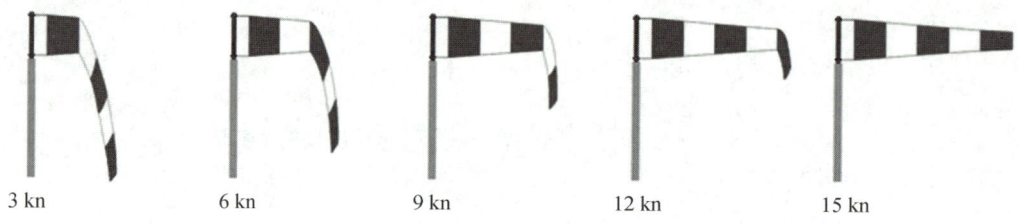

图 4.6.1　风锥在不同风速下的状态

一、顺/逆风起降

顺风起飞时,无人机的地速比静风、逆风时更大,这会导致起飞距离变长,最大爬升角减小,削弱无人机的起飞性能和越障能力。进近着陆时,顺风会使无人机的下滑角减小,造成目测高(见图 4.6.2),还会使无人机接地时的地速更大,导致着陆距离变长。所以,无人机的起飞和着陆应选择逆风跑道。

如果选择逆风跑道起飞,无人机的起飞距离会更短,最大爬升角会更大,从而改善无人机的起飞性能和越障能力。

同样地,逆风着陆时,无人机的接地地速会更小,着陆距离也会更短,但是逆风会使无人机的下滑角变大,易造成目测低,如图 4.6.3 所示。因此,在逆风条件下进近着陆时,要保持正确的下滑轨迹,可适当增大空速并使用小角度襟翼,必要时甚至可以不放襟翼。

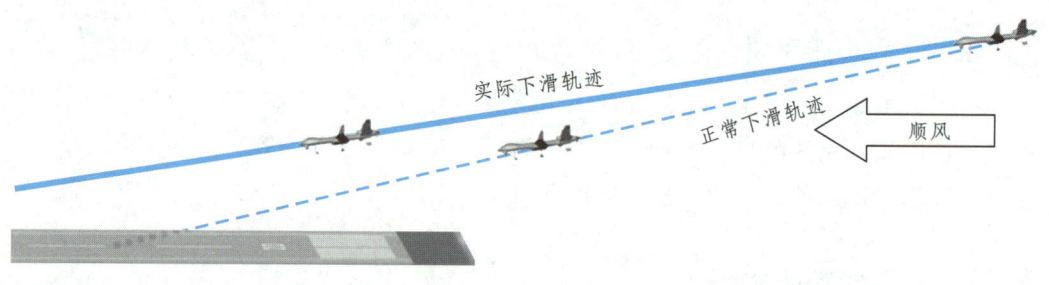

图 4.6.2　顺风导致的目测高

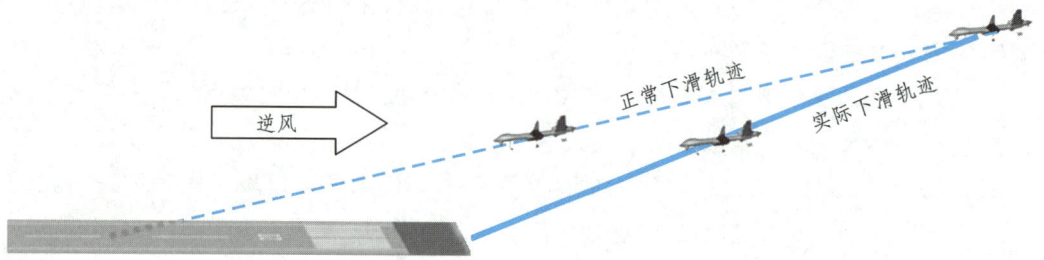

图 4.6.3　逆风导致的目测低

二、侧风起飞——起飞滑跑

如果风矢量与跑道不平行，会存在垂直于跑道的风分量，形成侧风。起飞滑跑时，侧风作用在无人机上会产生横航向稳定力矩。在横航向稳定力矩的作用下，上风侧的机翼会被抬高，机头也会向来流方向偏转。为了消除侧风的影响，应向上风侧压杆，向下风侧抵舵，即"上风杆，下风舵"。随着速度的增加，副翼和方向舵的效能会增强，所以在起飞滑跑的过程中要逐渐减小杆舵的位移量。

对于螺旋桨无人机，大小相等但方向相反的侧风会对其产生不同程度的影响。以右旋螺旋桨为例，当无人机遇到左侧风时，螺旋桨的反作用力矩会把侧风引起的横向稳定力矩抵消掉一部分，因此修正时副翼的舵偏角可以适当减小。但是侧风作用在垂尾上产生的左偏力矩会和螺旋桨副作用引起的左偏力矩叠加在一起，因此修正时方向舵的舵偏角应适当增大。如果无人机遇到右侧风，情况则刚好相反，螺旋桨的反作用力矩会和侧风引起的横向稳定力矩叠加在一起，因此修正时副翼的舵偏角应适当增大，但是侧风作用在垂尾上产生的右偏力矩会把螺旋桨副作用引起的左偏力矩抵消掉一部分，因此修正时方向舵的舵偏角可以适当减小。

三、侧风起飞——离地爬升

抬轮时，机轮对地面的正压力会随着升力的增大而减小，使得地面摩擦力减小，因此侧风作用于无人机产生的侧向力可能会克服地面摩擦力，使无人机侧移。为防止侧移，抬轮时可以向上风侧压一些坡度，利用升力的水平分力抵消侧风的作用力，虽然这会使下风侧的主轮先离地，形成单侧主轮滑跑的情形，但是短时间的"独轮"滑跑是可以接受的。

机轮全部离地时，地面摩擦力会瞬间消失，为防止无人机侧移，应继续向上风侧压坡度修正。带坡度爬升时，侧滑会使无人机产生方向稳定力矩，从而使机头偏向来流方向，因此在向上风侧压坡度的同时，还应向下风侧抵舵，以保持无人机的航向不变。这种带坡度和侧滑的修正方法被称为侧滑法。

使用侧滑法修正时，无人机的气动效率不高，因此在建立稳定爬升后，应使机头偏向来流并协调地改平坡度，消除侧滑角。这种操纵方法会使无人机的航向和航迹形成一定的夹角（偏流角），所以当无人机沿着预定航迹飞行时，机头并不会指向预定航向。这种改变航向修正侧风的操纵方法称为航向法。

四、侧风进近

侧风进近的修正方法有航向法、侧滑法、综合法。使用航向法修正时，气动效率较高，操纵也较为容易，但是偏流角的存在会影响下滑轨迹的预判，如图4.6.4所示。使用侧滑法修正时，机头能始终对准着陆跑道，下滑轨迹更容易预判，拉平时也无须大幅操纵方向舵，如图4.6.5所示。但是侧滑法的操纵相对困难，如果不能协调地控制副翼和方向舵，容易造成不稳定进近。综合法就是将航向法和侧滑法结合起来，当侧风较强时，综合法的修正效果会比较好。

图 4.6.4 航向法

图 4.6.5 侧滑法

五、侧风着陆

如果下滑过程中使用航向法修正，拉平时应找准时机蹬舵摆正机头，让无人机在接地的瞬间消除偏流角，否则起落架会在接地时承受较大的侧向力。为保持机翼的水平，在蹬舵的同时还应协调地向上风侧压杆。

侧滑法修正可以贯穿进近着陆的整个过程，但是在拉平阶段，无人机的空速会逐渐减小，舵面效应能逐渐减弱，所以在拉平过程中应逐渐增大杆舵的位移量进行修正。使用侧滑法修正时，一般让上风侧主轮先接地。为防止机体侧移，单侧主轮接地后无须回杆改平坡度，只需蹬舵保持滑跑方向即可，随着滑跑减速时升力的减小，上抬的主轮会缓缓地落回地面。

减速滑跑时，同样需要使用"上风杆，下风舵"的方法进行修正，且杆舵的位移量应随着滑跑速度的减小而增大。为更好地控制滑跑方向，主轮接地后应尽快放下前轮。

六、风分量

风矢量可以被分解为平行于航迹的顺/逆风分量和垂直于航迹的侧风分量。风分量图如图 4.6.6 所示。

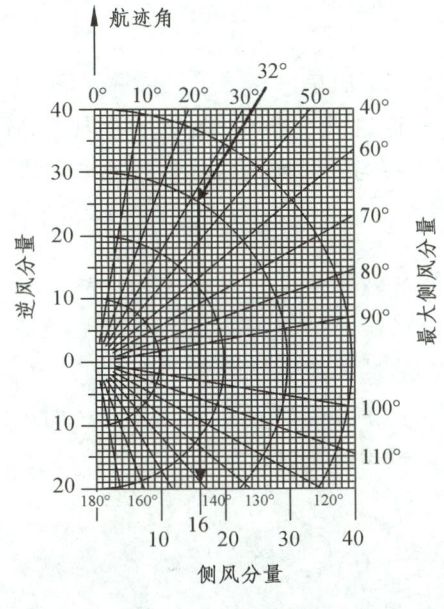

图 4.6.6 风分量图

假设航迹角为 360，风向为 032，风速为 30 节，通过风分量图我们可以得出风矢量相对于飞行方向的侧风分量约为 16 kn，逆风分量约为 25.5 kn。

飞行手册通常会给出起飞和着陆的顺风极限和侧风极限，起降前须根据风向与跑道方向的夹角以及风速的大小，通过风分量图求出起降跑道的顺/逆风分量与侧风分量，如果顺风分量过大，须更换跑道运行方向，如果侧风分量过大，起降条件将无法得到满足。

练一练：某型无人机准备执行山地测绘任务，已知该机型的侧风极限为 20 kn，跑道航向为 120/300，此时机场地面风为 160/30 kn，问：该跑道是否满足起降条件？

Part3　模拟练习

请尝试在 15 kn 侧风中驾驶 CESSNA 172 飞机完成一次起落航线飞行，并分别总结飞机在一边、二边、三边、四边、五边时修正侧风的方法。

GL29　阶段讲评

在模块四的学习中，GL23 简单介绍了机场环境，GL24～GL28 主要介绍了滑行和起降的基本操纵原理。现通过以下练习对当前所学内容进行阶段性巩固，其中，练习一和练习二为书面分析，练习三和练习四为飞行模拟实践。

练习一

某型长航时固定翼无人机准备执行山区测绘任务，其所在机场的参考气温为 15℃，该机场有一条水泥混凝土铺筑的跑道，跑道长度为 650 m，跑道磁航向为 124/304，其中 12 号跑道前方的净空道长度为 150 m，30 号跑道前方的净空道长度为 250 m。目前机场的场压为 1 013 hPa，气温为 15℃，地面风为 364°/14 kn。问：若无人机的重量为 4 407 lb，应选用哪条跑道起飞？起飞程序和襟翼位置是什么？抬轮速度和起飞安全速度各为多少？

练习二

某型长航时固定翼无人机刚完成山区测绘任务，准备在附近临时基地的简易机场补充燃油，该机场有一条土质跑道，跑道的坡度为 0.01，可用着陆距离为 600 m。目前，机场的气压高度为 1 150 ft，气温为 20℃，跑道上坡方向的顺风风速为 14 kn。问：若无人机进近时的重量为 3 750 lb，能否在此机场降落？

表 4.7.1　起飞性能（一）

Conditions:
- Power Lever.........................Both MAX
- Flaps..................................UP or APP
- Runway...............................dry, paved, level
- Nose wheel lift-off...............VR
- Airspeed for initial climb......V50

Take-Off Distance - Normal Procedure - 1999 kg / 4407 lb							
Weight:	1999 kg / 4407 lb			Flaps:	UP		
VR:	80 KIAS			Power:	MAX		
V50:	85 KIAS			Runway:	dry,paved,level		
Press.Alt. [ft]/[m]	Distance [m]	Outside Air Temperature - [°C] / [°F]						ISA
		0/32	10/50	20/68	30/86	40/104	50/122	
SL	Ground Roll	490	530	560	600	670	780	540
	15 m/50 ft	790	840	900	980	1110	1310	866
1000 305	Ground Roll	530	560	600	650	730	850	570
	15 m/50 ft	840	900	970	1060	1210	1440	918
2000 610	Ground Roll	560	600	640	690	790	920	602
	15 m/50 ft	900	970	1040	1140	1330	1590	975

表 4.7.2 起飞性能（二）

Take-Off Distance - Short Field Procedure - 1999 kg / 4407 lb							
Weight: 1999 kg / 4407 lb VR: 76 KIAS V50: 82 KIAS					Flaps： APP Power： MAX Runway： dry,paved,level		
Press.Alt. [ft] / [m]	Distance [m]	Outside Air Temperature - [°C]/[°F]						ISA
		0/32	10/50	20/68	30/86	40/104	50/122	
SL	Ground Roll	480	510	550	590	660	770	525
	15 m/50 ft	710	750	800	870	970	1130	775
1000 305	Ground Roll	510	550	590	630	720	830	554
	15 m/50 ft	750	810	860	930	1060	1230	817
2000 610	Ground Roll	550	590	630	680	780	910	587
	15 m/50 ft	810	860	920	1000	1150	1340	863

Headwind： decrease distances by 10% for each 14 knots（7.2 m/s） headwind.
Tailwind： increase distances by 10% for each 3 knots（1.5 m/s） tailwind.

表 4.7.3 着陆性能（一）

Conditions：
-Power Lever.........................Both IDLE
-Flaps...................................LDG, APP or UP
-Runway..............................dry, paved, level
-Approach speed..................VREF

Landing Distance - Flaps LDG - 1999 kg / 4407 lb							
Weight： 1999 kg / 4407 lb VREF： 86 KIAS					Flaps： LDG Power： IDLE Runway： dry,paved,level		
Press.Alt. [ft] / [m]	Distance [m]	Outside Air Temperature - [°C] / [°F]						ISA
		0 / 32	10 / 50	20 / 68	30 / 86	40/104	50/122	
SL	Ground Roll	370	380	400	410	440	500	387
	15 m / 50 ft	620	640	660	680	730	820	647
1000 305	Ground Roll	380	400	410	420	470	530	399
	15 m / 50 ft	640	660	680	700	770	860	662
2000 610	Ground Roll	400	410	430	440	490	550	411
	15 m / 50 ft	660	680	700	720	810	900	680

表 4.7.4 着陆性能（二）

Landing Distance - Flaps LDG - 1700 kg / 3748 lb							
Weight: 1700 kg / 3748 lb					Flaps:	LDG	
VREF: 84 KIAS					Power:	IDLE	
					Runway:	dry,paved,level	
Press.Alt. [ft] / [m]	Distance [m]	Outside Air Temperature - [°C] / [°F]						ISA
		0 / 32	10 / 50	20 / 68	30 / 86	40/104	50/122	
SL	Ground Roll	320	340	350	360	390	430	335
	15 m / 50 ft	550	570	590	600	650	730	577
1000 305	Ground Roll	340	350	360	370	410	460	346
	15 m / 50 ft	570	590	610	620	680	760	591
2000 610	Ground Roll	350	360	370	380	430	480	356
	15 m / 50 ft	590	610	630	640	720	800	605

Headwind：decrease distances by 10% for each 14 knots（7.2 m/s） headwind.
Tailwind：increase distances by 10% for each 3 knots（1.5 m/s） tailwind.
Paved runway, wet：increase the ground roll by 15%.
Soft runway：increase the ground roll by 10%.
Downhill slope：increase the ground roll by 9% for each 1% of slope.

练习一解析

由起飞性能（一）的数据可知，当无人机的重量为 4 407 lb 时，如果采用正常起飞程序，应将襟翼设置在收上位，且起飞时应使用最大功率，其中抬轮速度为 80 kn，起飞安全速度为 85 kn；由起飞性能（二）的数据可知，当无人机的重量为 4 407 lb 时，如果采用短场地起飞程序，应将襟翼设置在进近位，且起飞时应使用最大功率，其中抬轮速度为 76 kn，起飞安全速度为 82 kn。

目前，机场的场压为 1 013 hPa，气温为 15℃，已知机场的参考气温为 15℃，应参考起飞性能表中 SL-ISA 栏的数据。由起飞性能（一）的数据可知，当采用正常起飞程序时，所需起飞滑跑距离为 540 m，所需起飞距离为 866 m；由起飞性能（二）的数据可知，当采用短场地起飞程序时，所需起飞滑跑距离为 525 m，所需起飞距离为 775 m。此机场的跑道长度为 650 m，均能满足起飞性能（一）和（二）中的起飞滑跑距离需求。已知 12 号跑道前方的净空道长度为 150 m，30 号跑道前方的净空道长度为 250 m，所以 12 号跑道的可用起飞距离不超过 800 m（650 m + 150 m），30 号跑道的可用起飞距离不超过 900 m（650 m + 250 m）。所以在静风条件下，从 12 号跑道起飞只能采用短场地起飞程序，而从 30 号跑道起飞两种程序都可使用。

已知机场的地面风为 364°/14 kn，我们可以根据跑道的磁航向（124/304）得出风与跑道的夹角为 60°。通过风分量图我们可以得出风矢量相对于跑道的侧风分量大约为 12.1 kn，相对于 12 号跑道的逆风分量大约为 7 kn，相对于 30 号跑道的顺风分量大约为 7 kn。我们在计算起飞性能时须将风的影响考虑进来,根据提示,每 3 kn 的顺风会使起飞距离延长 10%,每 14 kn 的逆风可使起飞距离缩短 10%,即

30 号跑道（短场地起飞程序）：

$$L_{TOR1} = 525 \times (1 + 7/3 \times 0.1) = 647.5 \text{ m}$$

$$L_{TO1} = 775 \times (1 + 7/3 \times 0.1) = 995.8 \text{ m}$$

由于在顺风环境下起飞最少需要 995.8 m 的可用起飞距离,而 30 号跑道只有不超过 900 m 的可用起飞距离,所以 30 号跑道不可用。

12 号跑道（正常起飞程序）：

$$L_{TOR2} = 540 \times (1 - 7/14 \times 0.1) = 513 \text{ m}$$

$$L_{TO2} = 866 \times (1 - 7/14 \times 0.1) = 822.7 \text{ m}$$

12 号跑道（短场地起飞程序）：

$$L_{TOR3} = 525 \times (1 - 7/14 \times 0.1) \approx 498.8 \text{ m}$$

$$L_{TO3} = 775 \times (1 - 7/14 \times 0.1) \approx 736.3 \text{ m}$$

已知 12 号跑道的可用起飞距离不超过 800 m,所以正常起飞程序不可用,短场地起飞程序可用。

答：应选择 12 号跑道起飞,采用短场地起飞程序,襟翼应设置在进近位,抬轮速度为 76 kn,起飞安全速度为 82 kn。

练习二解析

根据无人机的重量（3 750 lb）,应选用着陆性能（二）,随后根据机场的气压高度（1 150 ft）和外界环境温度（20℃）确定所需着陆距离。由于着陆性能表没有给出气压高度 1 150 ft 所对应的着陆距离和着陆滑跑距离,故需使用线性插值法对该气压高度对应的着陆距离和着陆滑跑距离进行粗略的计算。根据着陆性能（二）,气温为 20℃ 时,气压高度 1 000 ft 和 2 000 ft 对应的着陆距离分别为 610 m 和 630 m,对应的着陆滑跑距离分别为 360 m 和 370 m,由此可得

$$\frac{1\,150 \text{ ft} - 1\,000 \text{ ft}}{2\,000 \text{ ft} - 1\,000 \text{ f}} = \frac{L_{LDA} - 610 \text{ m}}{630 \text{ m} - 610 \text{ m}} = \frac{L_{LDR} - 360 \text{ m}}{370 \text{ m} - 360 \text{ m}}$$

求得着陆距离

$$L_{LDA} = 613 \text{ m}$$

着陆滑跑距离

$$L_{LDR} = 361.5 \text{ m}$$

由于跑道上坡方向的顺风速度较大,应选择逆风方向进行着陆,根据提示,每 14 kn 的逆风可使着陆距离缩短 10%,即

$$L_{\text{LDA}} = 613 \text{ m} \times (1-0.1) = 551.7 \text{ m}$$

$$L_{\text{LDR}} = 361.5 \text{ m} \times (1-0.1) = 325.35 \text{ m}$$

以上数据只适用于混凝土铺筑的，水平、干燥的跑道，但着陆机场的跑道为土质道面，质地较软，且逆风方向的道面有 0.01 的下坡坡度，根据提示，软跑道着陆需增加 10%的着陆滑跑距离，0.01 的下坡坡度需增加 9%的着陆滑跑距离，对着陆距离进行修正，可得

$$L_{\text{LDA}} = 551.7 \text{ m} - 325.35 \text{ m} + 325.35 \text{ m} \times (1-0.1) \times (1+0.09) \approx 616.4 \text{ m}$$

答：所需着陆距离为 616.4 m，而该跑道的可用着陆距离只有 600 m，并不满足着陆条件，所以无人机应前往备降场着陆。

练习三

任务：进行本场起落航线的飞行模拟练习。
时段：昼间。
天气：高能见度，ISA 温度，无风，无湍流。
机场：飞行区指标达到 4C 级及以上的任意机场。
机型：任意型号的单发轻型飞机或单发大型固定翼无人机。
目标：理解滑行、起飞、着陆的操纵原理，了解本场起落航线的飞行程序。
建议课时：不少于 2 课时。

练习四

任务：在有风环境下进行本场起落航线的飞行模拟练习。
时段：昼间。
天气：高能见度，ISA 温度，顺风<5 kn，逆风/侧风<15 kn，无湍流。
机场：飞行区指标达到 4C 级及以上的任意机场。
机型：任意型号的单发轻型飞机或单发大型固定翼无人机。
目标：理解风对飞行的影响及修正方法。
建议课时：不少于 4 课时。

GL30 特殊情况下的起降

【教学目标】

知识目标

掌握无人机在短场地、软场地、积水跑道、积雪跑道起降的操纵理论，了解不放襟翼着陆的操纵方法，了解起落架故障及所有动力装置失效后的处置方法，清楚复飞的条件及注意事项。

【教学内容】

1. 短场地起降。
2. 软场地起降。
3. 在积水或积雪跑道上起降。
4. 不放襟翼着陆。
5. 无动力迫降。
6. 起落架故障着陆。
7. 复飞。

一、短场地起降

如果准备在短场地起降，应首先获取起降机场的风向、风速、气温、场压等大气参数，了解跑道的坡度和道面状况，然后根据无人机的性能图表评估起降的可行性。

(一) 短场地起飞

在短场地起飞应选择逆风、下坡跑道，起飞时应尽可能地发挥无人机的极限性能，最大程度缩短起飞距离。起飞滑跑前，应首先在刹车状态下将功率增加到最大，再松开刹车加速滑跑。当无人机的速度接近最大爬升角速度 V_X 时，平稳地抬起前轮，保持速度 V_X 建立稳定爬升，如图 4.8.1 所示。对于后三点式无人机，为获得最大的加速度，起飞滑跑时应尽可能保持最小阻力系数对应的迎角，当速度接近 V_X 时，平稳地向后带杆，保持速度 V_X 建立稳定爬升。

见表 4.8.1，无人机离地后应继续使用最大功率保持速度 V_X 爬升至安全高度，如果速度偏大或偏小，可通过增大或减小俯仰角的方式让速度达到 V_X。无人机飞越安全高度后，可稍稍减小俯仰角，待速度增加到最大爬升率速度 V_Y 时，再保持该速度继续爬升。如要进行越障飞行，只有在无人机完全越过障碍物之后才能减小俯仰角增加速度。

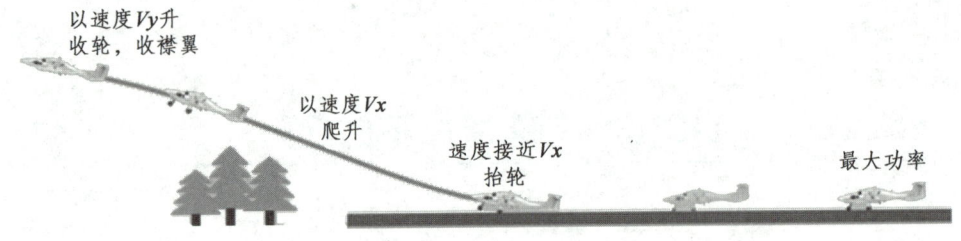

图 4.8.1　短场地起飞

表 4.8.1　DA42 飞机的正常操作空速

项目	襟翼	低于 1900 kg（4 189 lb）	超过 1900 kg（4 189 lb）
抬轮速度（V_R）	收上位	最小 80 KIAS	最小 80 KIAS
	进近位	最小 76 KIAS	最小 76 KIAS
起飞空速（最大爬升率速度 V_Y）	收上位	最小 90 KIAS	最小 92 KIAS
起飞空速（最大爬升角速度 V_X）	进近位	最小 82 KIAS	最小 82 KIAS
最佳爬升率空速（V_Y）	收上位	90 KIAS	92 KIAS
	进近位	85 KIAS	85 KIAS

（二）短场地着陆

在短场地着陆应选择逆风、上坡跑道，并使用最大角度襟翼。着陆时应尽可能地缩短飘飞时间，甚至是争取无飘飞接地，还要尽可能地减小接地速度，以最大程度缩短着陆距离。如果五边有障碍物，应提前放下起落架并将襟翼放至最大角度，以获得足够的阻力，这样无人机就可以在不增速的情况下以更大的下降角进近，从而顺利地越过障碍物，如图 4.8.2 所示。

无人机在短场地进近着陆时，下降速度不应大于 V_{REF} 或 $1.3V_{S0}$，否则飘飞距离可能会延长，接地速度可能会偏大。收油也不能太过提前，因为能量的减少会使无人机快速下沉，造成重着陆。在短场地着陆应尽可能地以最小可控空速接地，且接地后应继续保持正迎角姿态，充分利用气动阻力减速。前轮接地后，应平稳地施加刹车压力，使机轮处于临近抱死的状态，以获得最佳的刹车效果，缩短着陆滑跑距离。

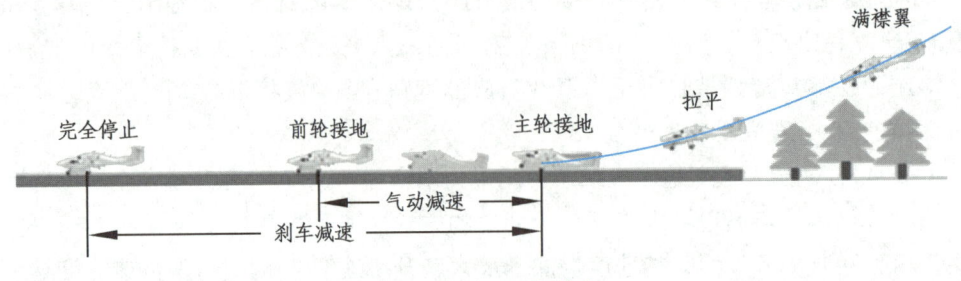

图 4.8.2　短场地着陆

二、软场地起降

(一) 软场地起飞

软场地包括雪地、沙地、泥地、草地等,它们通常是粗糙不平的。起飞滑跑时,不平整的道面会引起颠簸和跳跃,溅起的泥沙、碎石会冲击无人机表面,因此在软场地起飞要尽早离地。

对于质地比较松软的道面,如果无人机在某一位置停留过久,机轮可能会下陷,所以起飞滑跑前要尽可能地让无人机保持滑动状态。由于软道面会对机轮产生较大的阻滞力,延长无人机的起飞滑跑距离,所以滑跑加速时要尽早抬高前轮,增大迎角,尽快让机翼产生升力以转移机轮承受的重力,当机轮对地面的正压力减小时,地面阻力也就减小了,因此起飞时应尽可能地使用增升装置以获得较大的升力系数。由于软场地的质地不均,两点滑跑时驾驶员需要分配更多的注意力来保持滑跑方向和俯仰姿态。

虽然以大迎角姿态滑跑可以让无人机更早地离地,但是离地时无人机的空速较低,如果急于拉升,无人机会过早地失去地面效应,出现升力不足,如图 4.8.3 所示。所以离地后应减小爬升率,利用地面效应维持升力,待空速增加到 V_X 或 V_Y 时,再带杆爬升,如图 4.8.4 所示。如果道面比较潮湿,离地后可以先利用相对气流吹干、吹除机轮上的水分、淤泥,再收回起落架。

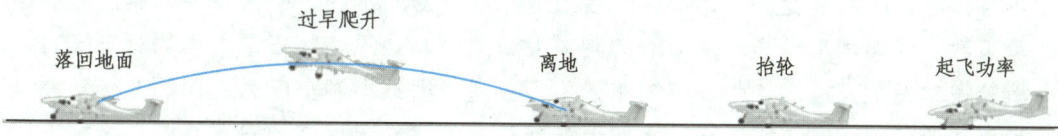

图 4.8.3 在软场地起飞爬升过早的情形

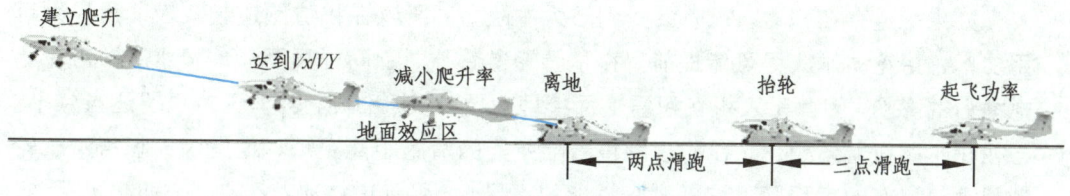

图 4.8.4 软场地起飞的正确方法

【作业】
(1) 在软场地起飞容易出现哪些错误?起飞过程中应该注意些什么?
(2) 如果从软场地起飞后急需越障飞行,该如何操纵?

(二) 软场地着陆

在软场地着陆要确保接地时的冲击不能过大,减速滑跑时机轮对地面的正压力也不能过大。首先要做的,就是尽可能地减小无人机接地时的速度和下降率。为获得最小接地速度，应最大程度使用增升装置。当无人机下降到距地面 1~2 ft 的高度时，应尽量减小下降率，尽可能延长飘飞时间，做到充分减速。

主轮接地后，应尽可能久地保持大迎角姿态滑跑，继续让机翼的升力克服一部分重力，以减小机轮对软道面的正压力，当空气动力不足以维持机头的上仰时，再缓缓地放下前轮。无人机转为前三点滑跑后，应避免使用刹车，以防止重心前移导致的前轮压力过大。实际上，软道面对机轮的阻滞力能提供很好的减速效果，在非必要时完全可以不使用刹车。

软场地着陆过程如图 4.8.5 所示。

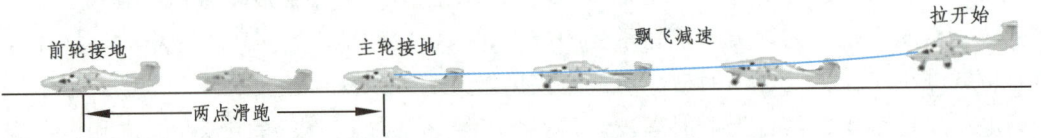

图 4.8.5　软场地着陆

三、在积水或积雪跑道上起降

无人机在湿滑的道面低速滑行时，轮胎能及时排开道面的积水，让胎面和道面直接接触，形成抓地力。但高速滑跑时，机轮的轮速较快，道面的积水无法被轮胎及时排净，所以在胎面和道面之间会形成一层薄薄的水膜，降低轮胎与跑道间的摩擦系数，影响刹车性能。在湿滑的跑道上着陆时，如果施加正常大小的刹车压力，机轮很容易抱死打滑，为保证刹车效果，应适当地减小刹车压力，但是这无疑会延长着陆滑跑的距离。所以在积水跑道着陆时，为了预留足够的滑跑距离，接地点应准确，飘飞时间不能过长。在跑道湿滑的情况下，应"扎实"接地，利用轮胎的冲击力排开道面的积水。

如果跑道存在积雪，机轮会受到较大的阻力，所以在积雪跑道起飞应使用最大可用功率，抬轮动作应尽可能提前。在积雪跑道着陆时，同样需要考虑"水膜"对轮胎抓地力的影响，因此无人机在积雪道面接地也要扎实、准确，刹车压力也要适当减小。与在积水跑道着陆相比，在积雪跑道着陆所需的滑跑距离更短，这是因为积雪对机轮的阻力可以在一定程度上弥补刹车性能的不足。如果跑道结冰，应禁止一切起降活动，因为结冰的道面非常光滑，会使刹车和地面转向失去作用。

四、不放襟翼着陆

如果襟翼卡阻无法放出，无人机需要更长的着陆距离。这是由于襟翼卡在收上位时，机翼无法获得更大的阻力系数，无人机的减速性能会因此减弱；与此同时，机翼也无法获得更大的升力系数，无人机所需的进近速度会更大。以 DA42 飞机为例，在同样的着陆质量下，襟翼在收上位时，V_{REF} 更大，见表 4.8.2。

表 4.8.2　DA42 飞机进近速度

项目	襟翼	低于 1900 kg（4189 lb）	超过 900 kg（4189 lb）
参考着陆进近速度	收上位	86 KIAS	92 KIAS
	进近位	最小 84 KIAS	最小 88 KIAS

襟翼全收时，机翼具有更大的升阻比，无人机在这种状态下要以更小的下滑角进近着陆。当无人机进入拉平阶段时，操纵量不宜过大，否则很容易导致平飘或拉飘。

在风速较大或乱流较强时，可以有意地在襟翼全收的状态下进近着陆，因为更大的速度可以带来更好的稳操特性，这对复杂风场下的飞行是有利的。

五、无动力迫降

如果无人机在高空彻底失去动力，首先要保证起落架和襟翼处于收上位，对于螺旋桨无人机，还要尽快使螺旋桨顺桨或调至最大桨距（定距螺旋桨除外），以减小迎风面积，避免气动阻力增加过多。DA40 型飞机紧急情况下的空速见表 4.8.3。

表 4.8.3　DA40 型飞机紧急情况下的空速

项目		850 kg 1 874 lb	1000 kg 2 205 lb	1150 kg 2 535 lb
起飞后发动机故障（襟翼起飞位）		59 KIAS	66 KIAS	72 KIAS
空速获得最佳滑行角度（襟翼收上位）		60 KIAS	68 KIAS	73 KIAS
发动机关闭时紧急着陆	襟翼收上位	60 KIAS	68 KIAS	73 KIAS
	襟翼起飞位	59 KIAS	66 KIAS	72 KIAS
	襟翼着陆位	58 KIAS	63 KIAS	71 KIAS

无动力下滑时，无人机经过的水平距离与下降高度之比叫作滑翔比。在静风条件下，滑翔比刚好等于升阻比，如果保持最大升阻比下滑，就可以获得最大滑翔距离。飞行手册通常会给出各种形态下的最佳滑翔速度，如果无人机彻底失去动力，保持该速度下滑几乎可以使无人机处于有利迎角，从而获得更远的滑翔距离。Cessna 172 飞机最佳滑翔性能如图 4.8.6 所示。

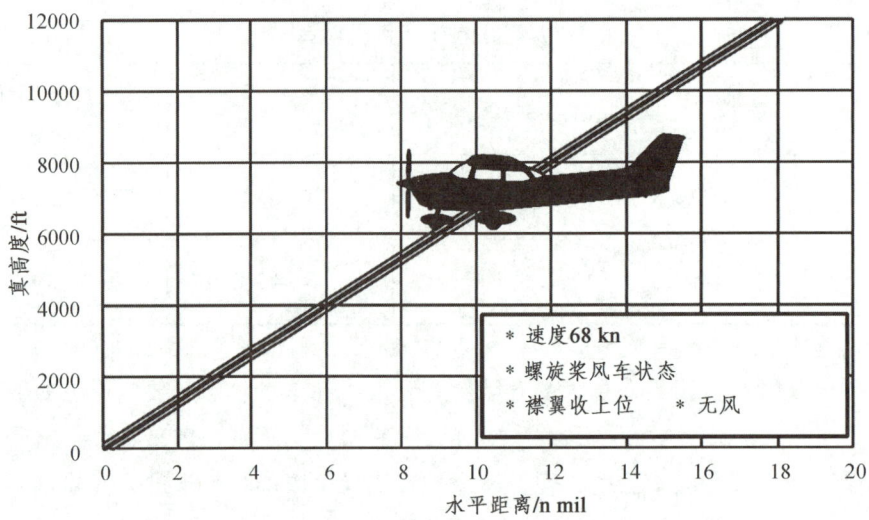

图 4.8.6　Cessna 172 飞机最佳滑翔性能

无动力下滑时，一般通过调整俯仰姿态来改变飞行速度，但是调整姿态时要注意操纵幅度不能太大，否则会造成不必要的能量损耗。如果无人机在全部发动机失效后还具有较大的速度，应带杆使无人机爬升一些高度，这不仅能为发动机的重新起动争取时间，也能扩大迫降场的选择范围。

在选定合适的迫降场后，应柔和操纵无人机对准迫降场，在转向机动时，坡度不能太大，滚转角速度也不能过快。如果无人机的高度较低，应优先选择机头前方的迫降场。对准迫降场后，应规划好能量并预估下滑轨迹，择机放出襟翼。起落架的收放与否应根据迫降场的场面状况来决定，如果迫降场地较为松软或是在水中迫降，则不建议放下起落架。

无动力迫降时，起落架和襟翼的放出时机十分关键。如果过早地放出起落架和襟翼，无人机的升阻比会减小，飞行阻力和下滑角会增大，无人机可能无法到达迫降场。因此，无动力迫降时可以晚一些放出起落架和襟翼，稍高于预定的下滑轨迹是有裕度进行修正的。如果无人机的高度偏大，可以用 S 形转弯修正法和侧滑法进行修正。使用 S 形转弯修正法修正时，飞行方向会不断改变，能量的大小也不容易控制。使用侧滑法修正时，机头可以始终对准迫降场，能量也比较容易控制，下滑角的修正会更加灵活。

六、起落架故障着陆

如果无人机的单个或多个起落架无法正常放下，应首先尝试在空中排除故障，如果按照手册的应急处置程序依旧无法放下起落架，可以尝试以下方法：

（1）如果气流平稳，可以让无人机俯冲加速，然后在接近最大限速 V_{NE} 时迅速拉升，利用大过载甩出机轮。

（2）左右交替进行大幅度偏航，利用交变的惯性力甩下起落架。

如果在尝试过上述方法后依旧无法放出故障起落架，则按照如下方法进行迫降。

（一）单侧主起落架无法放下

现假设左侧主起落架无法放下。无人机以右侧主轮接地时，地面的反作用力会对无人机的重心形成向左的滚转力矩（见图 4.8.7），如果接地较重，无人机会瞬间向左倾斜，造成左侧翼尖触地。因此，在单侧主起落架无法放下时，接地要柔和、平稳，且接地时可以向主轮放下一侧压一些坡度。单侧主轮接地后，为保持机翼的水平，应向有主轮支撑的一侧压杆。随着速度的减小，副翼的舵偏角应逐渐增大，以尽可能延长故障起落架一侧机翼的留空时间。如果单侧主起落架无法放下，着陆前应耗光故障起落架一侧机翼的燃油，这不仅能降低该侧机翼与地面摩擦引燃油箱的风险，还能减小该侧机翼的重量，延长该侧机翼的留空时间。

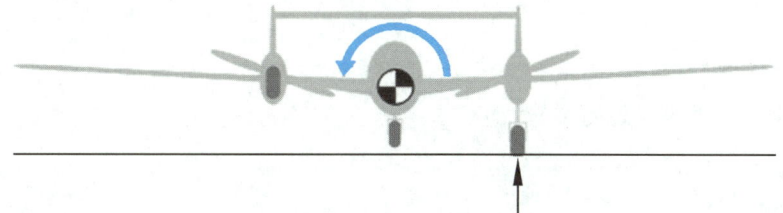

图 4.4.8.7　单侧主起落架无法放下着陆

为更好地控制滑跑方向，单侧主轮接地后，应尽早放下前轮。滑跑过程中不宜使用刹车，因为单侧主轮受到的摩擦力会对无人机的重心形成偏航力矩（见图 4.8.8），增加方向控制的难度。

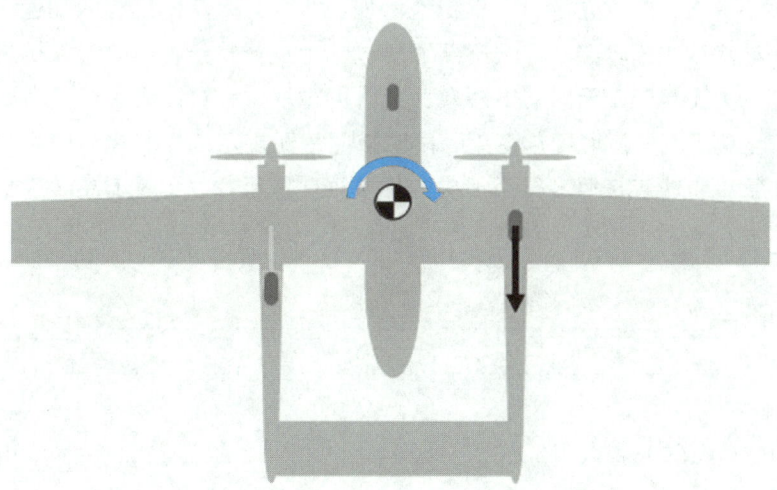

图 4.8.8　单侧主轮摩擦力带来的偏转力矩

（二）前起落架无法放下

如果前起落架无法放下，着陆时应以两点主轮柔和接地，主轮接地后无人机只能靠气动阻力减速。两点滑跑时，应带杆保持大迎角姿态，尽可能地延长机头的留空时间，以便让机头以更小的速度触地，减轻冲击。因此，当升降舵向上偏转到底后，应保持最大舵偏角直至机头触地。

(三) 机腹着陆

如果全部起落架都失效在收上位，或者只有单个起落架可以正常放下，无人机的回收只能以机腹着陆的方式进行。以机腹着陆前应尽量耗光燃油，以降低机腹擦地引燃油箱的风险。拉平时，应关闭发动机和燃油泵，为了减小机腹触地时的冲击，应延长无人机飘飞减速的时间，让无人机以更小的速度和下降率接地。机腹触地后，为避免造成更大的损失，应操纵方向舵尽量地避开障碍物，直至无人机停止滑动。

七、复 飞

进近着陆时如果不具备着陆条件，应果断采取复飞措施。需要复飞的情况有很多，例如：

（1）未能建立稳定进近。
（2）能见度不满足运行要求。
（3）跑道入侵。
（4）机械故障。
（5）低空风切变。
（6）侧风大小超过限制。
（7）管制员要求等。

复飞的决策应果断及时，如果贻误了复飞的最佳时机，可能会造成无法挽回的后果。如果决定复飞，应首先将功率平稳地增加到最大，以获得足够的加速度。如果无人机在地面效应区中断着陆，切记不要过早过快地进行拉升，否则无人机失去地面效应后会因为升力不足而下沉。从下降转为上升的过程中，要让无人机具有一定的加速度。建立安全爬升后，应收回起落架，同时按照手册规定的襟翼操作速度分段收回襟翼。具体的复飞步骤应按照飞行手册中的标准程序执行，以下是 DA42 飞机的复飞程序：

复飞

1. 功率..最大
2. 襟翼..进近位
3. 空速
   1 900 kg（4 189 lb）以下......................................最小 90 kn
   1 900 kg（4 189 lb）以上......................................最小 92 kn
   建立正爬升率
4. 起落架..收上
5. 襟翼..收上位
   建立安全爬升
6. 左/右辅助燃油泵..关闭

GL31 失 速

【教学目标】

知识目标

了解失速的现象，理解失速的机理，理解失速速度的定义，掌握失速改出的操纵理论，熟悉无功率失速、带功率失速的改出步骤。

【教学内容】

1. 失速的现象和机理。
2. 失速速度的定义。
3. 失速识别。
4. 失速改出的操纵方法及注意事项。
5. 无功率失速改出的一般步骤。
6. 带功率失速改出的一般步骤。

Part1 温故知新

请回顾模块二"阻力-附面层"相关内容，谈谈附面层为什么会发生分离？

Part2 探索新知

在中小迎角范围内，机翼的升力系数会随着迎角的增大而增大，但是当机翼的迎角增大到一定程度时，上翼面边界层的逆压梯度会使空气的正向流动受到较大的阻碍。空气的黏性会使边界层形成速度梯度，其中底层的空气会在逆压梯度的作用下首先停止流动，随后受阻的来流会向上绕行，脱离机翼表面，形成分离点。分离的气流会受到上下方气流的摩擦，形成涡流，其中上方是向后的相对气流，下方是在逆压梯度作用下向前的回流。如果继续增大迎角，分离点会进一步前移，涡流区会进一步扩大，这会造成升力系数迅速减小，阻力系数急剧增大（主要是压差阻力，见图 4.9.1），无人机将难以保持正常的飞行状态，这种状态就是失速。因此，迎角过大是导致无人机失速的根本原因。无人机升力系数达到最大时对应的迎角通常被定为失速临界迎角。

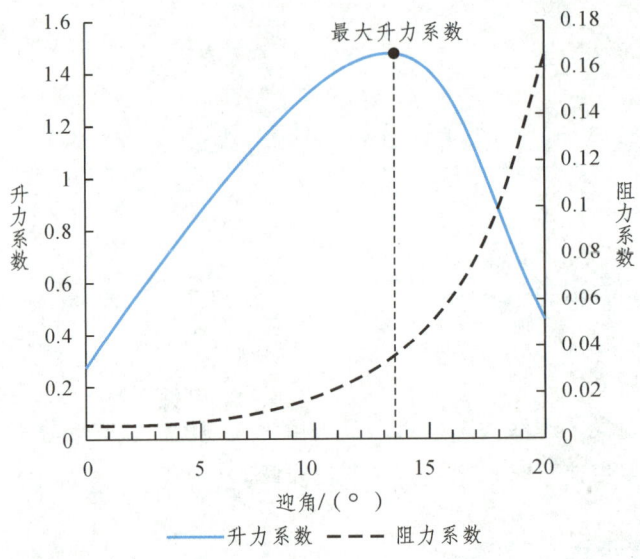

图 4.9.1 升力系数与阻力系数

一、失速速度

无人机保持一定过载逐渐减速时,所需迎角会逐渐增大,当无人机达到失速临界迎角时,其速度就叫作失速速度。失速速度 V_S 可表示为:

$$V_S = \sqrt{\frac{2L}{C_{L_{\max}} \rho S}} \qquad (4.9.1)$$

升力的大小与无人机的重力和载荷因数 n_y 有关,即 $L=Wn_y$,所以失速速度可进一步表示为

$$V_S = \sqrt{\frac{2Wn_y}{C_{L_{\max}} \rho S}} \qquad (4.9.2)$$

无人机处于低速大迎角状态或做大机动动作时最容易失速。低速飞行时,使用增升装置可以提高最大升力系数,减小失速速度。如果无人机安装有自动式前缘襟(缝)翼,做大机动动作时,前缘襟(缝)翼的位置会随着迎角的变化而变化,避免失速。

根据形态的不同,无人机的失速速度可以分为以下几种:

(1)无人机在给定形态下的失速速度 V_S。
(2)无人机在着陆形态下的失速速度 V_{S0}。
(3)无人机在起飞形态下的失速速度 V_{S1}。

二、失速识别

(一)失速的现象

无人机接近失速时,边界层分离形成的不稳定气流会使机身抖动和摇晃,影响无人机各控制面的操纵效能,降低飞行操纵的灵敏度,如果进一步增大迎角,无人机会进入完全失速的状态。如果无人机完全失速,升力会骤减,空速会急剧下降,机翼会出现强烈的气动抖振。

对于后掠翼无人机,翼尖先失速会导致机翼的压力中心前移,造成机头上仰,使失速进一步恶化。如果副翼位于机翼外侧,翼尖先失速还会导致副翼失效。所以后掠翼翼尖的安装角通常比翼根要小,这样设计可以在一定程度上延迟翼尖失速。

(二)失速的指示与告警

某型无人机的控制界面如图 4.9.2 所示。顶部的 AOA(Angle of Attack)是无人机的迎角指示。其中,方框内的数字代表迎角值,三角形箭头的上下摆动可以反映迎角的变化情况。当箭头指在弧形指示带绿区时,表明无人机的迎角处于正常范围,当箭头摆动到弧形指示带黄区时,表明无人机的迎角已接近失速临界迎角,当箭头摆动到弧形指示带红区时,表明无人机的迎角已超过失速临界迎角。

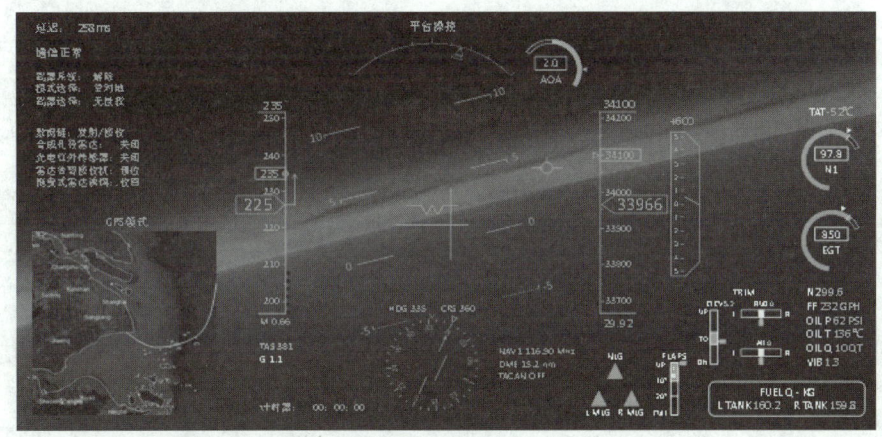

图 4.9.2 某型无人机的控制界面

无人机的迎角接近失速临界迎角时,失速告警系统会发出音响警告,点亮告警灯,显示失速告警信息(见图 4.9.3),提醒驾驶员执行改出动作。

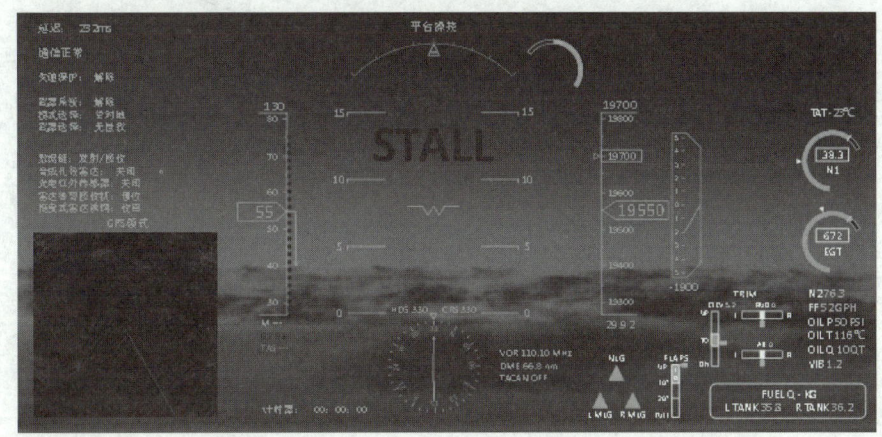

图 4.9.3 失速的指示与告警

三、失速的改出

失速多发生在俯仰角较大的时候,但是俯仰角的大小并不是判断失速的依据,只要无人机的迎角超过了失速临界迎角,不论无人机处于什么样的姿态,都会进入失速状态。如果无人机出现了失速的特征,应及时向前推杆,使迎角恢复正常,同时增大发动机功率,提高飞行速度,尽快让无人机恢复升力,减小高度损失,如图 4.9.4 所示。待空速和迎角都恢复正常后,协调地操纵无人机回到正常的飞行状态。但是在拉回正常飞行姿态的过程中,不能过快、过猛地向后带杆,否则极易陷入二次失速,如图 4.9.5 所示。

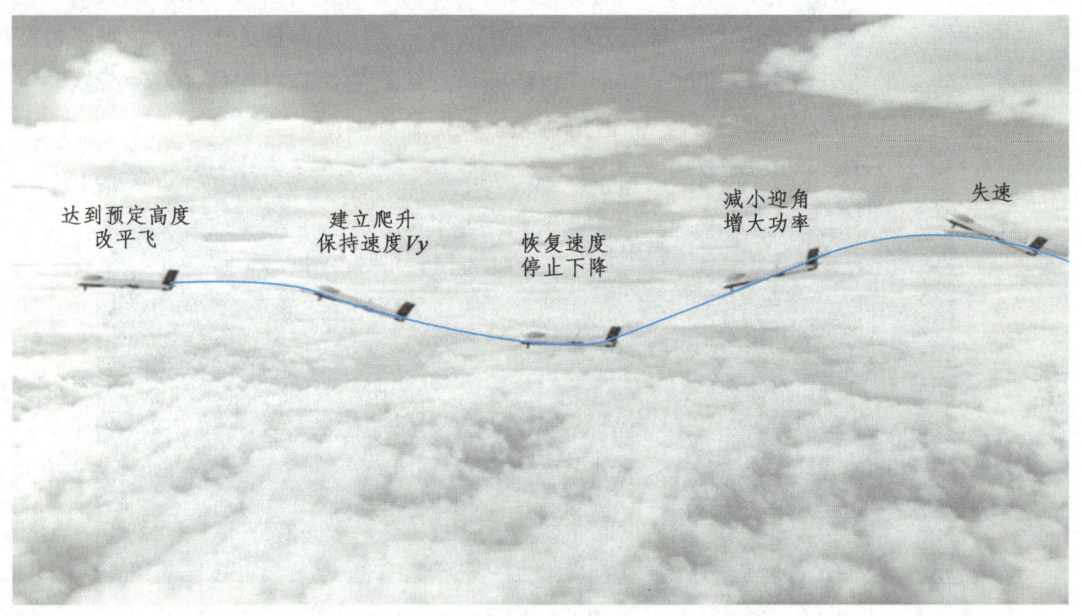

图 4.9.4　正确的失速改出方式

图 4.9.5　不正确的失速改出方式

请思考:
(1) 如果在失速时大幅地操纵副翼和方向舵会造成什么后果?
(2) 如果无人机失速后陷入自滚转,应如何改出?

Part3　模拟练习

选择 CESSNA 172 飞机进行无功率失速改出练习和有功率失速改出练习,操作步骤如下。

一、无功率失速改出的一般步骤

进近时,发动机的功率较小,无人机的空速较低(大约 $1.3V_{S0}$),若操纵不当很容易造成意外失速。为掌握进近时意外失速的改出方法,须进行无功率失速的改出训练。

训练开始前,须确保飞机具有足够的高度,确认训练空域已清空,否则不能进行失速改出训练。训练开始后,首先要主动让飞机进入失速状态,此过程可以提高学员识别失速的能力,当飞机出现失速的征兆时,立即执行改出动作,在改出的过程中应尽可能地减少高度损失。如图 4.9.6 所示,无功率失速的改出步骤如下:

(1) 确保飞机具有足够的高度。
(2) 执行机动前检查和空域清查,确认飞机状态完好,确认训练空域没有其他航空器。
(3) 保持平飞,降低发动机功率,减速至正常进近速度并保持。
(4) 减速过程中按照襟翼操作速度分段放下襟翼,放下起落架,建立着陆形态。
(5) 保持正常进近速度下滑,模拟飞机进近。
(6) 收光油门向后带杆,使飞机达到一个足以发生失速的大迎角姿态并保持。
(7) 当飞机出现失速的征兆后,立刻向前推杆,降低迎角,同时推满油门,尽可能以最小的高度损失完成改出。
(8) 恢复正常空速后停止下降,建立正爬升率,收起落架。
(9) 加速至最大爬升率速度 V_Y 并保持。
(10) 达到预定高度后恢复正常平飞状态,训练结束。

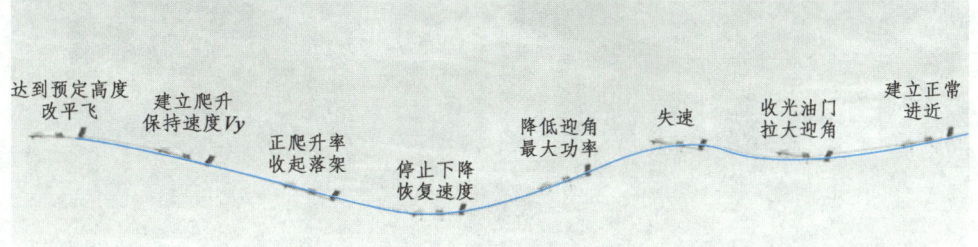

图 4.9.6　无功率失速改出训练

二、带功率失速改出的一般步骤

要掌握爬升期间意外失速的处置方法，须接受带功率失速的改出训练，训练步骤如下（见图 4.9.7）：

（1）确保飞机具有足够的高度。

（2）执行机动前检查和空域清查，确认飞机状态完好，确认训练空域没有其他航空器。

（3）保持平飞，减小发动机功率，减速至正常爬升速度并保持。

（4）减速过程中按照襟翼操作速度分段放下襟翼，建立爬升形态。

（5）达到爬升速度后，平稳地推满油门，保持该速度建立爬升姿态。

（6）向后带杆，使飞机达到一个足以发生失速的大迎角姿态并保持。

（7）当飞机出现失速的征兆后，立刻向前推杆，降低迎角，尽可能以最小的高度损失完成改出。

（8）待飞机恢复正常空速，建立正爬升率。

（9）加速至最大爬升率速度 V_Y 并保持。

（10）达到预定高度后恢复正常平飞状态，训练结束。

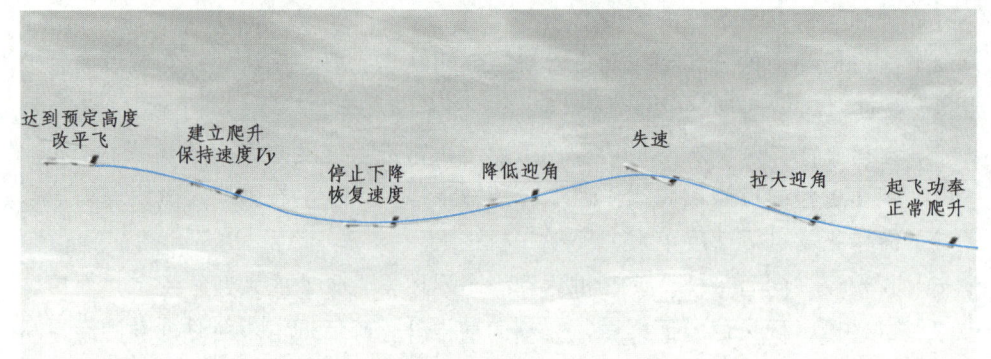

图 4.9.7 带功率失速改出训练

GL32 尾　旋

【教学目标】

知识目标
了解尾旋的现象，理解尾旋的机理，了解尾旋的分类，掌握尾旋改出的操纵理论。

【教学内容】

1. 尾旋的现象和机理。
2. 尾旋的分类。
3. 尾旋改出的操纵方法及注意事项。

Part1　温故知新

请回顾上一单元的学习内容，思考一下两侧机翼的不对称失速会导致什么样的后果。谈谈失速改出时应怎么避免这样的情况发生。

Part2　探索新知

如果两侧机翼发生不对称失速，无人机可能会进入一种同时伴有滚转、俯仰、偏航，且沿小半径螺旋轨迹急剧下降的自主运动，这种运动叫作尾旋，如图 4.10.1 所示。

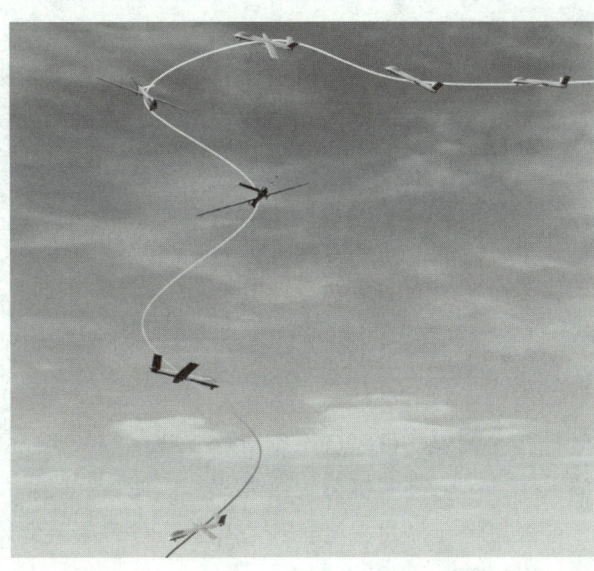

图 4.10.1　尾旋

一、尾旋的机理

如果无人机在失速状态下受到扰动，如偏转副翼或方向舵，两侧机翼的失速程度会变得不一致，这可能会使机体进入不受控的自转状态。当无人机因扰动出现滚转角加速度时，下沉一侧机翼的迎角会变大，失速程度会加重，升力会进一步下降，而上升一侧机翼的迎角会变小，失速程度会减轻，升力会有所恢复，这会使无人机的滚转速度不降反增，形成自转。无人机在自主滚转的同时还会不断地向滚转侧做偏航运动，这是因为下沉一侧机翼的迎角更大，阻力系数比上升一侧机翼要大很多，两侧机翼的阻力差产生了较大的偏航力矩，如图 4.10.2 所示。

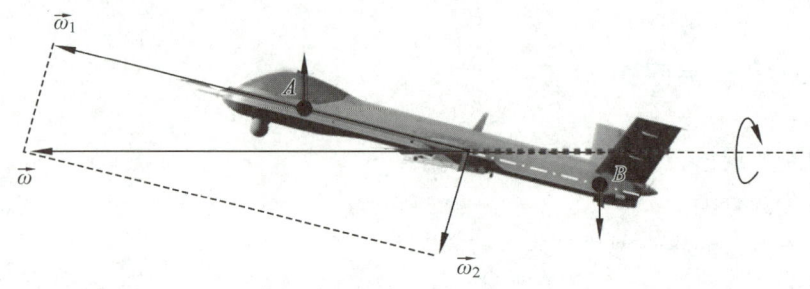

图 4.10.2　惯性俯仰力矩的形成

滚转和偏航同时发生会形成惯性俯仰力矩。以右滚转、右偏航为例，根据角速度的右手螺旋定则，我们可以确定无人机向右滚转的角速度矢量 $\vec{\omega}_1$，以及向右偏航的角速度矢量 $\vec{\omega}_2$，其中弯曲的四根手指指向旋转方向，竖直的大拇指指向角速度矢量方向。根据平行四边形法则，可以得到滚转角速度矢量与偏航角速度矢量的矢量和 $\vec{\omega}$，当无人机向右偏滚时，会绕 $\vec{\omega}$ 旋转。假设无人机的质量分别集中在纵轴的 A、B 两点，无人机绕 $\vec{\omega}$ 旋转时，A、B 两点会产生惯性离心力，形成使机头上仰的惯性力矩，这个力矩会试图增大无人机的迎角。

滚转、偏航、俯仰同时发生会使无人机沿螺旋线运动。无人机失速后总升力会减小，而且机翼的升力会为无人机的螺旋运动提供向心力，所以无人机的运动轨迹会因为升力不足而变得陡峭。最后，无人机会以较快的旋转速度绕纵轴、横轴、立轴自主旋转，同时沿着陡峭的小半径螺旋轨迹急剧下降，进入尾旋状态。

在尾旋运动的过程中，如果各轴的惯性旋转力矩与气动阻尼力矩达到动态平衡的状态，无人机会处于稳定尾旋，反之则处于不稳定尾旋，如"落叶飘"机动。

二、尾旋的分类

按照尾旋运动时机腹的朝向，可以将尾旋分为正飞尾旋和倒飞尾旋；按照尾旋运动时无人机俯仰角的大小，可以将尾旋分为平尾旋、缓尾旋和陡尾旋；按照尾旋运动时螺旋轨迹的方向，可以将尾旋分为左尾旋和右尾旋；按照尾旋运动时参数的变化规律，可以将尾旋分为稳定尾旋和不稳定尾旋。

三、尾旋的改出

由于不同型号的无人机有着不同的气动布局和结构分布，它们的尾旋特性各不相同，且进入尾旋后的改出方法和改出难度也不同。要使无人机从尾旋状态改出并恢复到可控的飞行状态，首先要施加操纵力打破惯性旋转力矩与气动阻尼力矩的动态平衡，制止机体的自旋，然后要将无人机的迎角减小至失速临界迎角以下，改出失速。

无人机进入尾旋后，首先要将发动机的功率减小到慢车状态。如果发动机功率较大，无人机的自旋速度可能会加快，严重时还有可能发展成难以改出的平尾旋。方向舵在平尾旋状态下几乎不能产生操纵力，这对尾旋的改出是极为不利的。

油门收光后，应向反尾旋方向蹬满舵，这不仅能制止无人机的偏航运动，还能使无人机内侧滑。对于采用后掠翼或下反翼设计的无人机，内侧滑对尾旋的改出是比较有利的，原因如下：

后掠翼：内侧滑增大了下沉一侧机翼的有效速度分量（垂直于机翼前缘），减轻了下沉一侧机翼的失速程度。

下反翼：内侧滑减小了下沉一侧机翼的迎角，减轻了下沉一侧机翼的失速程度。

在尾旋改出的过程中，副翼和升降舵通常要保持在中立位，因为副翼和升降舵的偏转容易使尾旋进一步恶化，增加尾旋改出的难度。如果无人机具有较强的稳定性，当尾旋的程度较轻时，也可以采用三中立法改出尾旋，即将副翼、升降舵、方向舵全部保持在中立位，利用稳定力矩来减弱无人机的惯性转矩，使其停止自旋。

无人机停止自旋后，应立即改出失速。在无人机完全脱离失速状态前，应尽可能地将方向舵和副翼保持在中立位，防止无人机再次进入尾旋。

尾旋通常是失速恶化导致的结果，所以在无人机出现失速的特征时，应立即改出。改出时，应尽量保持机翼的水平，谨慎地操纵副翼和方向舵，避免无人机进入尾旋。

Part3　模拟练习

选择 CESSNA 172 飞机进行尾旋的进入和改出练习。

GL33 低空风切变

【教学目标】

知识目标

理解风切变的定义，了解风切变的分类和表现形式，了解低空风切变对飞行安全的影响，了解风切变的识别和修正方法。

【教学内容】

1. 风切变的定义、分类及表现形式。
2. 风切变的修正。
3. 风切变的识别。

在水平或垂直方向上，风矢量在短距离内发生的变化叫作风切变，风切变常出现在雷暴天气或锋面（冷暖气团交界面）天气。风切变会造成飞行状态的突变，对低空飞行的无人机威胁较大。常见的低空风切变主要有以下三种类型：

（1）水平风的垂直切变（水平风矢量沿垂直梯度发生变化）。
（2）水平风的水平切变（水平风矢量沿水平方向发生变化）。
（3）垂直风切变（风矢量在垂直方向上的变化）。

这三种类型的风切变会以多种形式表现出来，如顺风风切变、逆风风切变、侧风风切变、上升气流、下击暴流等（见图4.11.1）。

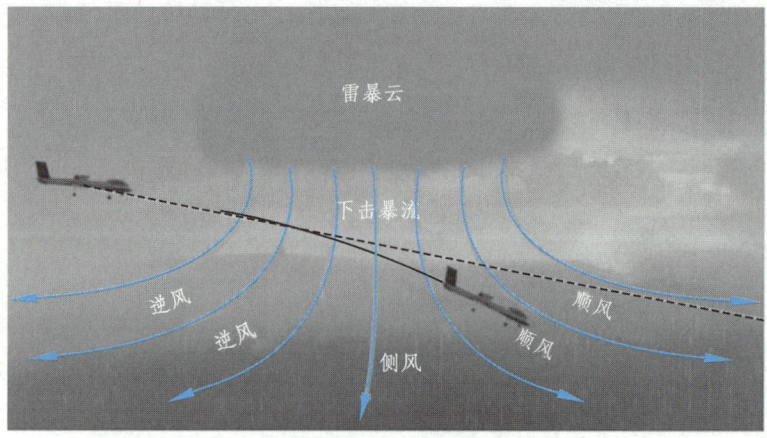

图 4.11.1　下击暴流

顺风风切变和下击暴流对起降时的安全有着较大的威胁。顺风风切变会使空速突然下降，下击暴流会使迎角突然减小，这两种情况都会导致升力瞬间减小。如果在飞行过程中遇到顺风风切变或下击暴流，应立即增大油门，并平稳地带杆修正。

进近着陆时，上升气流对无人机的威胁较大，因为此时无人机的空速较低，迎角较大，如果遇到上升气流（见图 4.11.2），迎角会突然增大，造成失速。如果遇到上升气流，应及时增大油门，减小迎角，防止失速。

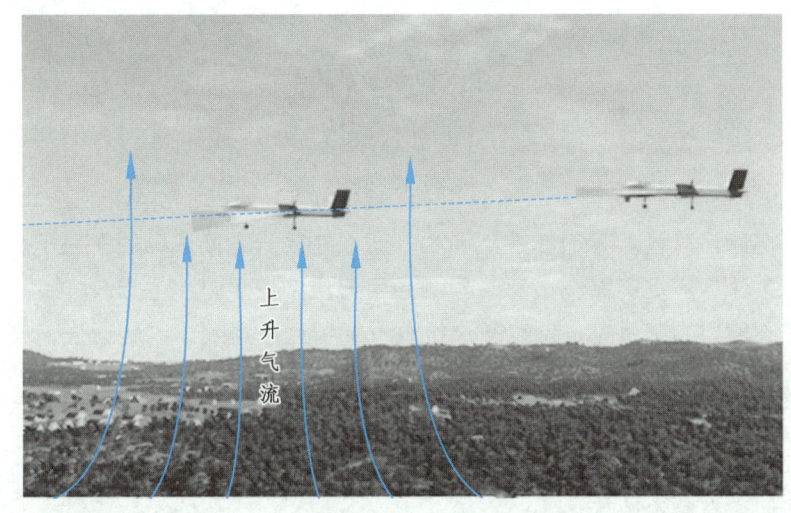

图 4.11.2 上升气流

逆风风切变和侧风风切变对飞行安全的影响相对要小。逆风风切变会使空速突然增大，升力突然增加，造成无人机向上偏离下滑道（见图 4.11.3）。如果遇到逆风风切变，可以使用侧滑法增加阻力，减小升力，同时适当地收油减小空速。如果遇到侧风风切变，无人机会发生偏航和滚转，偏离预定航向道（见图 4.11.4），所以在着陆期间遭遇侧风风切变时，无人机可能会带坡度和偏流角接地，此时驾驶员应采用"上风杆，下风舵"的方法进行修正，必要时应采取复飞措施，防止无人机冲出跑道。

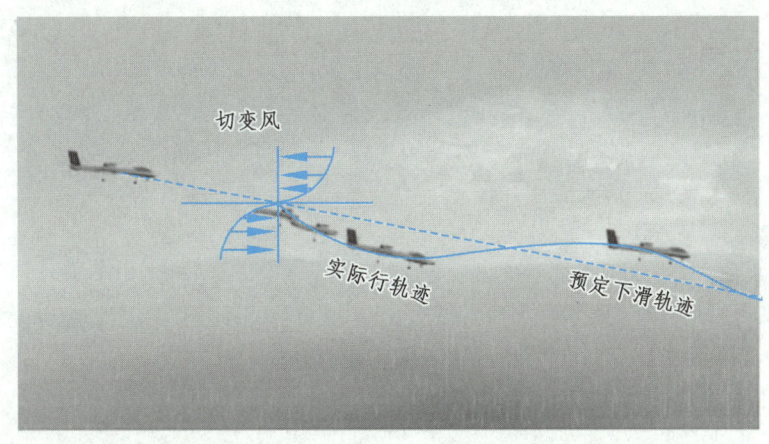

图 4.11.3 顺风/逆风风切变的修正

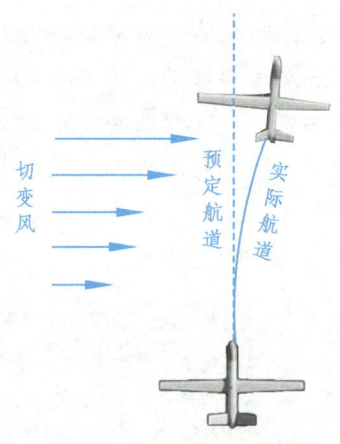

图 4.11.4 侧风风切变

风切变在任何时候对飞行都是不利的,所以在飞行期间应随时关注天气的变化,在复杂天气条件下应提高警惕,及时预测并回避风切变。

风切变不能用肉眼看见,只能通过机载气象雷达来探测,或是通过一些特征来进行判断,例如:

(1)指示空速突然改变。

(2)垂直速度突然改变。

(3)俯仰姿态突然改变。

(4)航向突然改变。

(5)FPV(飞行轨迹矢量)指示跳跃等。

如果在进近着陆时出现风切变警告,最安全的做法是采取复飞措施。

GL34　单发失效

【教学目标】

知识目标

了解单发失效对飞行操纵的影响，理解关键发动机的定义，掌握单发失效操纵理论。

【教学内容】

1. 单发失效对飞行操纵的影响。
2. 关键发动机的定义。
3. 单发失效后的操纵方法。

与单发无人机相比，多发无人机拥有更好的性能和更大的载重，但是在学习多发飞行之前首先要了解部分发动机失效对飞行操纵和飞行性能的影响。

一、单发失效对飞行操纵的影响

以双发喷气式无人机为例，单发失效首先会造成两侧推力不对称。由于两台发动机的推力作用线都没有通过无人机重心，每侧发动机都会产生对重心的偏航力矩。当两侧的发动机同时运转时，它们的偏航力矩会相互抵消，但是当单侧发动机失效后，无人机会向失效的发动机一侧迅速偏航。与此同时，失效的发动机还会带来较大的阻力，使偏航力矩进一步增大。单发失效还会导致无人机的滚转，这是因为偏航过程中前行的机翼相对气流速度更大，升力更大，使得两侧机翼出现升力差，侧滑时产生的横向稳定力矩也会使无人机向失效的发动机一侧倾斜。

对于双发螺旋桨无人机，单发失效后不仅要考虑不对称拉力的影响，还要考虑螺旋桨副作用的影响。首先，滑流的加速效应会使机翼产生附加升力，如果单侧发动机失效，该侧机翼的总升力就会减小，无人机就会向发动机失效一侧滚转。如果双发螺旋桨的旋转方向相同，那么左发失效和右发失效会对操纵和性能产生不同的影响，失效后影响最不利的那台发动机叫作关键发动机。假设双发螺旋桨均向右旋转。

反作用力矩：如果左发失效，右发螺旋桨的反作用力矩会加重无人机的滚转，如果右发失效，左发螺旋桨的反作用力矩会减轻无人机的滚转，如图 4.12.1、图 4.12.2 所示。

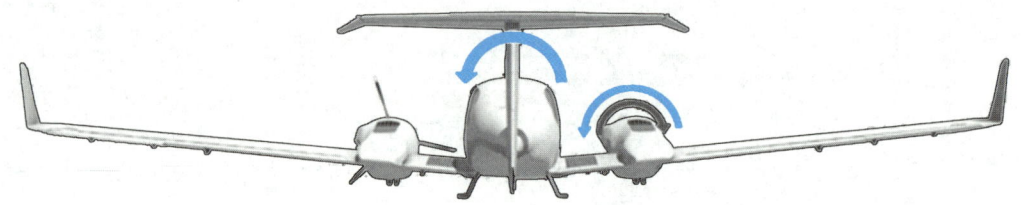

图 4.12.1 左发失效后的滚转力矩

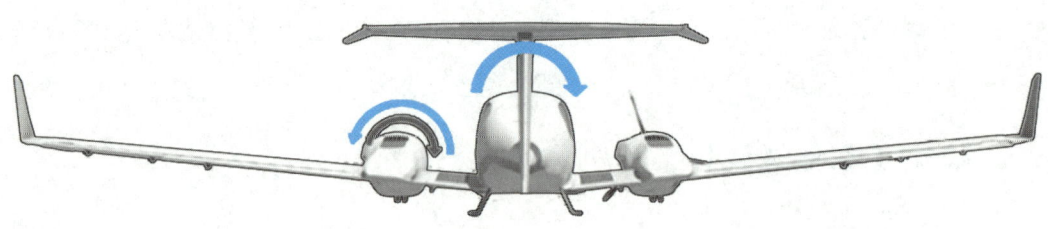

图 4.12.2 右发失效后的滚转力矩

螺旋桨因素：当无人机处于正迎角时，桨盘的右半部分会产生更大的拉力，因此右发的拉力臂更长，左发的拉力臂更短，如果左发失效，不利的偏航力矩会更大，如图 4.12.3 所示。

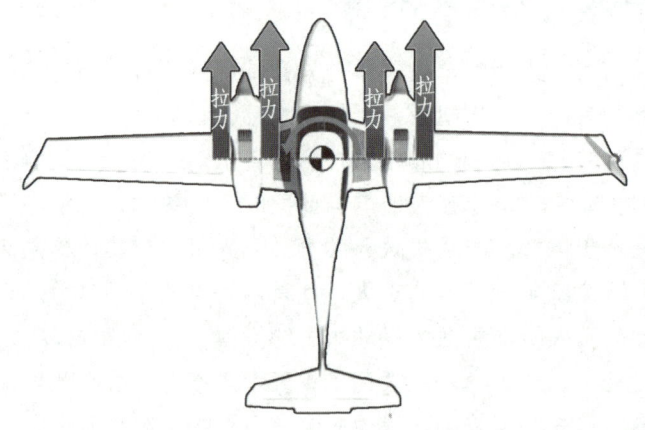

图 4.12.3 螺旋桨因素的影响

螺旋桨滑流：由于滑流的侧洗，左发失效后，右发螺旋桨的滑流并不会作用在垂尾上，而右发失效后，左发螺旋桨的滑流会作用在垂尾上，产生左偏力矩，减轻无人机的偏航，因此左发失效后，不利偏航更为严重，如图 4.12.4 所示。

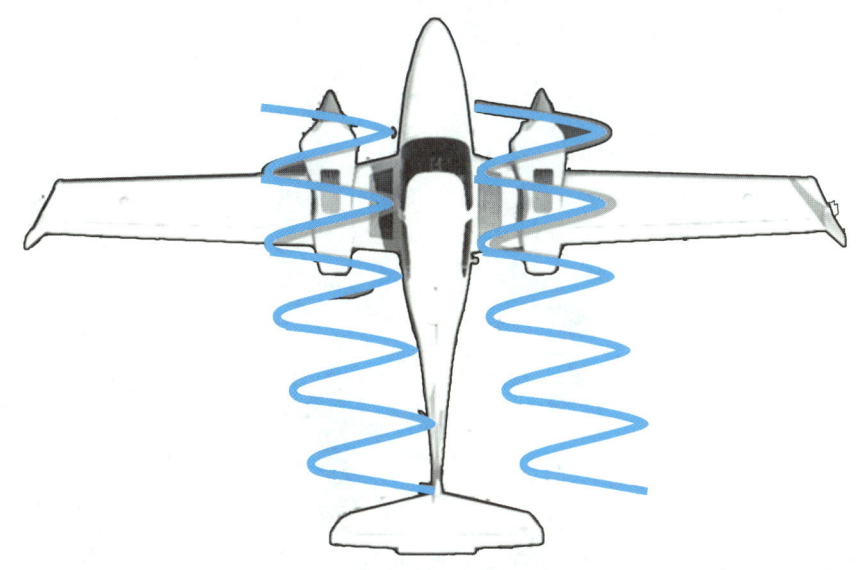

图 4.12.4 螺旋桨滑流的侧洗

综上所述，对于两侧螺旋桨均向右旋转的无人机，左发失效会对无人机的操纵和性能产生更大的影响，因此左发为关键发动机。如果两侧螺旋桨均向左旋转，那么关键发动机就是右发。如果两侧螺旋桨的旋转方向相反，那么其单发飞行特性不会有太大的差别。

二、单发失效后的操纵

飞行手册一般会给出关键发动机失效后的最小控制速度 V_{MC}。如果关键发动机失效，要保持 V_{MC} 以上的速度才能确保对无人机的有效控制。

单发失效后，应迅速制止非指令性的偏航运动和滚转运动。为了减小单发飞行时的气动阻力，应尽快使失效发动机的螺旋桨顺桨或调至最大桨距，并尽量保持无侧滑飞行。需要注意的是，由于单发失效后左右侧拉力不对称，侧滑指示器的指示并不能表示实际的侧滑程度。

如果单发失效后要保持零坡度飞行，需要向发动机运转一侧施加很大的方向舵压力并适当压杆，才能保持机翼的水平。虽然这样操纵可以使侧滑指示器的小球居中，但是实际的侧滑角并不为零，如图 4.12.5 所示。

如果单发失效后要少蹬舵或不蹬舵，需要向发动机运转一侧多压一些杆，使无人机向发动机运转一侧倾斜，但是这会让无人机严重侧滑，并不推荐，如图 4.12.6 所示。

如果单发失效后要减少性能损失，应协调地向发动机运转一侧蹬舵压杆，让无人机向发动机运转一侧稍稍倾斜，虽然这会使侧滑指示器的小球向无人机倾斜一侧偏移 1/3~1/2，但是实际的侧滑角并不大，甚至无侧滑，如图 4.12.7 所示。

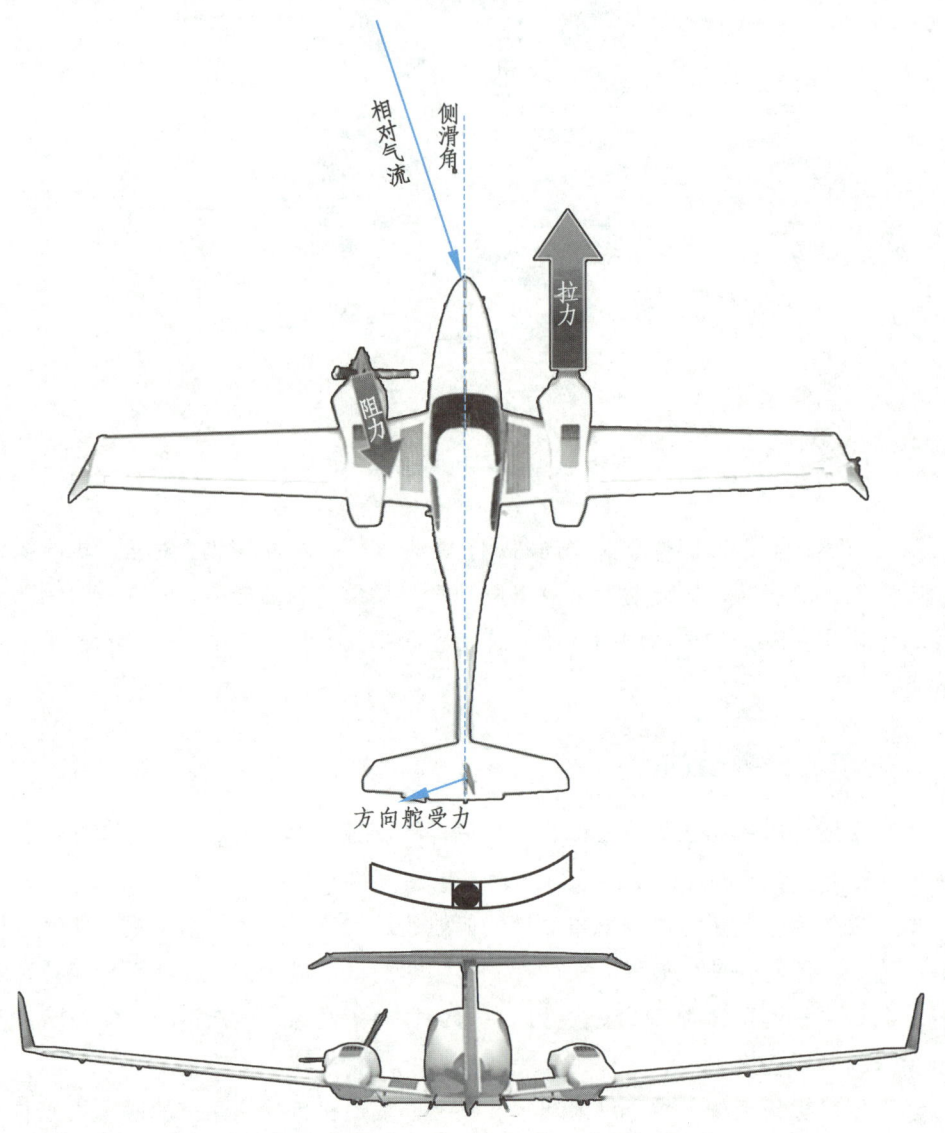

图 4.12.5 单发失效后保持零坡度飞行

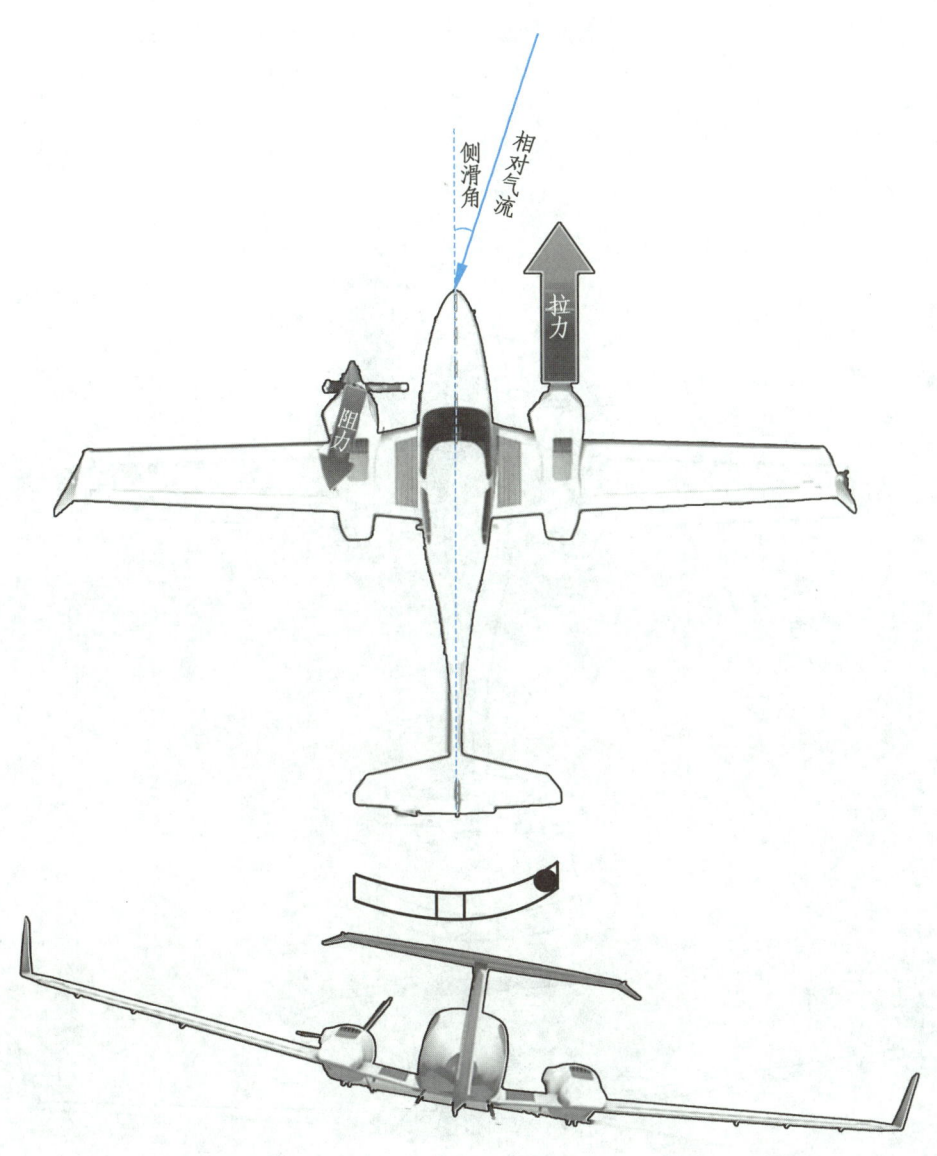

图 4.12.6 单发失效后只压杆修正的情形

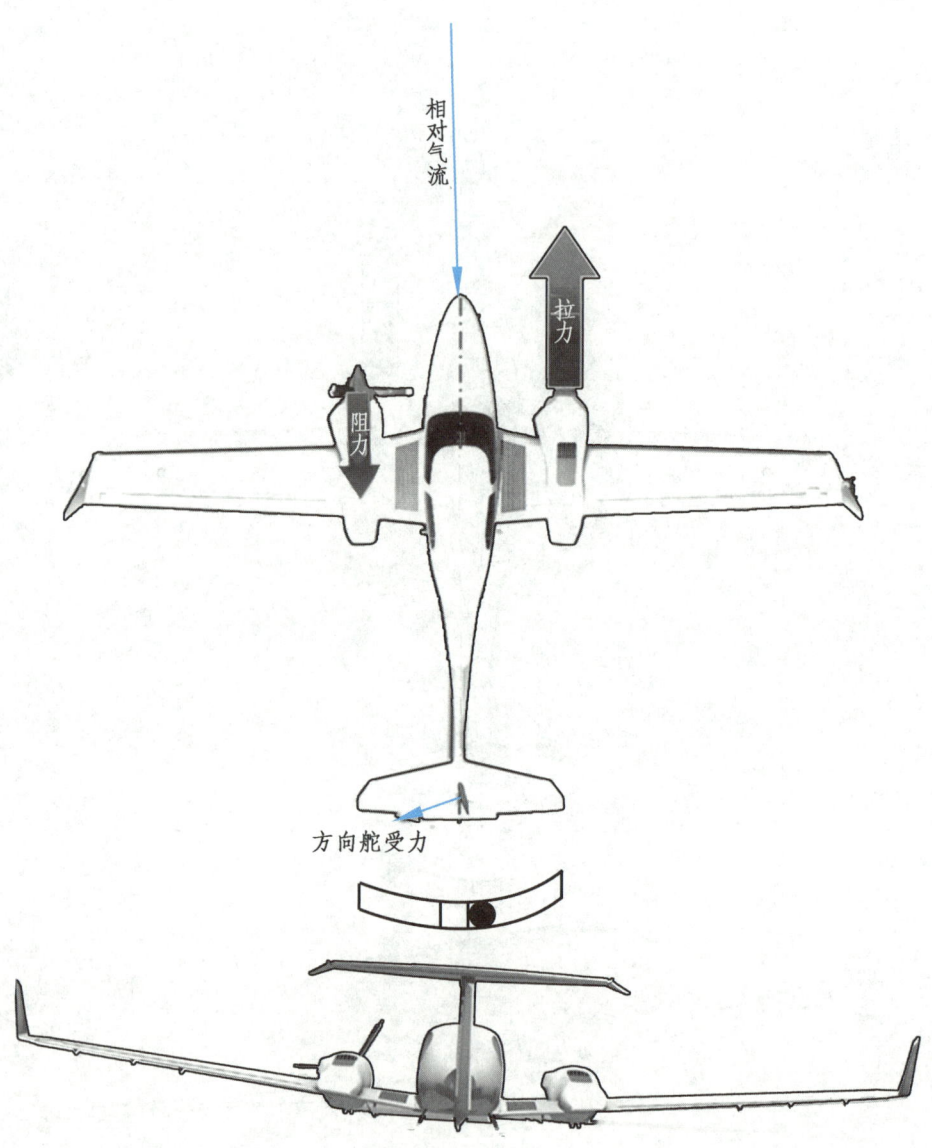

图 4.12.7　单发失效后协调地蹬舵压杆修正

GL35　总结讲评

通过本模块的学习,我们应当理解大型固定翼无人机在正常情况下和非正常情况下的操纵原理与处置方法,为后续的飞行训练打下坚实的理论基础。本节通过以下练习对本模块的内容进行总结回顾,其中,练习一至练习四为书面分析,练习五至练习八为飞行模拟。

练习一

以 DA42 型飞机的失速速度表为例,请结合所学知识,谈谈失速速度与哪些因素有关?

Airspeeds, most forward CG, power off:

表 4.13.1　DA42 型飞机失速速度表(1 510 kg)

1 510 kg (3 329 lb)		坡 度						
		0°		30°		45°		60°	
起落架	襟翼	KIAS	KCAS	KIAS	KCAS	KIAS	KCAS	KIAS	KCAS
收上	收上位	61	59	66	64	72	71	84	84
放下	进近位	58	57	63	62	69	68	81	81
放下	着陆位	54	54	60	59	67	65	79	77

表 4.13.2　DA42 型飞机失速速度表(1 700 kg)

1 700 kg (3 748 lb)		坡 度						
		0°		30°		45°		60°	
起落架	襟翼	KIAS	KCAS	KIAS	KCAS	KIAS	KCAS	KIAS	KCAS
收上	收上位	66	64	70	69	77	76	90	91
放下	进近位	64	63	69	68	75	75	89	89
放下	着陆位	60	59	65	63	72	70	86	83

练习二

如果遇到图 4.13.1 所示情形,该如何操纵无人机?需要注意哪些问题?

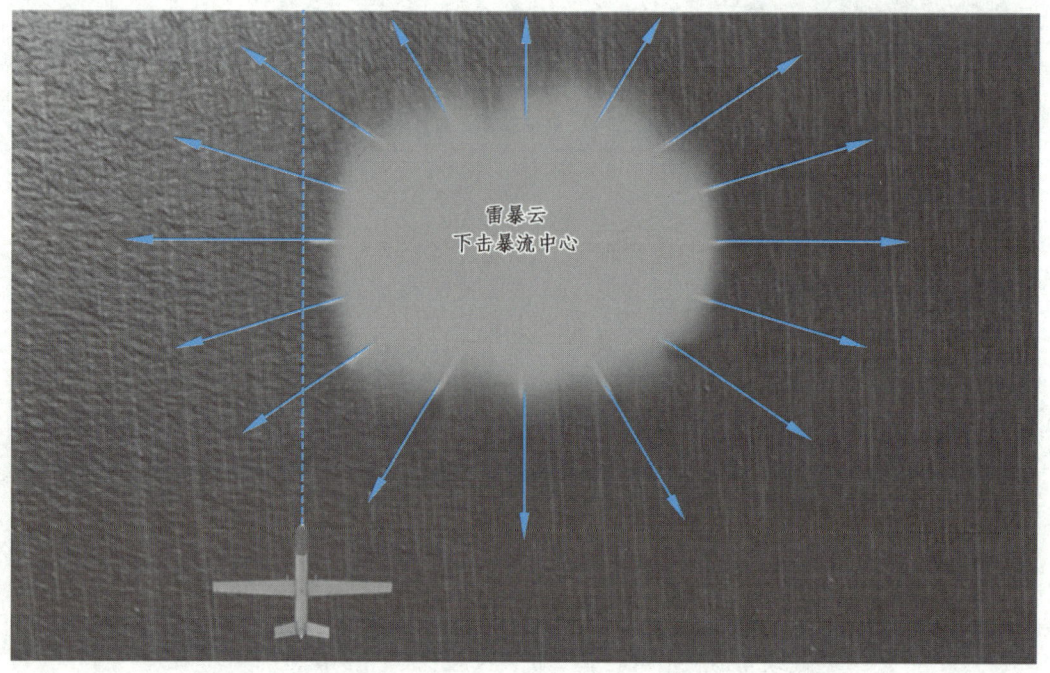

图 4.13.1

练习三

对于双发固定翼无人机,单发失效后的性能变化是怎样的?操纵原理和处置方法如何?如果两台发动机都失效,性能变化又是如何的?如果发动机无法重起,怎样处置才能避免更大的损失?

练习四

在图 4.13.2 中所示的机场着陆应如何操纵?若场压为 1 013 hPa,气温为 26°C,着陆滑跑距离大约需要多少米?

图 4.13.2

表 4.13.1　着陆性能

Conditions:
-Power Lever.........................Both IDLE
-Flaps.....................................LDG, APP or UP
-Runway................................dry, paved, level
-Approach speed..................VREF

Landing Distance - Flaps LDG - 1700 kg / 3748 lb							
Weight：	1700 kg / 3748 lb			Flaps：	LDG		
VREF：	84 KIAS			Power：	IDLE		
				Runway：	dry,paved,level		
Press.Alt. [ft] / [m]	Distance [m]	Outside Air Temperature - [°C]/[°F]						ISA
		0/32	10/50	20/68	30/86	40/104	50/122	
SL	Ground Roll	320	340	350	360	390	430	335
	15 m / 50 ft	550	570	590	600	650	730	577
1000 305	Ground Roll	340	350	360	370	410	460	346
	15 m / 50 ft	570	590	610	620	680	760	591
2000 610	Ground Roll	350	360	370	380	430	480	356
	15 m / 50 ft	590	610	630	640	720	800	605

Headwind：decrease distances by 10% for each 14 knots（7.2 m/s） headwind.
Tailwind：increase distances by 10% for each 3 knots（1.5 m/s） tailwind.
Paved runway, wet：increase the ground roll by 15%.
Soft runway：increase the ground roll by 10%.
Downhill slope：increase the ground roll by 9% for each 1% of slope.

练习五

任务：起飞前往指定空域进行带功率失速和无功率失速的改出练习，随后返回机场。
时段：昼间。
天气：高能见度，ISA 温度，无风，无湍流。
机场：飞行区指标达到 4C 级及以上的任意机场。
机型：任意型号的单发轻型飞机或单发大型固定翼无人机（可模拟失速）。
目标：更加直观地理解失速的产生机理与改出原理。
建议课时：不少于 2 课时。

练习六

任务：起飞前往指定空域进行尾旋的改出练习，随后返回机场。
时段：昼间。
天气：高能见度，ISA 温度，无风，无湍流。

机场：飞行区指标达到4C级及以上的任意机场。

机型：任意型号的单发轻型飞机或单发大型固定翼无人机（可模拟尾旋）。

目标：更加直观地理解尾旋的产生机理与改出原理。

建议课时：不少于2课时。

练习七

任务：在短跑道机场进行本场起落航线的飞行模拟练习。

时段：昼间。

天气：教员随机设置。

机场：跑道长度小于800 m的任意机场（建议机场：古斯塔夫三世机场，IATA:SBH，ICAO:TFFJ）。

机型：能够在短场地起降的单发轻型飞机或单发大型固定翼无人机（建议机型：C172）。

目标：理解短场地起降的操纵原理。

建议课时：不少于2课时。

练习八

任务：在本场起落航线完成复飞、无襟翼着陆和单发飞行练习，最后模拟起落架故障着陆。

故障：起落架故障情况由教员随机设置。

时段：昼间。

天气：教员随机设置。

机场：飞行区指标达到4C级及以上的任意机场。

机型：任意型号的双发轻型飞机或双发大型固定翼无人机。

目标：理解特殊情况下的操纵原理与处置方法。

建议课时：不少于4课时。

专题——大型舰载无人机的着舰

一、舰载机的着舰

与陆地机场不同,航母是一个可移动的起降平台,为减小着舰时舰载机与飞行甲板的相对速度,航母通常会顶风高速航行。对于采用斜角甲板设计的航母,着舰跑道中心线与航母的航行轨迹具有夹角 ψ(见图 4.14.1),所以在进行着舰作业时,斜角甲板对飞行员来说会不停地向右横移,要使舰载机保持在正确的进近航道上,应不断向右修正航道,修正量的大小取决于舰载机与航母的相对速度以及舰载机与航母之间的距离。着舰跑道的宽度通常只有二十多米,如果舰载机偏离着舰跑道中心线过多,着舰时可能会撞击两侧停放的舰载机。

图 4.14.1　F/A-18 战斗机与航母的速度矢量

喷气式舰载机的进近速度通常在 140 kn 左右,但大多数航母的着舰跑道只有一百多米长,所以正常情况下,舰载机的着舰回收需要依靠阻拦索来完成。现代航母通常会设置 3~4 道阻拦索,它们按照从后往前的顺序依次排列,第一道阻拦索通常设置在距舰尾 50 m 左右的位置,各阻拦索之间一般相距 12 m 左右,通常钩住第二或第三道阻拦索最为理想。

为了让舰载机的尾钩顺利钩住阻拦索,在保持正确下滑轨迹的同时,还要让舰载机保持一定的正迎角,迎角的大小一般通过调整油门和俯仰姿态来改变。当迎角较小时,应适当地减小油门,降低速度,并协调地增大俯仰角;当迎角较大时,应适当地增大油门,增加速度,并协调地减小俯仰角。表 4.14.1 为 F/A-18 战斗机的着舰迎角指示,该指示器安装在平视显示器(HUD)的左侧,当舰载机为着舰形态且未着舰时,指示才会被激活。

表 4.14.1　F/A-18 战斗机的着舰迎角指示

符号	空速	迎角
	慢	9.3°～90.0°
	稍慢	8.8°～9.3°
	速度正确	7.4°～8.8°
	稍快	6.9°～7.4°
	快	0°～6.9°

与陆地飞机不同，舰载机的触舰区域通常只有不到 40 m 长，所以着舰时不会进行拉平操纵。为了确保阻拦失败时发动机产生的推力能够满足复飞需求，触舰时应立即将油门推到最大，只有当舰载机成功钩住阻拦索并顺利地停在甲板上时，才可将油门收回至慢车位。

由此可见，着舰是舰载机飞行员风险最高、难度最大的科目，为提高舰载机着舰的成功率，航母上会配备多种引导系统。

二、"菲涅尔透镜"光学助降系统

"菲涅尔透镜"光学助降设备（Fresnel Lens Optical Landing System，FLOLS）位于航母左舷，它可以发射稳定的下滑基准光束，为飞行员提供可靠的目视参考。某型"菲涅尔透镜"光学助降设备包括透镜箱、基准灯、复飞灯、切换灯，如图 4.14.2 所示。

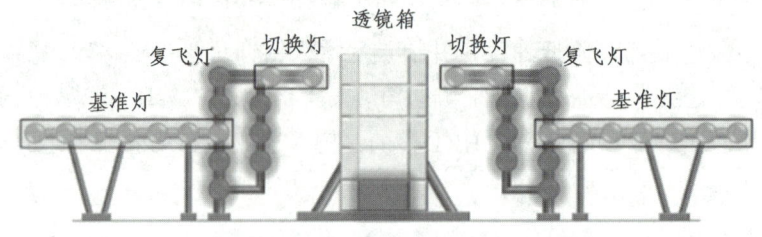

图 4.14.2　某型"菲涅尔透镜"光学助降设备

透镜箱会朝进近范围发出五层光束，上面四层为黄色光束，最下面一层为红色光束，每层光束都与水平面有不同的夹角。在透镜箱两侧分别设置有 7 个绿色的基准灯，7 个红色的复飞灯，以及 2 个绿色的切换灯。

切换灯由着舰指挥官（Landing Signal Officer，LSO）控制，无线电静默时，着舰指挥官可以通过切换灯与飞行员建立联系。例如，当舰载机进入五边后，着舰指挥官可以短暂点亮切换灯，表示"收到，可以着舰"，若舰载机的俯仰姿态过大，着舰指挥官可以再次点亮切换灯，示意飞行员增大油门。复飞灯也由着舰指挥官控制，如果着舰指挥官认为舰载机不适合继续着舰，会点亮复飞灯，命令舰载机立即复飞。

透镜箱两侧的基准灯分别排成一排，形成两道绿色的基准光束。如果舰载机处于正确的下滑面，飞行员会看到透镜箱发出的黄色光束与基准光束平齐；如果舰载机偏离了正确的下滑面，飞行员会看到黄色光束随着偏离方向发生移动；如果下滑轨迹过低，飞行员将会看到透镜箱发出的红色光束，如图 4.14.3 ~ 图 4.14.7 所示。

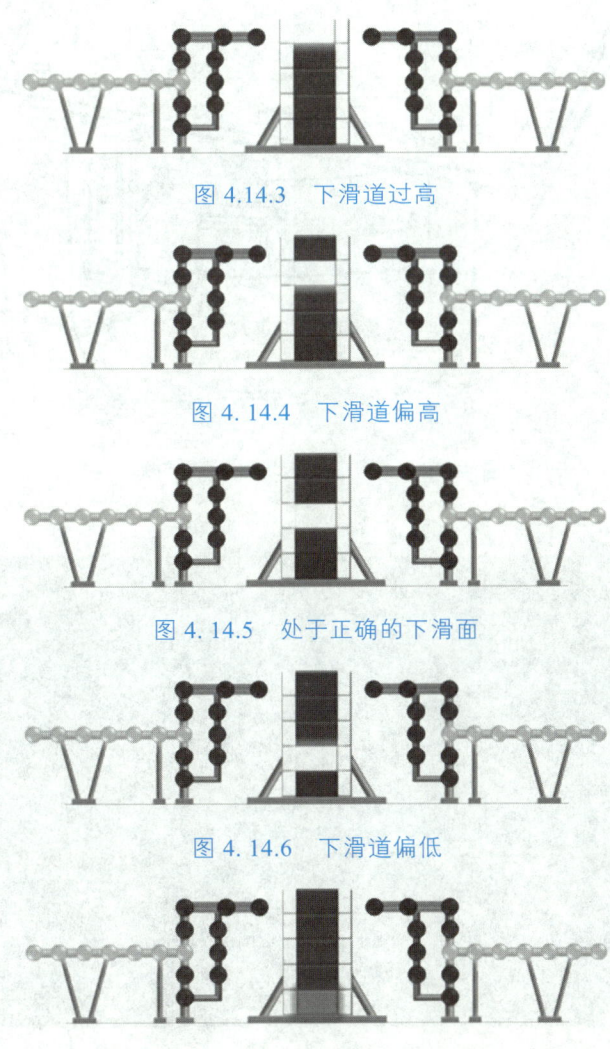

图 4.14.3　下滑道过高

图 4.14.4　下滑道偏高

图 4.14.5　处于正确的下滑面

图 4.14.6　下滑道偏低

图 4.14.7　下滑道过低

如果着舰作业是在夜间或能见度较低的情况下进行，航母的跑道边线灯、跑道中线灯以及垂向对中灯也会被点亮，它们可以指明着舰跑道的位置和方向，为舰载机的对中修正提供目视参考。当舰载机对准跑道中线时，飞行员可以看到垂向对中灯与跑道中线灯形成一条直线，如果舰载机偏离了进近航道，跑道中线灯会和垂向对中灯形成一定角度，如图 4.14.8 ~ 图 4.14.11 所示。

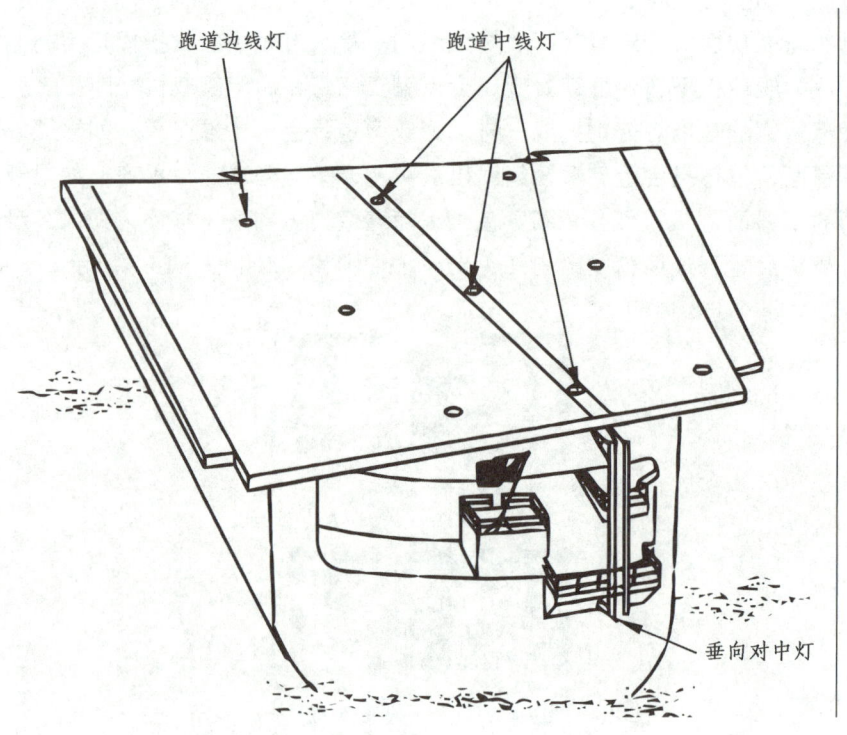

图 4.14.8　跑道灯光与垂直对中灯

图 4.14.9　完全对准

图 4.14.10 航道偏左

图 4.14.11 航道偏右

三、仪表着舰系统

仪表着舰系统（Instrument Carrier Landing System，ICLS）可以为进近范围内的舰载机提供方位指引和下滑指引，该系统主要由舰载系统和机载系统组成。

舰载系统包括两套独立的发射设备，以美国的 AN/SPN-41 型仪表着舰系统为例，该系统有两套分开安装但工作频率相同的发射机，它们会各自向进近范围发出一束脉冲编码微波扫描波，分别用于航道指引和下滑指引。

机载系统主要包括 ICLS 接收机、ICLS 解码器等设备，该系统可以接收舰载设备发出的脉冲信号并对其进行解码，得出舰载机与进近航道和基准下滑面的偏差，随后通过平视显示器（Head-up Display，HUD）、姿态指引仪（Attitude Direction Indicator，ADI）等仪表提供进近指引，图 4.14.12 所示为 F/A-18 战斗机的 ICLS 指示。

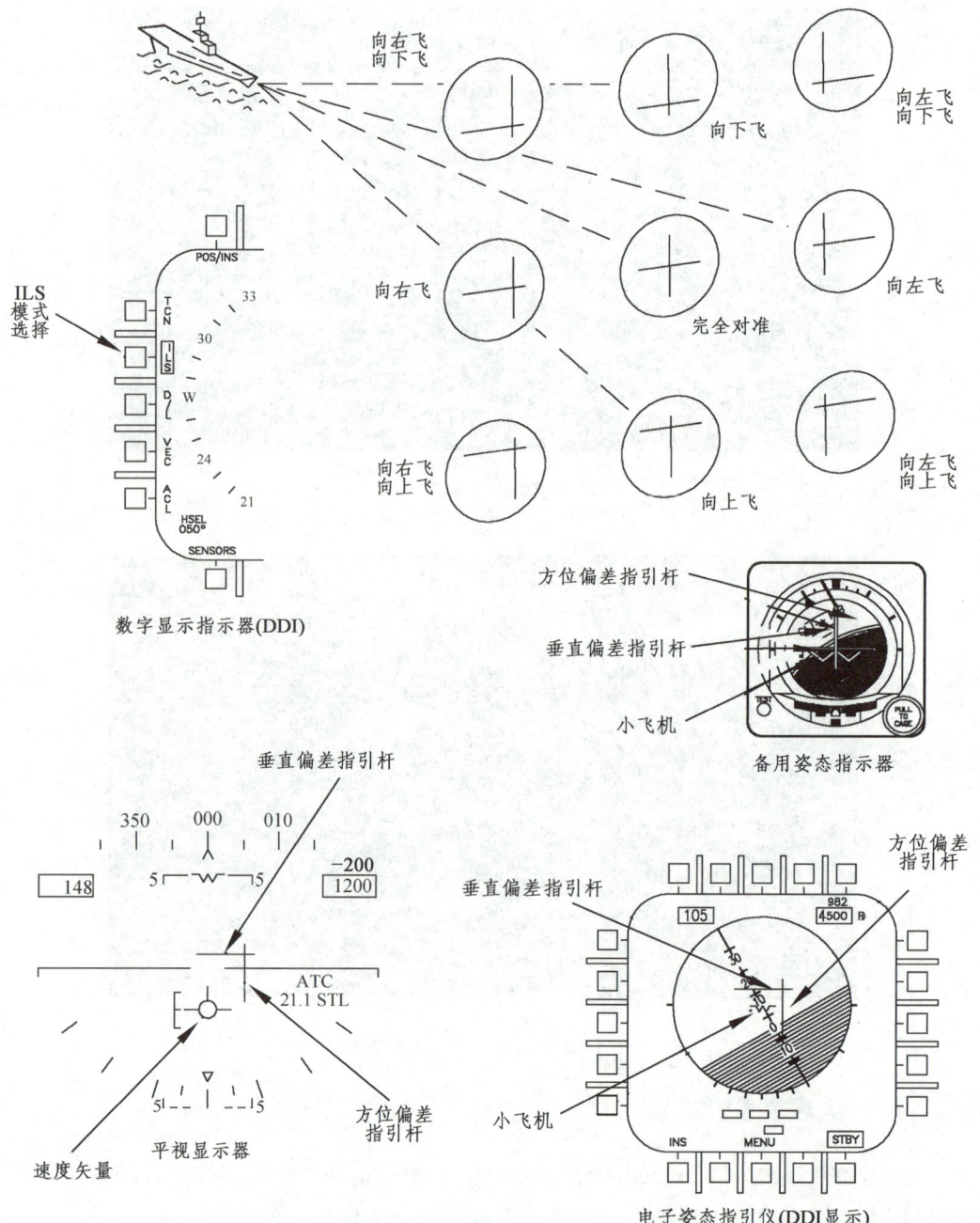

图 4.14.12 F/A-18 战斗机的 ICLS 指示

四、自动着舰系统

自动着舰系统（Automatic Carrier Landing System，ACLS）是一种精密雷达引导的进近辅助系统，该系统由舰载系统和机载系统组成。

舰载系统主要包括跟踪雷达、稳定平台、计算机、数据链编码/发射机等设备。当雷达捕获到舰载机之后，会跟踪测量舰载机相对于航母的位置，计算机可以根据测得的数据,将舰载机的实时位置标记在以预定着舰点为原点的三维笛卡儿坐标系上,与此同时,稳定平台会测量甲板运动(俯仰、横滚、偏航、起伏)的有关参数并传输到计算机,用于修正甲板运动产生的偏差,以建立稳定的惯性坐标系。随后,计算机会将舰载机在惯性坐标系中的位置与储存在计算机中的理想着舰轨迹进行比较,形成偏差信号,并通过数据链发送给舰载机。

机载系统主要包括数据链天线、解码器、耦合器、自动驾驶仪、机上显示设备等。当机载系统接收到偏差信号之后,会将其解码并耦合到飞行控制系统,使舰载机自行修正偏差,飞行员也可以通过相应的显示设备监视舰载机的修正过程。

五、大型舰载固定翼无人机的着舰

目视着舰并不是舰载无人机理想的着舰方式,除了着舰作业本身的难度和风险外,还要考虑无人机的操纵延迟和目视条件等因素,因此自动着舰是大型舰载固定翼无人机首选的着舰方式。美国对固定翼无人机自动着舰技术的研究起步较早,早在 2013 年,诺斯洛普·格鲁曼公司研制的 X-47B 舰载无人验证机(见图 4.14.13)就已经借助联合精密进近着舰系统(Joint Precision Approach and Landing System,JPALS)实现了自主着舰的功能,JPALS 通过增强 GPS 信号对舰载无人机进行着舰引导,其精度可以达到 0.4 m。目前,无人机的自动着舰主要通过雷达引导、光电引导和卫星引导来实现,且全程无须进行人工干预。

图 4.14.13　X-47B 舰载无人验证机

任务一:图 4.14.14 和图 4.14.15 所示为 F/A-18 战斗机的目视着舰航线和自动着舰航线(模态 I/IA),请查阅相关资料,结合所学知识,分析两种进场航线的不同。

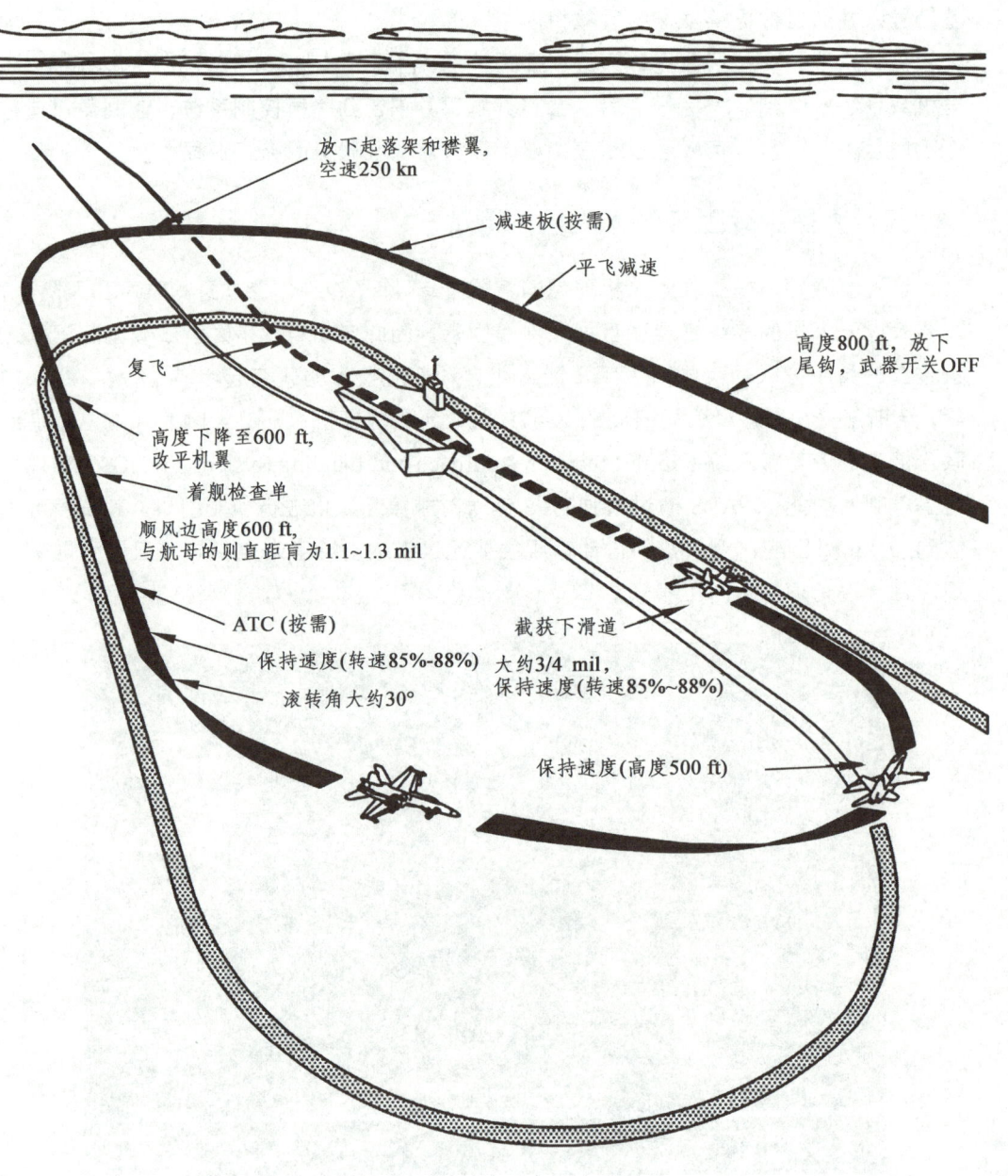

图 4.14.14　目视着舰航线

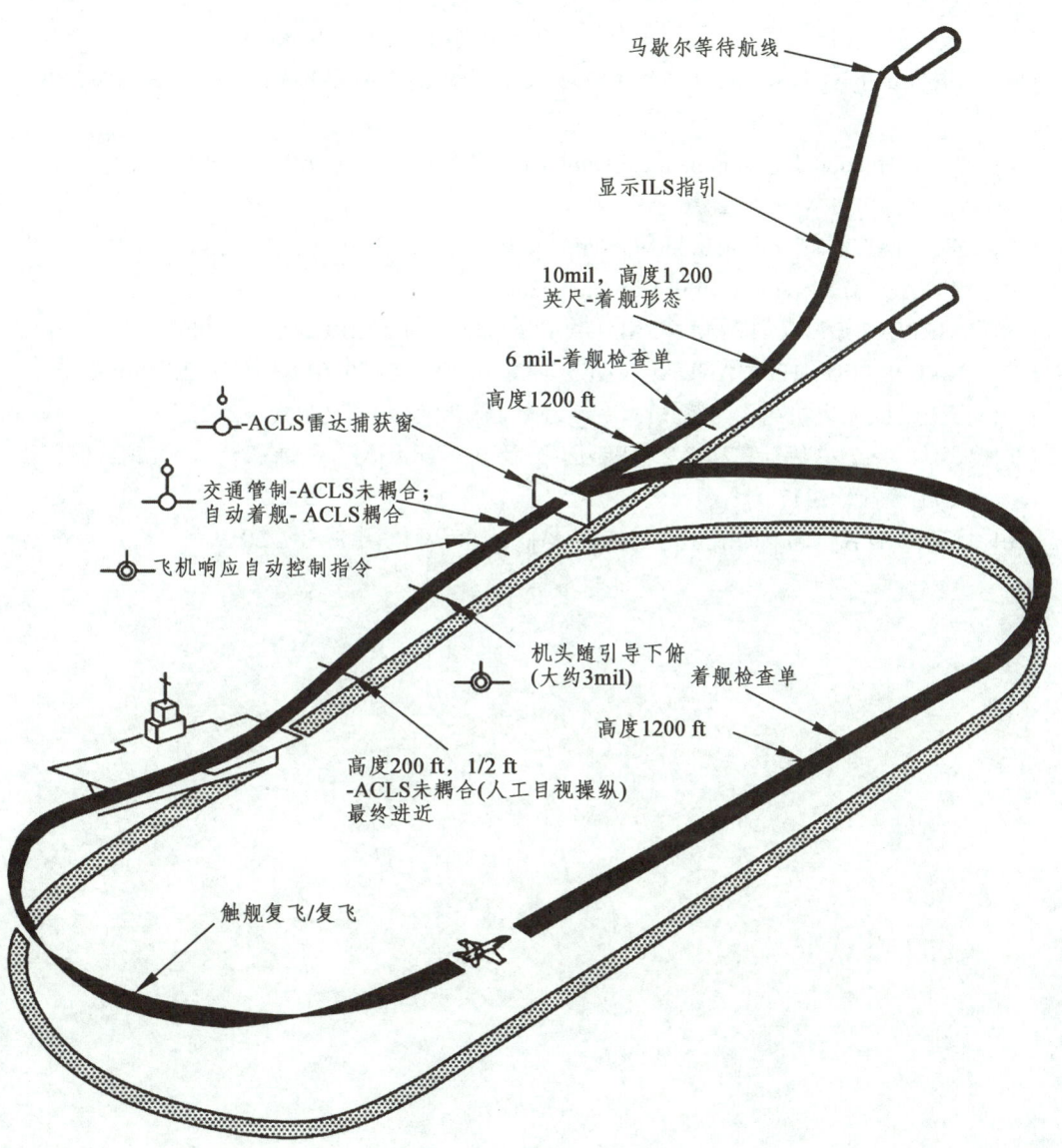

图 4.14.15 自动着舰航线(模态 I / I A)

参考文献

- [1] 杨俊. 飞行原理[M]. 2 版. 成都：西南交通大学出版社，2012.
- [2] 朱一锟. 飞行原理. 北京：北京航空航天大学出版社，2018.
- [3] Airplane Flying Handbook (FAA-H-8083-3C). FEDERAL AVIATION ADMINISTRATION, 2021.
- [4] Pilot's Handbook of Aeronautical Knowledge (FAA-H-8083-25B). FEDERAL AVIATION ADMINISTRATION, 2016.
- [5] SKYHAWK SP Information Manual (Model 172S NAV III AVIONICS OPTION-GFC 700 AFCS). Cessna Aircraft Company, 2007.
- [6] AIRPLANE FLIGHT MANUAL DA 42 NG.Diamond AIRCRAFT，2009.
- [7] NATOPS FLIGHT MANUAL NAVY MODEL F/A-18E/F (A1-F18EA-NFM-000).
- [8] 王思源. 无人机结构与系统[M]. 成都：西南交通大学出版社，2022.
- [9] 巴维尔·普鲁因斯基. 苏-27 研制历程 历史的起点[M]. 王永庆，译. 北京：航空工业出版社，2017.
- [10] 江驹. 舰载机起飞着舰引导与控制[M]. 北京：科学出版社，2019.